磁性纳米生物材料

樊海明　刘晓丽　编著

科学出版社

北京

内 容 简 介

本书以具有独特磁响应性质的磁性纳米生物材料为主题，系统介绍磁性纳米生物材料的特点、制备方法、表征手段及在医学诊疗中的应用，分别对生物磁分离材料、磁共振成像纳米对比剂及磁导靶向纳米药物递送系统进行详细论述。在保证知识体系全面系统的基础上，本书重点论述磁性纳米生物材料的前沿应用，包括磁性微泡材料、磁性纳米酶、磁力调控技术、磁热疗剂、神经磁刺激技术及磁驱微纳米机器人等。

本书可作为高等学校材料科学与工程、生物医学工程和化学等学科的参考书，同时对相关领域的科研工作者具有重要的参考价值。

图书在版编目(CIP)数据

磁性纳米生物材料 / 樊海明，刘晓丽编著. —北京：科学出版社，2024.6
ISBN 978-7-03-077851-2

Ⅰ. ①磁… Ⅱ. ①樊… ②刘… Ⅲ. ①磁性材料－纳米材料－生物材料－研究 Ⅳ. ①TB383

中国国家版本馆 CIP 数据核字（2024）第 023063 号

责任编辑：祝　洁　汤宇晨 / 责任校对：高辰雷
责任印制：赵　博 / 封面设计：陈　敬

科学出版社 出版
北京东黄城根北街 16 号
邮政编码：100717
http://www.sciencep.com
北京厚诚则铭印刷科技有限公司印刷
科学出版社发行　各地新华书店经销
*
2024 年 6 月第 一 版　开本：720×1000　1/16
2025 年 1 月第二次印刷　印张：15 1/4
字数：300 000
定价：198.00 元
（如有印装质量问题，我社负责调换）

前　言

　　磁性材料应用于医疗已有数千年历史，近几十年这个领域的发展主要集中在磁性纳米生物材料，特别是以纳米氧化铁为代表的人体友好的医用磁性铁氧体纳米材料，已在生物医学领域的基础和临床方面获得了广泛的应用。与传统生物材料不同，医用磁性铁氧体纳米材料最突出的特性在于能够响应外磁场，产生力、热等多种物理效应，这些物理效应作用于生物体可实现诊断或治疗的功能。此外，纳米材料极小的尺寸使其可以在分子、细胞水平发挥功能，从而为精准干预疾病的发生发展过程提供了可能。例如，利用纳米氧化铁的磁感应热效应，可实现对细胞溶酶体的精准热疗，不仅可高效诱导肿瘤细胞凋亡，还可通过激活免疫原性死亡重塑肿瘤免疫微环境。微纳米尺度的磁感应热效应还被用于激活神经元钙离子通道，调控神经功能及细胞内定点热释放药物等。纳米氧化铁的感应磁场效应可加快其周围水分子中氢质子弛豫速率，从而增强磁共振信号和影像对比度。磁致力效应用于驱动颗粒在人体中的定向运动，为构建智能纳米机器人奠定了基础。此外，磁场可以穿透人体且无辐射危害。已报道的基于铁氧体纳米材料磁响应特性开发的纳米磁诊疗技术具有极其可观的临床应用前景。尽管相关科学研究在近十年取得了突破性的进展，但是对这些技术的微观诊疗机制仍缺乏足够的理解，一定程度上限制了新型磁性纳米生物材料设计。为此，本书主要阐述磁性纳米生物材料及其诊疗技术的基本原理和医疗应用，以期进一步推动这个新兴领域的快速发展。

　　我与磁性纳米生物材料的缘分始于涡旋磁氧化铁纳米环的发现和应用。2007年元旦期间，我在实验中合成了一种新型的环状氧化铁纳米材料，随后发现其具有独特的涡旋封闭磁畴结构和极高的磁热转换效率。这些有趣的发现在过去十年中极大推动了课题组在肿瘤磁感应热疗领域的深入研究，并拓展到免疫微环境重塑及神经纳米磁调控。时至今日，医用磁性纳米材料对于我仍有谜一样的吸引力，它介导磁场产生的纳米生物效应在研究中时常给我们带来惊喜，也带来更多未知的科学现象和新发现，无时无刻不在告诉我们，这是一个巨大的科学宝藏，前方还有很长的路值得潜心探索，而我也愿意与它一同继续成长。

　　感谢 Cornell R. M. 博士和 Schwertmann U. 博士撰写的 *The Iron Oxides Structure, Properties, Reactions, Occurrences and Uses* 一书，它让我了解了许多氧化铁材料的知识，也促使我产生了编著《磁性纳米生物材料》的想法。为了更好地完成本书，邀请了多位长期在磁性纳米生物材料领域从事研究的同道挚友参与撰写。本书由樊海明和刘晓丽整体策划并撰写大纲，具体撰写分工如下：第1章绪论，樊海明；第2章磁性纳米生物材料的制备与表征，彭明丽、马慧军、孙元泰、樊海明；第3章生物磁分离材料，张秦鲁；第4章磁共振成像纳米对比剂，张欢、樊海明；第5章磁导靶向纳米药物递送系统，张廷斌、刘晓丽；第6章磁性微泡材料，杨芳；第7章磁性纳米酶，和媛、刘晓丽；第8章磁力调控技术，成昱；第9章肿瘤磁热疗与生物医用纳米磁热疗剂，刘晓丽；第10章神经磁刺激技术，李嘎龙、樊海明；第11章磁驱微纳米机器人，牟方志。此外，王燕云、唐健、韦雪燕、方碧云参与了本书的编写工作，在此衷心感谢他们对本书的贡献。本书对医用磁性纳米材料及其磁诊疗应用深层次的理解，不仅能够使读者快速了解这一新兴交叉领域的发展，还可以激发广大青年的兴趣。

感谢西北大学"双一流"建设项目、高水平教材建设项目的资助。

虽然撰写过程中力求准确，但由于作者水平有限，书中不妥之处在所难免，敬请读者批评指正！

樊海明

2023年冬 西北大学

目　录

第1章 绪 论

磁性材料是人类历史上最早用于治疗疾病的矿物质药物之一。我国古代使用磁石(主要含四氧化三铁的磁铁矿)作为药物的记载始见于《史记·扁鹊仓公列传》中的"齐王侍医遂药,自练五石服之"。磁石还被列入目前已知最早的中药学著作《神农本草经》,"味辛寒。主周痹,风湿,肢节中痛不可持物,洗洗,酸消,除大热烦满及耳聋"。西方将磁石用于医疗始于西方医学的始祖希波克拉底(公元前460~公元前370年),将磁石粉末用于止血。此后,西方多流行将磁石或混有磁石粉末的外用膏药直接包扎于患处使用,该方法当时被认为在治疗关节炎、痛风、中毒或脱发等疾病时非常有效。

磁性纳米生物材料是在20世纪50年代后逐渐发展起来的医用磁性材料,极小尺寸赋予其独特的物理和生理生化特性,在疾病诊断与治疗上展现出巨大的应用前景。21世纪初,磁性纳米材料可控合成技术的快速发展及人们对其物化性质理解的不断深入,进一步促进了磁性纳米生物材料的临床应用。如今,磁性纳米生物材料已成为医用材料的一个重要分类,在体外诊断与生物分离方面扮演了不可或缺的角色。此外,针对重大疾病的早期诊断和有效治疗,利用其可介导磁场产生微纳米电磁生物效应的特性,发展细胞、分子水平的创新诊疗技术,是当前生物医学工程、纳米医学、纳米生物学等前沿交叉领域的研究热点。

1.1 磁性纳米生物材料发展历史和现状

生物材料是指用于与生命系统接触和发生相互作用的,并能对细胞、组织和器官进行诊断治疗、替换修复或诱导再生的一类天然或人工合成的特殊功能材料。其在狭义上是指天然生物材料,也就是由生物过程形成的材料;在广义上是指用于替代、修复组织器官或用于疾病诊疗的天然或人造材料。生物材料与多种学科相互交叉渗透,其研究内容涉及材料科学、化学、生物学、解剖学、病理学、临床医学、药物学等学科。纳米生物材料是一种新型生物材料,它是至少有一维处于纳米尺度(一般1~100nm)的粒子或纳米粒子作为基本单元构成的生物材料。因其具有极小的尺寸,可展现出与宏观体相材料截然不同的物理、化学和生物性质。纳米生物材料与生命过程息息相关,生物体本身就存在大量精细的自然纳米结构,如核酸、蛋白质、细胞器等;骨骼、牙齿等器官或组织中也发现许多无机纳米结构。人工纳米生物材料是通过"由底至上"或"由顶至下"方法构建而成的具有生物学功能、可用于疾病诊疗的纳米材料。纳米生物材料具有极小的尺寸和丰富的功能，有望作为一种强大的工具，帮助人类在分子水平上认知疾病演进过程中的生物结构与功能变化，生物机体间的微观相互作用，甚至进一步在细胞、分子水平精准调控生命过程。因此，纳米生物材料成为人类进入"生物技术新世纪"的重要基础之一。

磁性纳米生物材料是一种重要的纳米生物材料，具有独特的磁学性能和表面易功能化、生物安全性良好等特点，在生物医药领域展现出良好的应用前景，特别是以纳米氧化铁为代表的磁性纳米生物材料，是目前生命医学与健康领域广泛应用的无机纳米生物材料。磁性氧化铁纳米颗粒作为当前唯一获批临床使用的磁性无机纳米药物，已在临床恶性肿瘤诊疗上发挥了重要的作用(图1.1)。早在1957年，用于体内淋巴瘤热消融的亚微米级氧化铁颗粒就已被报道；1993年，基于磁性氧化铁纳米颗粒的 Ferumoxsil(GastroMark®)被美国食品药品监督管理局(Food and Drug Administration，FDA)批准作为胃肠道的磁共振成像(magnetic resonance imaging，MRI)对比剂；1996年，铁基纳米药物 Feridex®被 FDA 批准用于肝脏增强磁共振成像；2004年，德国先灵公司的铁羧葡胺 Resovist®获批用于检测微小局灶性肝脏病变；随后，出现了淋巴对比剂 Combidex®。迄今为止，由于安全性和有效性等多种因素的影响，Feridex®和 Combidex®已停止开发或退出市场，Resovist®仍在少数几个国家使用。在治疗方面，MagForce 公司 2004 年研发的氧化铁纳米热疗剂 NanoTherm®在欧洲上市，用于恶性脑胶质瘤的磁热疗；2009年，FDA 批准基于纳米氧化铁的补铁剂 Feraheme®用于慢性肾病成人患者的缺铁性贫血治疗，该材料也被广泛用于细胞标记和磁共振影像示踪；2016年，纳米氧化铁补铁剂瑞存®获得了国家食品药品监督管理总局的临床试验批准。长达数十年的临床应用不仅为磁性纳米生物材料提供了重要的实践经验，也在很大程度上进一步推动其快速发展。

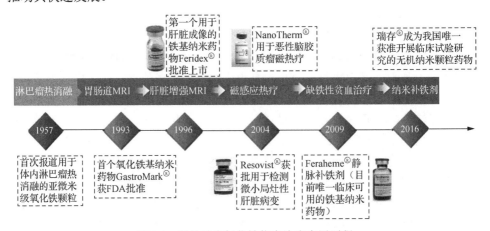

图1.1 磁性纳米氧化铁临床诊疗应用历程

随着时代的推进，发展新型的磁性纳米生物材料，利用其独特的磁学性质可在外磁场介导下产生微观尺度的磁、热、力等物理效应，运用多学科交叉融合创新方法，发展在细胞、分子水平的非侵入式、实时可控、无辐射危害的纳米磁诊疗技术，为心脑血管、恶性肿瘤、神经系统疾病等重大疾病的精准诊疗提供新理论、新材料和新方法，这已成为国内外相关领域的重要发展方向之一。将多功能集成于一体的磁性纳米生物材料在磁共振成像[1-2]、磁热疗(magnetic hyperthermia therapy，MHT)[3]、细胞命运调控[4]、生物催化[5]等生物医学相关领域，展现出巨大的应用潜力。在生物影像方面，准顺磁 T1 对比剂、环境响应的纳米探针等磁性纳米生物材料已应用于多种疾病的诊断[6-7]；在治疗方面，集成了磁导靶向与磁热释放的磁性纳米载体可大幅提高小分子药物的瘤内递送效率，磁性氧化铁诊疗一体化纳米平台可将影像与热疗集成，实现肿瘤精准诊疗[8-9]；此外，磁性铁氧体纳米材料被发现具有类生物酶的催化活性，稳定性高、绿色经济且可规模化制备，已经在疾病体外检测中应用，显著提高了检测灵敏度[10-11]。这些发现和应用不断涌现，充分表明在医用磁性材料数千年的发展过程中，新型磁性纳米生物材料正踏上历史的舞台，并展现出勃勃生机，相信随着各学科的融合发展与技术的进步，磁性纳米生物材料将在不久的将来达到一个崭新的高度。

1.2　磁性纳米生物材料的分类

磁性纳米生物材料是一类重要的功能性纳米生物材料，具有独特的磁学性能及潜在的诊疗应用，受到了广泛的研究[12]。根据其化学组分，目前常用的磁性纳米生物材料可以分为磁性金属纳米材料、铁氧体纳米材料和磁性纳米复合材料三大类[1,13]。

1.2.1　磁性金属纳米材料

磁性金属纳米材料分为磁性金属单质纳米材料和磁性金属合金纳米材料。磁性金属单质纳米材料主要包括铁、钴、镍纳米颗粒，它们具有较高的磁化率，但在生物体中存在稳定性差、毒副作用大等问题。磁性金属合金纳米材料是金属与金属结合呈现铁磁性的合金纳米材料，如 FePd、FePt、FeCo 等。相对于单质纳米材料，合金纳米材料具有较好的稳定性，且可通过组分结构调控其磁学性质。例如，FeCo 作为一种高磁学性能的纳米探针，可显著提高磁粒子成像(magnetic particle imaging，MPI)灵敏度；其在较宽的近红外区域光谱范围(波长 700～1200nm)具有较高吸光度，也可用作光声成像的示踪剂；FeCo 纳米粒子还可作为纳米热疗剂，将光能与磁能有效转化为热能用于肿瘤热疗；碳包覆 FeCo 纳米粒子可进一步提高其稳定性和安全性，在肿瘤成像和热疗中展现出巨大的优势[14]。

1.2.2 铁氧体纳米材料

铁氧体纳米材料是一类常见的尖晶石结构金属氧化物材料，其组成可用化学式 MFe_2O_4(M 为 Cu、Fe、Ni、Zn、Co、Mn 等)表示[1]。在诸多铁氧体纳米材料中，Fe_3O_4 和 γ-Fe_2O_3 纳米颗粒生物安全性优异，广泛应用于 MHT、MRI、生物传感器、靶向药物递送和基因转染等领域[15-20]，美国食品药品监督管理局先后批准的补铁剂和磁共振成像对比剂等，均基于铁氧体纳米材料。

21 世纪初以来，铁氧体纳米材料制备技术迅速发展，使得人们可以在很大程度上实现尺寸、组分、形貌可控的铁氧体纳米材料宏量制备。高质量铁氧体纳米材料的可控制备不仅显著提高了现有诊疗应用水平，还带来了诸多新应用。例如，Zhang 等[21]提出了用一种普适的动态同步热分解方法制备超小铁氧体纳米颗粒(尺寸<5nm)，该材料表现出与传统磁共振 T2 增强的超顺磁性氧化铁(superparamagnetic iron oxide，SPIO)纳米颗粒截然不同的 T1 增强特性；利用这个方法制备的 3nm 锰铁氧体对比剂可实现高分辨、快速、安全的磁共振肝胆成像。此外，星状纳米氧化铁被发现具有较高的磁共振 T2 信号增强能力；环状纳米氧化铁具有独特的涡旋磁结构，不仅显著减小了颗粒间磁相互作用，还可通过涡旋-洋葱态高磁滞损耗的磁化反转过程，大幅提高磁热转化效率，为高效磁热疗提供新材料。由于铁氧体纳米材料的稳定性和生物安全性高，磁学性质丰富，成为磁性纳米生物材料研究和应用的长期热点。尽管已有大量研究，但多集中在材料制备和诊疗应用探索，铁氧体纳米材料的生物学效应及微观诊疗机制仍需要进一步深入研究。

1.2.3 磁性纳米复合材料

磁性纳米复合材料是以一种磁性材料为基体，以另一种材料为增强体，通过物理或化学方法在纳米尺度组合而成的材料。不同组分材料在性能上取长补短，产生协同效应，增强原有性能或赋予新的理化性质，使得复合材料的综合性能优于原组成材料，从而满足不同的生物医学应用要求。Lee 等[17]通过构建 $CoFe_2O_4@MnFe_2O_4$ 核壳结构，实现了交换耦合纳米颗粒，提高了磁晶各向异性能和磁热转换效率。Ma 等[22]设计了一种生物相容性良好的 Fe_3O_4-Pd 磁性纳米复合材料，可以同时实现显著提高磁光热效率和促进活性氧(reactive oxygen species，ROS)生成。Cao 等[23]设计了一种新型、一体化的 $Fe_3O_4/Ag/Bi_2MoO_6$ 磁性纳米复合材料，可以实现磁共振、光声和光热成像指导的化学动力学、光动力学和光热协同治疗。Luo 等[24]合成了 $Fe_3O_4@SiO_2@Au$ 复合纳米颗粒，相比于游离的 Fe_3O_4 纳米颗粒和 Au 纳米簇，该磁性纳米复合材料的催化活性得到了显著提高。Hayashi 等[25]将氧化铁纳米颗粒与海藻酸钠、半胱氨酸复合，制备了一种具有成像、可控药物释放及磁热疗多种功能的智能磁性纳米复合材料，该材料有望与临床常用的内窥镜技术结合,有效阻止癌症的术后复发和转移。随着医疗技术的不断发展,传统单一组分纳米生物材料在某些领域已经不能满足临床需求,迫切需要新型的、兼具多种功能的纳米生物材料。磁性纳米复合材料提供了很好的解决方案,应用前景广阔。

1.3　磁性纳米生物材料的生物效应

纳米生物材料的生物效应是指外源性纳米生物材料对生物体产生的影响。纳米生物材料尺寸通常与一些重要的生物大分子(如蛋白质等)相匹配,因此可以精准有效地干预生命过程。纳米生物材料与生物体之间的相互作用机制非常复杂,根据其组成结构不同,可在组织、细胞、亚细胞器及分子等多个层次发生作用,目前人们对它的理解仍然十分有限。将纳米技术与化学、物理、生物、毒理学与医学等领域的实验技术结合起来,通过多学科交叉研究纳米尺度物质与生物体的生物学效应与相互作用规律,已发展成为一个新兴的科学领域。相对于其他纳米生物材料,磁性纳米生物材料不仅本身组分和结构可与生物体相互作用,还可通过介导外磁场产生磁、热、力等物理效应作用于生物体,从而引发多重生物效应(图1.2)。这些效应及其之间的时空协同,为人们干预疾病的发生发展提供了新方法。由此可见,磁性纳米生物材料的生物效应赋予其诊断或治疗功能,深入研究其生物效应是推动基于磁性纳米生物材料的纳米生物技术和纳米医学发展的主要动力。

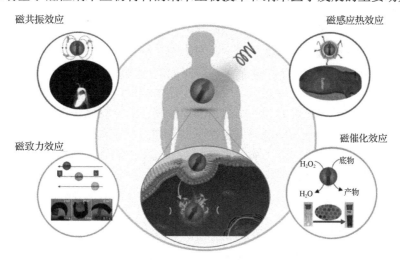

图 1.2　磁性纳米生物材料介导的生物效应

1.3.1　自身生物效应

磁性纳米生物材料大多是生物活性材料,其组分往往包含生命活动所需的金属元素，如 Fe、Mg、Mn 和 Zn 等。当磁性纳米生物材料在生物体部分降解的时候，会释放出金属离子被细胞吸收利用，从而干预生命过程。值得一提的是，2007 年 Gao 等团队首次发现了磁性 Fe_3O_4 纳米颗粒具有类过氧化物酶活性，并提出了纳米酶的概念[26]。纳米酶能够克服天然酶稳定性差、难以获得且价格昂贵等缺点，在生物医学领域具有广阔的应用前景。随着纳米酶研究的快速发展，已发现磁性纳米生物材料具有多种类型的纳米酶活性[27]。例如，基于磁性 Fe_3O_4 的纳米酶，兼具过氧化物酶与过氧化氢酶的特性，在细胞内可以响应不同的微环境，发挥增强或清除胞内活性氧的功能[28]。特别是其过氧化物酶活性，可与肿瘤细胞高表达的 H_2O_2 反应，产生过量活性氧，用于杀伤肿瘤细胞[29-30]。此外，磁性纳米生物材料的类酶活性还可以通过外部磁场精准调控。Liu 等发现在交变磁场(alternating magnetic field，AMF)辐照下，涡旋磁氧化铁纳米环(ferrimagnetic vortex-domain nanoring，FVIO)的类酶催化活性显著提高，从而促进肿瘤细胞中 ROS 产生，并高效诱导肿瘤细胞免疫原性死亡[31]。Xiong 等利用该效应进一步发展了磁控纳米杂化酶体系，该体系可有效利用磁性纳米生物材料的磁感应热效应，分别调控蛋白酶和磁性纳米颗粒纳米酶的酶活性，使得两者酶活动力学匹配，从而实现高效的级联催化[32]。

1.3.2 外磁场诱导的生物效应

1. 诱导磁场效应

磁性纳米材料在外磁场作用下被磁化，可产生诱导磁场。一般情况下，磁性纳米材料诱导产生的局域磁场较微弱，对生物体的影响很小，但当纳米材料处于人体中时，这个诱导磁场能够影响其周围水分子中氢质子的弛豫过程，显著缩短弛豫时间，增强该区域的磁共振信号。基于这个原理，磁性纳米生物材料可作为磁共振成像对比剂用于疾病分子影像诊断。传统的纳米氧化铁对比剂磁化强度较高，可作为 T2 对比剂加快其周围氢质子的横向弛豫速率，从而使其存在区域的图像变得更暗。通过不同离子掺杂可增强纳米氧化铁的磁化率和诱导磁场效应，进一步增强其磁共振 T2 信号[33]。此外，改变诱导磁场的空间分布，如调控磁性纳米生物材料形貌或组装不同尺寸纳米材料[34-35]，也可用于增强其磁共振信号。

2. 磁感应热效应

磁性纳米生物材料在交变磁场作用下可诱导磁化反转，该过程产生磁滞损耗，可将磁场能转化为热能[36]。这种磁感应热效应在恶性肿瘤热疗[37]、药物控释[38]、神经刺激[39]等领域具有极大的应用潜能。一般来说，磁性纳米生物材料的磁热转换效率可用比吸收率(specific absorption rate，SAR)或固有损耗功率(intrinsic loss power，SLP)来评价，其产热效率与磁场的频率和强度、材料饱和磁化强度密切关联。对于常用的超顺磁性氧化铁纳米颗粒，其微观产热机制可以简化为纳米颗粒的布朗弛豫损耗和尼尔弛豫损耗之和。理论与实验结果证实，当颗粒尺寸接近其单畴尺寸时，布朗弛豫对产热有较大的贡献；较小尺度的颗粒主要以尼尔弛豫的贡献为主，且与磁各向异性成正比[40-41]。比吸收率没有考虑磁场参数的影响，难以将不同磁场参数下的实验结果进行比较，而固有损耗功率与磁场参数无关，可以用来衡量不同外磁场下材料的磁热转换性能。

磁性纳米生物材料介导的磁感应热是一种微观热，目前人们对其生物作用机制的了解仍十分有限。已有研究表明，该微观热具有局域、瞬时、可控等特点，利用微观热效应可在分子水平实现对生命过程的精准干预，如激活热敏感的离子通道、调控蛋白酶活性等。此外，磁感应热效应已被用于临床肿瘤治疗。由于磁性颗粒可在细胞内加热，热的生物利用度较传统热疗显著提高，可在较温和的条件下高效杀伤肿瘤细胞。温度变化与生命过程密切相关，随着人们对微观热生物效应的深入理解，磁性纳米生物材料介导的磁感应热效应将在疾病干预和治疗方面发挥重要的作用。

3. 磁致力效应

磁性纳米生物材料磁化后，在外加梯度磁场或旋转磁场的作用下受磁力驱动，对周围生物体产生机械力效应。磁致力效应可用于调控细胞功能和命运，如破坏细胞膜系统或细胞骨架，从而导致细胞凋亡或坏死。Shen 等[42]报道了磁性纳米粒子和表皮生长因子在低频场作用下可自组装形成磁力刀，导致溶酶体膜和细胞膜破裂，使得 90%以上的细胞死亡。Master 等[43]发现施加外场可使被内吞至溶酶体的纳米颗粒(尺寸 7～8nm)旋转，导致微丝损伤，从而破坏细胞结构。磁致力效应还可以用来促进干细胞分化和功能组织的形成。例如，Kang 等[44]通过施加不同频率外磁场，控制氧化铁纳米颗粒与精氨酰-甘氨酰-天冬氨酸复合物振荡速率，在体内/外实现了对巨噬细胞黏附和极化表型的远程操纵。Hu 等[45]证明了磁机械力刺激对人骨髓源性间充质干细胞的成骨分化有显著的影响。随着磁性纳米生物材料制备工艺的不断改进、磁-力转化效率的不断提高及人们对微观生物力学机制的深入理解，磁致力效应有望在细胞生物学及其他相关领域展现出巨大的应用潜力。

可利用巧妙设计的微纳米磁体结构的磁致力效应设计高生物相容性的磁驱动纳米机器人。软体机器人可以通过随时间变化的外磁场控制改变自身形态，实现在液体内部和表面的游动和攀爬，或在固体表面滚动、行走和越过障碍物等。磁驱动纳米机器人理论上能够在微小血管中实现定向药物输运、生物活检和心脏支架安置等，其进一步发展有望在微创医学领域带来颠覆性的突破[46]。

1.4　磁性纳米生物材料的生物安全性评价

磁性纳米生物材料能够随着血液、淋巴液等体液运输到身体各部位器官，并有可能穿过血管内膜滞留在组织中，与细胞膜表面的生物大分子相互作用，被内吞进入细胞中，尺寸小的纳米颗粒甚至可以通过简单扩散的方式跨越细胞膜进入细胞质[47]。此外，不同于可以被一系列生化反应代谢的小分子药物，纳米材料在组织或细胞内的代谢途径复杂且不清晰，这为纳米材料的生物安全性带来了潜在的隐患。Maynard 等评价，"纳米行业想要繁荣发展，其风险研究是不可或缺的"[48]。为了以科学客观的方式描述纳米材料在生物体内的行为、命运及毒理学效应，揭示纳米材料进入体内对人类健康可能产生的负面影响，研究纳米生物材料的生物安全性是不可或缺的。

临床使用的磁性纳米生物材料以磁性纳米氧化铁为基础。铁是生活中接触最多的金属元素之一，也是人体含量最多的微量金属元素，磁性纳米氧化铁材料中的铁在体内最终会降解为铁离子[49]。机体内部存在一个存储铁元素的仓库，称为"铁池"(主要包括血红蛋白、肌红蛋白、铁蛋白等)。"铁池"的存在为磁性纳米氧化铁材料降解释放的铁离子提供了缓冲。在磁热疗或磁共振对比剂的临床应用中，磁性纳米氧化铁材料均没有表现出明显的慢性毒性[50-51]，但是其临床应用存在一些急性不良事件的报道。常见的不良反应包括背痛、瘙痒、荨麻疹等，这些急性毒性多数是氧化铁较强的免疫原性引发的一些过敏性反应[52]。近年来，超过耐受剂量的铁引发的细胞铁过载或铁死亡逐渐成为研究热点，尽管这些研究集中在利用铁死亡杀伤肿瘤细胞方面，但还是为磁性纳米氧化铁材料的生物医学应用敲响了警钟。磁性纳米氧化铁材料的生物安全性是医用磁性纳米氧化铁材料领域亟待解决的问题。

1.4.1　体外安全性评价

磁性纳米生物材料的体外安全性主要是根据磁性纳米颗粒对细胞增殖的影响来进行评价。可根据实验目的和实验条件的不同，选择不同的实验方法来研究材料的细胞毒性。测定细胞死亡的常用方法包括显微镜观察法和基于细胞功能的检测方法等。显微镜观察法是一种基于形态学的直观检测方法。细胞在发生凋亡时往往伴随着细胞整体形态的改变，如细胞收缩、细胞间接触减弱和凋亡小体的形成。这些特征可以在电子显微镜下直接观察到，但其缺点也很明显，如无法定量死亡细胞、实验步骤繁琐，也会受到仪器的限制，因此通常用来简单地判断而非定量检测凋亡。

　　细胞毒性研究中最常用的方法是测定细胞活力，大多数研究使用的是四唑盐类试剂盒。MTT 是 3-(4,5-二甲基噻唑-2)-2,5-二苯基四氮唑溴盐，其试剂盒检测原理是活细胞线粒体中的琥珀酸脱氢酶能使外源性 MTT 还原为难溶解的蓝色结晶甲臜并沉积在细胞中，而死细胞无此功能，之后用二甲基亚砜溶解细胞中的甲臜，用酶标仪在 490nm 波长处测定其吸光度(OD 值)。在一定细胞数量范围内，甲臜的生成量与细胞数量成正比[53]。根据测得的 OD 值判断活细胞数量，OD 值越大，细胞活性越强，以此来检测细胞活力。细胞存活率计算公式为(实验孔 OD 值－空白孔 OD 值)/(对照孔 OD 值－空白孔 OD 值)×100%。CCK-8(cell counting kit-8)法的原理与 MTT 法类似，细胞增殖程度越高，颜色越深。对于同样的细胞，颜色的深浅与活细胞的数量成正比，可利用这一特性直接进行细胞增殖和毒性分析。此外，CCK-8 法产生的有色物质是水溶性的，能够减少洗涤和溶解带来的误差，因此该方法具有更高的灵敏度，可替代传统的 MTT 法。还可通过比色法定量检测细胞死亡，如结晶紫染色等。纳米颗粒与细胞膜脂质分子相互作用可能引发细胞的凋亡与坏死，可通过 Annexin Ⅴ/碘化丙啶荧光染色法，使用流式细胞术对细胞凋亡和坏死进行定量检测[54-55]。为了更准确地评价磁性纳米生物材料的细胞毒性，可以同时使用两种或两种以上的评价方法，具体测试方法的选择需要根据实验决定。

　　此外，当纳米材料的浓度增大、材料与细胞相互作用时间延长及一些外源性刺激加入，细胞损伤和死亡通常会增加，此时可能会对其他一些指标如氧化损伤(细胞内活性氧水平)[56]、信号通路激活(蛋白表达或炎症因子释放等)[57]及 DNA 损伤等产生影响。

1.4.2　体内安全性评价

　　在保证磁性纳米生物材料有效性的同时，体内安全性是必须考虑的前提因素。磁性纳米生物材料的体内安全性评价主要是利用实验动物进行研究。通过动物的临床体征、病理学检查、血生化检测及纳米生物材料代谢途径等多种方法评估磁性纳米生物材料的体内安全性。动物的临床体征主要有心率、脉搏、体重、摄食量等，通过临床体征判断生命迹象和生命活动质量。病理学检查包括组织学检查、细胞学检查、分子病理学检查、免疫组织化学检查和酶组织化学检查等。组织学检查是评价体内安全性最常用的方法之一，通过对病变组织的切片进行染色和观察，从而确定组织的异常变化。血生化检测一般可以查出转氨酶、尿素氮和肌酐等肝肾功能指标的异常改变。转氨酶是反映肝脏功能的重要指标，如果肝脏细胞受到损伤，那么就会出现谷丙转氨酶或谷草转氨酶指标高于正常范围的情况，能够判断肝脏损伤的严重程度。磁性纳米生物材料在体内的代谢途径也是体内安全性评价的重要内容之一，包括磁性纳米生物材料在机体内的吸收、分布、生化转换及排泄的过程。主要的技术手段是从实验动物血液、尿液、粪便等样本中收集磁性纳米生物材料及其代谢产物，通过色谱法、质谱法、核磁共振法和免疫化学法等检测体内代谢。

1.5　磁性纳米生物材料的展望

　　磁性纳米生物材料已在磁共振成像对比增强、磁热疗、神经纳米磁调控等生物医学相关领域发挥了极其重要的作用。随着时代发展和现代医学的需求，小型化、精准化、智能化、综合化的微纳米机器人是未来磁性纳米生物材料的主要发展方向。从诺贝尔奖得主、理论物理学家理查德·费曼率先提出的微纳米机器人技术设想，到好莱坞电影中可进入体内给药的微型机器人，再到 20 世纪 90 年代半导体工业、微纳米加工工艺的发展，微纳米机器人技术得以真正发展起来，从想象走向现实应用。近年来，通过运用磁场技术来控制微纳米机器人进行生物医学成像、药物递送及高精度微创手术，成为生物医学领域研究热点之一。一般来说，磁控微纳米机器人具有八大关键功能，即自供能、自驱动、自导靶向、诊断信息反馈、巡察和待命、远程可控、治疗作用及自清除(图 1.3)，其以精准操控的能力及微创治疗的潜力在医疗场景中显示出巨大的前景。磁控微纳米机器人的发展主要面临制造技术、体内操纵、生物效应及安全性等挑战和问题，突破这些瓶颈会进一步推动磁控微纳米机器人的临床应用与转化。

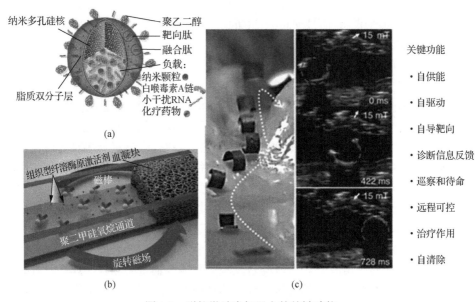

图 1.3　磁控微纳米机器人的关键功能

(a) 纳米机器人的结构示意图[58]；(b) 磁棒在旋转磁场作用下增强流体通道溶栓的示意图[59]；
(c)软铁磁纳米机器人递送药物的过程[46]

　　磁控微纳米机器人是高度交叉的多学科融合领域，结合临床实践和交叉学科发展的内在动因，促进医用纳米技术的基础研究与临床应用更好地结合，在未来形成我国医药卫生领域的关键核心技术体系。该领域科学研究的最终目标是在活体内实现可远程磁操控的医疗纳米机器人，能够进行疾病预警并遵循医生指示执行相关治疗功能。为更好地实现这个远景目标，需要材料化学、纳米磁学、生物学、医学及工程学等多个学科知识深度融合，并在不断的发展过程中逐渐形成"纳米磁医学工程"等新的交叉学科和方向。随着时代的进步，磁控微纳米机器人将是 21 世纪的尖端技术之一，磁控微纳米机器人的研究不仅可以推动医学事业的发展，而且对信息科学、电子科学与技术、生命科学等相关学科的发展都有着极大的促进作用，这些发展也会使磁控微纳米机器人走向实用化的阶段，为人们的生活带来便利。

思　考　题

1. 磁性纳米生物材料主要分为哪几类？分别是什么？
2. 磁性纳米生物材料的生物效应主要包括哪几类？其原理分别是什么？
3. 怎样评估磁性纳米生物材料的安全性？
4. 未来磁控微纳米机器人需要攻克的挑战有哪些？

参 考 文 献

[1] WU L, MENDOZA-GARCIA A, LI Q, et al. Organic phase syntheses of magnetic nanoparticles and their applications[J]. Chemical Reviews, 2016, 116(18): 10473-10512.

[2] THOREK D L J, CHEN A, CZUPRYNA J, et al. Superparamagnetic iron oxide nanoparticle probes for molecular imaging[J]. Annals of Biomedical Engineering, 2006, 34(1): 23-38.

[3] JORDAN A, WUST P, FAEHLING H, et al. Inductive heating of ferrimagnetic particles and magnetic fluids: Physical evaluation of their potential for hyperthermia[J]. International Journal of Hyperthermia, 2009, 25(7): 499-511.

[4] DOBSON J. Remote control of cellular behaviour with magnetic nanoparticles[J]. Nature Nanotechnology, 2008, 3(3): 139-143.

[5] ZHANG X, NIU H, PAN Y, et al. Chitosan-coated octadecyl-functionalized magnetite nanoparticles: Preparation and application in extraction of trace pollutants from environmental water samples[J]. Analytical Chemistry, 2010, 82(6): 2363-2371.

[6] QIAO R, JIA Q, ZENG J, et al. Magnetic iron oxide nanoparticles and their applications in magnetic resonance imaging[J]. Acta Biophysica Sinica, 2011, 27(4): 272-288.

[7] QIAO R R, ZENG J F, JIA Q J, et al. Magnetic iron oxide nanoparticle-an important cornerstone of MR molecular imaging of tumors[J]. Acta Physico-Chimica Sinica, 2012, 28(5): 993-1011.

[8] YOO D, LEE J H, SHIN T H, et al. Theranostic magnetic nanoparticles[J]. Accounts of Chemical Research, 2011, 44(10): 863-874.

[9] HO D, SUN X, SUN S. Monodisperse magnetic nanoparticles for theranostic applications[J]. Accounts of Chemical Research, 2011, 44(10): 875-882.

[10] GAO L Z, YAN X Y. Discovery and current application of nanozyme[J]. Progress in Biochemistry and Biophysics, 2013, 40(10): 892-902.

[11] WEI H, WANG E. Nanomaterials with enzyme-like characteristics(nanozymes): Next-generation artificial enzymes[J]. Chemical Society Reviews, 2013, 42(14): 6060-6093.

[12] WANG Y, MIAO Y, LI G, et al. Engineering ferrite nanoparticles with enhanced magnetic response for advanced biomedical applications[J]. Materials Today Advances, 2020, 8: 110119.

[13] CARDOSO V F, FRANCESKO A, RIBEIRO C, et al. Advances in magnetic nanoparticles for biomedical applications[J]. Advanced Healthcare Materials, 2018, 7(5): 1700845.

[14] SONG G, KENNEY M, CHEN Y S, et al. Carbon-coated FeCo nanoparticles as sensitive magnetic-particle-imaging tracers with photothermal and magnetothermal properties[J]. Nature Biomedical Engineering, 2020, 4(3): 325.

[15] LEE N, YOO D, LING D, et al. Iron oxide based nanoparticles for multimodal imaging and magnetoresponsive therapy[J]. Chemical Reviews, 2015, 115(19): 10637-10689.

[16] LU Y, XU Y J, ZHANG G B, et al. Iron oxide nanoclusters for T_1 magnetic resonance imaging of non-human primates[J]. Nature Biomedical Engineering, 2017, 1(8): 637-643.

[17] LEE J H, JANG J T, CHOI J S, et al. Exchange-coupled magnetic nanoparticles for efficient heat induction[J]. Nature Nanotechnology, 2011, 6(7): 418-422.

[18] LEE J H, HUH Y M, JUN Y W, et al. Artificially engineered magnetic nanoparticles for ultra-sensitive molecular imaging[J]. Nature Medicine, 2007, 13(1): 95-99.

[19] GAO J, GU H, XU B. Multifunctional magnetic nanoparticles: Design, synthesis, and biomedical applications[J]. Accounts of Chemical Research, 2009, 42(8): 1097-1107.

[20] VEISEH O, GUNN J W, ZHANG M. Design and fabrication of magnetic nanoparticles for targeted drug delivery and imaging[J]. Advanced Drug Delivery Reviews, 2010, 62(3): 284-304.

[21] ZHANG H, LI L, LIU X L, et al. Ultrasmall ferrite nanoparticles synthesized via dynamic simultaneous thermal decomposition for high-performance and multifunctional T_1 magnetic resonance imaging contrast agent[J]. ACS Nano, 2017, 11(4): 3614-3631.

[22] MA X, WANG Y, LIU X, et al. Fe_3O_4-Pd Janus nanoparticles with amplified dual-mode hyperthermia and enhanced ROS generation for breast cancer treatment[J]. Nanoscale Horizons, 2019, 4(6): 1450-1459.

[23] CAO C, ZOU H, YANG N, et al. $Fe_3O_4/Ag/Bi_2MoO_6$ Photoactivatable nanozyme for self-replenishing and sustainable cascaded nanocatalytic cancer therapy[J]. Advanced Materials, 2021, 33(52): 2106996.

[24] LUO S, LIU Y, RAO H, et al. Fluorescence and magnetic nanocomposite $Fe_3O_4@SiO_2@Au$ MNPs as peroxidase mimetics for glucose detection[J]. Analytical Biochemistry, 2017, 538: 26-33.

[25] HAYASHI K, SAKAMOTO W, YOGO T. Smart ferrofluid with quick gel transformation in tumors for MRI-guided local magnetic thermochemotherapy[J]. Advanced Functional Materials, 2016, 26(11): 1708-1718.

[26] GAO L, ZHUANG J, NIE L, et al. Intrinsic peroxidase-like activity of ferromagnetic nanoparticles[J]. Nature Nanotechnology, 2007, 2(9): 577-583.

[27] SHI C, LI Y, GU N. Iron-based nanozymes in disease diagnosis and treatment[J]. Chembiochem, 2020, 21(19): 2722-2732.

[28] HE H, HAN Q, WANG S, et al. Design of a multifunctional nanozyme for resolving the proinflammatory plaque microenvironment and attenuating atherosclerosis[J]. ACS Nano, 2023, 17(15): 14555-14571.

[29] HUANG G, CHEN H, DONG Y, et al. Superparamagnetic iron oxide nanoparticles: Amplifying ROS stress to improve anticancer drug efficacy[J]. Theranostics, 2013, 3(2): 116-126.

[30] TANAKA S, MASUD M K, KANETI Y V, et al. Enhanced peroxidase mimetic activity of porous iron oxide nanoflakes[J]. Chemnanomat, 2019, 5(4): 506-513.

[31] LIU X, ZHENG J, SUN W, et al. Ferrimagnetic vortex nanoring-mediated mild magnetic hyperthermia imparts potent immunological effect for treating cancer metastasis[J]. ACS Nano, 2019, 13(8): 8811-8825.

[32] XIONG R, ZHANG W, ZHANG Y, et al. Remote and real time control of an FVIO-enzyme hybrid nanocatalyst using magnetic stimulation[J]. Nanoscale, 2019, 11(39): 18081-18089.

[33] JANG J T, NAH H, LEE J H, et al. Critical enhancements of MRI contrast and hyperthermic effects by dopant-controlled magnetic nanoparticles[J]. Angewandte Chemie-International Edition, 2009, 48(7): 1234-1238.

[34] HUANG X, ZHANG F, WANG Y, et al. Design considerations of iron-based nanoclusters for noninvasive tracking of mesenchymal stem cell homing[J]. ACS Nano, 2014, 8(5): 4403-4414.

[35] FAN H M, OLIVO M, SHUTER B, et al. Quantum dot capped magnetite nanorings as high performance nanoprobe for multiphoton fluorescence and magnetic resonance imaging[J]. Journal of the American Chemical Society, 2010, 132(42): 14803-14811.

[36] NOH S H, MOON S H, SHIN T H, et al. Recent advances of magneto-thermal capabilities of nanoparticles: From design principles to biomedical applications[J]. Nano Today, 2017, 13: 61-76.

[37] LIU X L, YANG Y, NG C T, et al. Magnetic vortex nanorings: A new class of hyperthermia agent for highly efficient in vivo regression of tumors[J]. Advanced Materials, 2015, 27(11): 1939-1944.

[38] GAO F, ZHANG T, LIU X, et al. Nonmagnetic hypertonic saline-based implant for breast cancer postsurgical recurrence prevention by magnetic field/pH-driven thermochemotherapy[J]. ACS Applied Materials & Interfaces, 2019, 11(11): 10597-10607.

[39] HUANG H, DELIKANLI S, ZENG H, et al. Remote control of ion channels and neurons through magnetic-field heating of nanoparticles[J]. Nature Nanotechnology, 2010, 5(8): 602-606.

[40] KUMAR C S S R, MOHAMMAD F. Magnetic nanomaterials for hyperthermia-based therapy and controlled drug delivery[J]. Advanced Drug Delivery Reviews, 2011, 63(9): 789-808.

[41] GAO F, ZHANG T, ZHANG H, et al. Magnetic field-responsive nanomaterials and biomedical application of magnetic hyperthermia[J]. Chemistry of Life, 2019, 39(5): 903-916.

[42] SHEN Y, WU C, UYEDA T Q P, et al. Elongated nanoparticle aggregates in cancer cells for mechanical destruction with low frequency rotating magnetic field[J]. Theranostics, 2017, 7(6): 1735-1748.

[43] MASTER A M, WILLIAMS P N, POTHAYEE N, et al. Remote actuation of magnetic nanoparticles for cancer cell selective treatment through cytoskeletal disruption[J]. Scientific Reports, 2016, 6: 33560.

[44] KANG H, KIM S, WONG D S H, et al. Remote manipulation of ligand nano-oscillations regulates adhesion and polarization of macrophages in vivo[J]. Nano Letters, 2017, 17(10): 6415-6427.

[45] HU B, EL HAJ A J, DOBSON J. Receptor-targeted, magneto-mechanical stimulation of osteogenic differentiation of human bone marrow-derived mesenchymal stem cells[J]. International Journal of Molecular Sciences, 2013, 14(9): 19276-19293.

[46] HU W, LUM G Z, MASTRANGELI M, et al. Small-scale soft-bodied robot with multimodal locomotion[J]. Nature, 2018, 554(7690): 81-85.

[47] ARAMI H, KHANDHAR A, LIGGITT D, et al. In vivo delivery, pharmacokinetics, biodistribution and toxicity of iron oxide nanoparticles[J]. Chemical Society Reviews, 2015, 44(23): 8576-8607.

[48] MAYNARD A D, AITKEN R J, BUTZ T, et al. Safe handling of nanotechnology[J]. Nature, 2006, 444(7117): 267-269.

[49] LARTIGUE L, ALLOYEAU D, KOLOSNJAJ-TABI J, et al. Biodegradation of iron oxide nanocubes: High-resolution in situ monitoring[J]. ACS Nano, 2013, 7(5): 3939-3952.

[50] FIDLER J L, GUIMARAES L, EINSTEIN D M. MR imaging of the small bowel[J]. Radiographics, 2009, 29(6): 1811-1826.

[51] VAN LANDEGHEM F K H, MAIER-HAUFF K, JORDAN A, et al. Post-mortem studies in glioblastoma patients treated with thermotherapy using magnetic nanoparticles[J]. Biomaterials, 2009, 30(1): 52-57.

[52] BERND H, DE KERVILER E, GAILLARD S, et al. Safety and tolerability of ultrasmall superparamagnetic iron oxide contrast agent comprehensive analysis of a clinical development program[J]. Investigative Radiology, 2009, 44(6): 336-342.

[53] MOSMANN T. Rapid colorimetric assay for cellular growth and survival: Application to proliferation and cytotoxicity assays[J]. Journal of Immunological Methods, 1983, 65(1-2): 55-63.

[54] ALBARQI H A, WONG L H, SCHUMANN C, et al. Biocompatible nanoclusters with high heating efficiency for systemically delivered magnetic hyperthermia[J]. ACS Nano, 2019, 13(6): 6383-6395.

[55] GAO F, WANG D, ZHANG T, et al. Facile synthesis of Bi_2S_3-MoS_2 heterogeneous nanoagent as dual functional radiosensitizer for triple negative breast cancer theranostics[J]. Chemical Engineering Journal, 2020, 395: 125032.

[56] LI Y F, CHEN C. Fate and toxicity of metallic and metal-containing nanoparticles for biomedical applications[J]. Small, 2011, 7(21): 2965-2980.

[57] JIN R, LIU L, ZHU W, et al. Iron oxide nanoparticles promote macrophage autophagy and inflammatory response through activation of toll-like receptor-4 signaling[J]. Biomaterials, 2019, 203: 23-30.

[58] ASHLEY C, CARNES E, PHILLIPS G. et al. Erratum: The targeted delivery of multicomponent cargos to cancer cells by nanoporous particle-supported lipid bilayers[J]. Nature Materials, 2011, 10: 476.

[59] CHENG R, HUANG W, HUANG L, et al. Acceleration of tissue plasminogen activator-mediated thrombolysis by magnetically powered nanomotors[J]. ACS Nano, 2014, 8(8): 7746-7754.

第 2 章　磁性纳米生物材料的制备与表征

磁性纳米生物材料的制备是其生物医学应用的物质基础，直接影响其物理化学性质，也决定其后续应用的性能。由于磁性纳米生物材料的组成、尺寸、形貌、晶体结构、表面修饰等直接影响其物理化学性质，对磁性纳米生物材料进行表征，对于磁性纳米生物材料应用至关重要。基于此，本章主要介绍磁性纳米生物材料的制备与表征方法，从而为实现其多功能生物医学应用奠定基础。

2.1　磁性纳米生物材料制备方法

磁性纳米生物材料的不同制备方法有着各自的特点，不同制备方法制备的磁性纳米生物材料性质也不尽相同，因此有必要了解不同制备方法及生长机制，从而制备能够满足后续应用需求的磁性纳米生物材料。根据磁性纳米生物材料的制备过程，其制备方法主要有生物制备法、物理制备法和化学制备法三大类。

2.1.1　生物制备法

自然界中的细菌、真菌、酵母等微生物，藻类和植物等生物体内普遍存在生物矿化现象。生物矿化即生物体利用有机基质(酶、蛋白质、脂类、多糖等)对无机离子进行精确调控，最终沉淀成具有复杂结构的纯无机或者无机有机混合材料[1-2]。生物体系制备的无机纳米材料具有环境友好、成本低廉、生物相容性好等优点。利用生物制备方法可以制备金属纳米材料如 Au、Ag[1]，氧化物纳米材料如 MnO_2、Fe_3O_4、$CoFe_2O_4$[3-5]，半导体量子点如 CdS、CdTe[6-7]等多种无机纳米材料，成为纳米材料科学的一个重要研究领域。

利用趋磁细菌制备磁性纳米材料是十分经典的生物制备法。趋磁细菌是一类能够进行感磁运动的细菌，能够在细胞内制备膜包被的、单磁畴的 Fe_3O_4(磁铁矿)或 Fe_3S_4(胶黄铁矿)纳米晶体颗粒(磁小体)。1975 年，Blakemore 最早在海洋沉积物中观察到趋磁细菌并进行人工培养[8]。磁螺菌 MSR-1、淡水磁螺菌 *Magnetospirillum magnetotacticum* AMB-1 和磁螺菌 MS-1 是目前最容易进行培养的三种磁螺菌[9]。图 2.1 为五种不同类型趋磁细菌，从系统发育上，它们分属两大门类：变形菌门[图 2.1 中(a)~(d)]和硝化螺菌门[图 2.1 中(e)，分离自北京密云水库]。图 2.1 中(a)~

(d)四种趋磁细菌分属于 δ-变形菌纲(分离自西安未央湖)、γ-变形菌纲(分离自秦皇岛石河入海口)、η-变形菌纲(分离自秦皇岛石河入海口)和 α-变形菌纲(研究的模式菌株,20 世纪 90 年代初分离自日本一淡水湖泊)[10-11]。

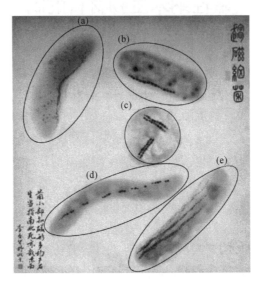

图 2.1   不同类型的趋磁细菌

中国科学院城市环境研究所郑越博士绘制;(a)δ-变形菌纲;
(b)γ-变形菌纲;(c)η-变形菌纲;(d)α-变形菌纲;(e)硝化螺菌门[11]

趋磁细菌制备磁小体的整个过程是一个多步骤多基因协同合作的生物制备流程,需要涉及 40 种以上的不同基因。这个流程由以下四个步骤组成:①MamI 等蛋白质启动细胞质膜内陷,形成具有碱性环境囊泡样永久性内陷或分离的囊泡;②在膜内陷的前后或者同时,磁小体蛋白被送到磁小体膜上;③铁通过转铁蛋白(MagA)被运输至膜内陷处或囊泡中,并在囊泡中聚集,Fe^{3+} 和 Fe^{2+} 在囊泡上膜蛋白(MamM、MamN、MamO 等)的作用下快速共沉淀、成核、生长(MamR、MamS、MamT、MamE 和 Mms6 等)产生 Fe_3O_4 晶体;④在 MamA、MamE、MamK、MamJ 等蛋白作用下,磁小体排列对齐,形成一条磁小体链,用于细胞分裂过程的磁小体分离活动[1]。

利用趋磁细菌生产磁小体,受微生物的种类、pH、温度、金属离子浓度、菌种生长期、培养基成分、孵育时间、微生物或蛋白质浓度、离子强度、是否搅拌等因素的影响,后续还需要通过破碎细胞、洗涤、超声波浴等步骤对磁小体进行纯化和收集[2]。磁小体可以有方形、矩形、六边形或子弹形(或箭头形、齿形)等形态,大小一般在 25~100nm。磁小体不仅具有稳定的晶体和磁学性质,而且由于其表面有脂膜性质的磁小体膜包裹,能够和各种基团反应连接化合物或锚定蛋白,从而作为药物和生物分子的载体用于免疫磁性分离、检测技术和靶向肿瘤治疗等领域[9]。

2.1.2　物理制备法

物理制备磁性纳米生物材料通常有两种方法：第一种"自上向下"法，通过向物料施以能量让其破碎来得到纳米材料；第二种"自下向上"法，将物料以不同的方式加热气化成原子或分子后，凝聚成纳米材料[12]。

1. 球磨法

"自上向下"制备方法中，球磨(ball milling)法是一种经典、有效的制备磁性纳米生物材料的方法。在研磨机中加入不同比例的粉末和研磨介质(通常为钢球)，通过研磨介质之间、粉末与研磨介质之间剧烈的碰撞、摩擦和挤压，将球磨介质的机械能传递给粉末。粉末在研磨过程中发生强烈的塑性变形，反复发生破碎—融合—破碎过程，使其组织不断细化，最终得到小晶粒。

1970 年，Benjamin 首次使用高能球磨法制备出纳米级镍基高温合金[13]。1987 年，德国西门子公司的 Schultz 等将高能球磨应用于磁性材料[14]。Scott 等将活性炭掺入铁粉中，利用球磨法制备出微米级磁性靶向载体(MTC)，并负载抗肿瘤药物盐酸多柔比星(DOX)，制备出磁性导向载体阿霉素(MTC-DOX)。该药物经肝动脉介入的方式，临床上开展针对不能手术切除肝细胞肝癌患者的 I / II 期试验研究[15]。

球磨过程中加入表面活性剂辅助可以改善制备的纳米材料尺寸和形貌。表面活性剂可防止球磨过程中破碎的颗粒融合，获得更小的晶粒；表面活性剂可以作为润滑剂，有效减少球磨时钢球的重量损失；表面活性剂诱导的表面改性还可以有效改善颗粒在溶剂中的分散性。例如，使用油酸辅助球磨制备的 FeB 纳米颗粒，不仅有良好的磁热响应性，而且在进行脂质体修饰后具有良好的生物安全性[16]。

2. 物理气相沉积

物理气相沉积(physical vapor deposition)又称为惰性气体蒸发冷凝，是一种典型"自下向上"制备纳米粉体的方法。该方法通常先利用能量使靶材气化，再通过惰性气体使蒸气骤冷、凝结，生成纳米颗粒或纳米膜。靶材气化的方式主要有两种：一种通过控制惰性气体等离子体轰击靶材，使靶材溅射生成中性靶材原子；另一种通过加热使金属气化，加热方法有电阻加热法、等离子体喷射法、电子束加热法、激光加热法、高频感应加热法等。除采用不同加热方法外，还可以通过改变加热温度、惰性气体种类、惰性气体压力及流速等控制粒子的大小与成分。

该方法的优点是制备的粒子表面清洁，粒径可调，缺点是形状晶型难以控制，产量低。

　　磁控靶向溅射制备的纳米材料在生物医学领域发展迅速。Qiu 等以锥形铁块为靶材，通过调节磁控溅射的磁场分布和气流量控制纳米粒子的成核和生长，成功制备出单分散和高度有序的四方面心(L10)相 FePt 纳米颗粒[17]。Srinivasan 等利用同样方法制备出 FeCo 颗粒并修饰上链霉亲和素偶联物 AF488，用作监测蛋白质标志物变化的监测器[18]，有助于检测慢性疾病和针对特定个体定制医疗方案。Liu 等利用模板辅助磁控溅射法制备了含有 Zn 和 Ag 等纳米材料的抗菌敷料，对大肠杆菌和金黄色葡萄球菌具有有效的抗菌活性[19]。

　　物理制备法虽然操作方便，但制备过程耗时长、能耗大，可能引起化学组成变化，且制备的纳米粒子种类受块体材料品种、性能限制等，因此在生物医学中应用相对受限。

2.1.3　化学制备法

　　相对于物理制备法和生物制备法制备磁性纳米生物材料的限制，采用化学制备法能够更好地、可控地制备不同种类、不同尺寸、不同形貌的磁性纳米粒子。

　　化学制备的经典理论是由美国化学家 LaMer 提出的单分散胶体生长的 LaMer 模型[20]。该模型(图 2.2)指出，在溶剂存在的条件下制备的纳米材料，纳米晶的形成过程先后经历了单体形成(Ⅰ)、晶体成核(Ⅱ)与晶体生长(Ⅲ)三个阶段。在液相反应体系中，随着化学反应的进行，溶液中纳米晶的最小构筑单元——单体的浓度快速升高，当单体浓度超过临界浓度时，会爆发式成核析出，成核过程消耗大

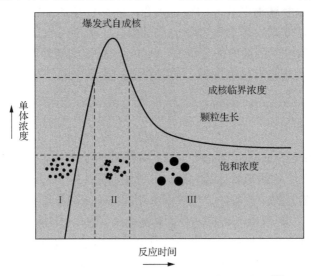

图 2.2　纳米晶成核与生长的 LaMer 模型示意图[20]

量单体使其浓度降低到临界浓度以下，随后溶液中剩余的单体扩散至晶核进行生长，最终尺寸变大形成纳米晶结构[21]。胶体的形貌和尺寸变化过程中，纳米晶的成核与生长涉及热力学与动力学两过程。

纳米晶体热力学过程基于经典的成核理论，由吉布斯(Gibbs)、福尔默(Volmer)、贝克尔(Becker)和德林(Döring)等在研究蒸气冷凝成液滴时提出。在均相溶液的反应体系中，纳米晶成核会降低反应体系吉布斯自由能，晶核吉布斯自由能的改变最终可使体系达到热力学稳定状态。晶核的吉布斯自由能改变量 ΔG 由晶核表面自由能变 ΔG_S 和体积自由能变 ΔG_V 这两部分组成。将形成的晶核看作是半径为 r 的一个球体，ΔG_S 是一个正值，其大小和 r^2 成正比，ΔG_V 是一个负值，其绝对值大小和 r^3 成正比。因此，成核过程中晶核的吉布斯自由能改变量如式(2.1)所示：

$$\Delta G = \Delta G_S + \Delta G_V = 4\pi r^2 \gamma + \frac{4}{3}\pi r^3 \Delta G_V \tag{2.1}$$

式中，γ 是界面张力。ΔG_S 随半径 r 增大而正向增大，ΔG_V 随着半径 r 增大而减小，两者呈现相反的变化趋势，只有 ΔG 小于零时，晶核才会自发形成并生长(热力学第二定律)。因此，ΔG 存在最大值，对应晶核临界尺寸 r_c。对式(2.1)取导数可得到

$$\frac{\mathrm{d}\Delta G}{\mathrm{d}r} = 8\pi r \gamma + 4\pi r^2 \Delta G_V \tag{2.2}$$

令式(2.2)等于零，可得到晶核临界尺寸 r_c：

$$r_c = \frac{-2\gamma}{\Delta G_V} \tag{2.3}$$

可以看出，晶核临界尺寸 r_c 与 γ 和 ΔG_V 密切相关。晶核临界尺寸 r_c 代表晶核能够稳定存在的最小尺寸，这意味着当形成的晶核尺寸小于临界尺寸时，晶核会自发溶解降低其过高的自由能；晶核尺寸超过临界尺寸时，晶核会继续生长变大，从而降低体系自由能。

纳米晶的晶核形成后，由于晶核尺寸极小、表面能大，为了稳定存在，晶核通过生长变大成纳米晶而降低自身表面能，最终达到热力学稳定的状态。在生长过程中存在两个相反的动力学过程，即结晶和溶解。一方面单体从溶液析出，扩散至纳米晶表面进行生长；另一方面纳米晶表面会溶解形成单体，释放进入溶液中。当结晶速度和溶解速度相同时，达到动力学平衡状态。利用纳米晶生长过程中热力学和动力学过程的特点，可以通过调控单体扩散速度和反应速率等手段控制纳米晶尺寸和形貌。特定的溶液体系中，纳米晶生成和稳定存在是体系达到热力学稳定和动力学平衡的结果。

按照化学制备方法所用溶剂极性的不同，可分为水相制备法和非水相制备法，前期临床上应用于 MRI 对比剂和补铁剂的磁性纳米颗粒均来自水相制备法。磁性纳米颗粒的水相制备法主要包括共沉淀(co-precipitation)法、溶胶凝胶(gel-sol)法、微乳液(microemulsion)法和溶剂热(solvothermal)法等。在生物医学研究中，随着研究内容的逐步深入，对生物医用磁性纳米颗粒的要求不断提高。由于水相制备法难以获得高质量、粒度分布窄的纳米颗粒，非水相制备法特别是基于高沸点溶剂的高温热解制备法(有机相高温热解法)，具有尺寸和形貌可控的优势而得以发展，此法制备的磁性纳米颗粒在生物医学中的应用越来越广泛。

1. 水相制备法

1) 共沉淀法

1925 年，Welo 和 Baudisch 首次提出了共沉淀法，并详细阐述了氧化铁随着温度变化发生的相变。共沉淀法是在两种或两种以上金属盐水溶液中加入碱性沉淀剂(如氨水、氢氧化钠等)，使不同价态的金属离子在反应过程中一起从溶液中沉淀出来制备无机纳米颗粒的方法，也是制备各种金属氧化物纳米颗粒最常用的方法之一。其优点是反应原理简单、设备及原料相对廉价、适合批量生产[22]。1981 年，Massart 等以碱作为沉淀剂，在 $FeCl_2$ 和 $FeCl_3$ 的混合体系中获得了粒径在 8nm 左右的 Fe_3O_4 纳米颗粒[23]，但因缺少表面活性剂，这种方法得到的 Fe_3O_4 纳米颗粒团聚严重，限制了其应用。为解决这一问题，材料学家在制备的过程中添加小分子稳定剂，如柠檬酸、葡萄糖、二巯基丁二酸、磷酰胆碱等[24]。虽然此法在一定程度上可以提高纳米颗粒的稳定性，但临床上应用于 MRI 对比剂和补铁剂的磁性纳米粒子，主要还是在生物高分子存在下进行共沉淀制备。1996 年美国 FDA 批准的 Feridex®(中文商品名：菲立磁)利用的生物高分子就是右旋糖酐(dextran)。临床上用于治疗成人慢性肾病引起的缺铁性贫血的补铁剂药物 Feraheme® 也是由葡萄糖山梨酸羧甲基醚缩聚物(polyglucose sorbitol carboxymethyl ether)修饰的非化学计量比的磁性氧化铁纳米颗粒[25-26]。

Fe_3O_4 的共沉淀法制备：在惰性气体保护下，在一定比例 Fe^{2+} 和 Fe^{3+} 溶液中，加入碱性水溶液(如 NaOH、NH_4OH 水溶液)，于室温或加热条件下通过水解、熟化获得 Fe_3O_4 纳米颗粒。反应方程式为

$$Fe^{2+}+2Fe^{3+}+8OH^- \longrightarrow Fe_3O_4+4H_2O$$

影响共沉淀过程的因素主要有以下几个方面。①Fe^{2+} 与 Fe^{3+} 的比例：当沉淀颗粒前驱体金属盐中不同化合价金属元素的物质的量之比(Fe^{2+}/Fe^{3+})与产物中相同时，沉淀物才可能具有原子尺度上的均匀性，当 Fe^{2+}/Fe^{3+} 在 0.4～0.7 时，才能得到 Fe_3O_4 纳米颗粒[27]。②溶液 pH：一般来说，阳离子的沉淀只能在特定的 pH

范围内发生,同时 pH 会影响金属元素的氧化态。例如,制备铁的氧化物时,pH 通常应控制在 8~14。在较低 pH 下,沉淀难以产生,而在高 pH 下 Fe^{2+} 更容易被氧化,生成 $Fe(OH)_3$ 沉淀,倾向于生成 Fe_2O_3 纳米颗粒。③反应物浓度:高反应物浓度通常会使颗粒明显地团聚及颗粒尺寸变大。④反应温度:通常温度对产物的结晶性有很大影响。一方面,适当的温度有利于获得结晶性好的样品;另一方面,如果缺乏良好的分散剂,过高的温度将会引起产物团聚[22]。

利用共沉淀法制备磁性氧化铁纳米颗粒时,由于水的沸点限制,无法通过提高反应温度获得高结晶度和良好磁学性能的磁性氧化铁纳米颗粒。为了克服这一困难,顾宁院士团队首次提出水冷磁致内热共沉淀法(HMIHC)。该方法通过外部交变磁场使磁性纳米颗粒自发热,纳米颗粒自成熟生长,磁场的周期性作用使颗粒内部整体磁矩呈现规则排列,可以增强颗粒的结晶性与磁性;同时,利用水冷使反应平衡更利于趋向晶体形成方向进行,进而使得晶体性能显著改善。采用 HMIHC,使 Feraheme® 具有更高的结晶度、更稳定的分散性、更为有序的自旋排列及更强的磁响应能力[28]。

2) 溶胶凝胶法

溶胶凝胶法通过金属醇盐水解得到溶胶凝胶,制备多组分玻璃。溶胶凝胶法一般采用金属醇盐或无机盐作前驱体,通过水解、缩聚化学反应,在溶液中形成稳定的透明溶胶(sol)体系;溶胶经陈化,胶粒间缓慢聚合,形成具有三维空间网络结构的凝胶(gel),凝胶网络间充满了失去流动性的溶剂;凝胶经过干燥、烧结固化,制备出分子乃至纳米结构的材料[29]。该方法主要通过控制凝胶过程中的温度、反应前驱体的性质和浓度、pH 及搅拌速度等来调节制备的纳米材料结构和性能。

利用溶胶凝胶法可以很便利地制备磁性纳米粒子[12, 30]。Tao 等将 $Fe(NO_3)_3$ 溶于 80mL 无水乙醇,70℃ 回流冷却成溶胶,再经 80℃ 脱水、干燥,300℃ 下煅烧,制得粒度分布均匀、颗粒尺寸在 10nm 左右的 γ-Fe_2O_3 磁性粉末[31]。Xu 等以硝酸铁为铁源,以乙二醇为还原剂,在反应温度为 80℃ 时制得溶胶,干燥,再在真空条件、200~400℃ 下焙烧,制得粒度分布均匀的磁性 Fe_3O_4 纳米粒子[32-33]。

溶胶凝胶法在制备二氧化硅微球、介孔 SiO_2 及其复合纳米材料中应用广泛。Kim 等利用溶胶凝胶法制备了介孔 SiO_2 为壳层、磁性 Fe_3O_4 纳米粒子为核的 $Fe_3O_4@mSiO_2$ 复合颗粒,并将其用于磁共振荧光成像及药物递送[34]。

3) 微乳液法

微乳液是在表面活性剂、助表面活性剂存在下,两种或两种以上互不相溶液体经混合乳化后组成的透明、各向同性的热力学稳定体系,粒径一般可控制在 5~100nm。选择合适的表面活性剂,通过调节水、油和表面活性剂的比例,可以得到稳定的微乳液,成为制备纳米材料的"微反应器"。这种制备方法具有普适性,能通过调节表面活性剂、助表面活性剂、溶剂的量和种类，或改变反应条件，制备各种类型的纳米材料，也可以通过控制微乳液滴的大小有效控制纳米颗粒的尺寸，被认为是制备磁性纳米颗粒的重要方法之一。微乳液可分为水包油型(油/水型，O/W)、油包水型(水/油型，W/O)和多重微乳液型(W/O/W 或 O/W/O)。W/O型微乳液法(反相胶束法)在制备磁性纳米生物材料中最为常用[22, 35]。

微乳液法中常用的表面活性剂有丁二酸二辛酯磺酸钠(AOT)、十二烷基硫酸钠(SDS)、十六烷基三甲基溴化铵(CTAB)、聚乙烯吡咯烷酮(PVP)等[36]。1982 年，Inouye 等首次采用 AOT 制备微乳液，通过氧化 Fe^{2+} 制备了 $\gamma-Fe_2O_3$ 和 Fe_3O_4[37]。Liu 等以十二烷基苯磺酸钠(NaDBS)作为表面活性剂，在水/甲苯微乳液体系中制备了尺寸可调节的 4～15nm $MnFe_2O_4$ 纳米颗粒，水和甲苯的比例决定了所得 $MnFe_2O_4$ 纳米颗粒的尺寸[38]。采用类似的方法，Gupta 等在水/正己烷体系中制备了 Fe_3O_4 纳米颗粒[35]。

采用微乳液法制备纳米颗粒一般有两种路线，即单一微乳液法和双微乳液法[39]。单一微乳液法可进一步分为两种类型，即能量触发法和另一反应物法。能量触发法需要用光、热等作为触发剂来启动含有前体的单一微乳液中的成核反应；另一反应物法则是在微乳液溶液中直接加入另一种反应物的方法，另一种反应物与微乳液滴中的反应物反应，从而引发成核反应。单一微乳液法是扩散控制的，触发器或另一反应物必须扩散通过微乳液包封第一反应物，从而完成纳米颗粒制备。双微乳法按照适当的比例将两种携带单独反应物的微乳液混合，两种微乳液在布朗运动的帮助下彼此靠近碰撞，足够高能的碰撞会使胶束组分混合、反应。一旦同一个胶束里的两个反应物混合，化学反应就在该纳米反应器中发生，胶束内部经过成核过程，从而形成纳米颗粒。Okoli 等比较了单一微乳液法和双微乳液法制备的磁性纳米颗粒，发现两者均能制备 7～10nm 的磁性颗粒，且两者对于蛋白质的吸附量也相近，为 400mg/g[40]。

微乳液法还能实现在制备磁性纳米颗粒的基础上进行表面修饰，制备复合磁性纳米颗粒，为后续进一步修饰提供必要功能基团。Zhang 等在利用微乳液制备 $MnFe_2O_4$ 和 $CoFe_2O_4$ 纳米颗粒的基础上[41]，进一步利用非离子表面活性剂壬基酚聚氧乙烯醚作为表面活性剂，从而制备了具有核壳结构的 $SiO_2-CoFe_2O_4$ 复合微粒[42]。

虽然通过微乳液法可以获得各种类型的磁性纳米颗粒，但相比共沉淀法和热分解法而言，微乳液法在制备过程中要使用大量的溶剂，无法获得高产量的磁性纳米颗粒。同时，尽管有表面活性剂控制纳米颗粒的尺寸、形貌，但这种方法获得的颗粒尺寸分布范围通常较宽，并且得到的颗粒结晶性不好，影响其磁性。Lee 等[43]改进了常规的微乳液法，以十二烷基苯磺酸钠(NaDBS)为表面活性剂，以乙醇为助表面活性剂，在水/二甲苯微乳液体系中，将反应温度提高至 90℃，制备了粒径均一、高结晶性的 MFe_2O_4(M 为 Fe、Co、Mn)，并且产量提高至数克，一定程度上克服了微乳液法的不足[22, 43]。

4) 溶剂热法

溶剂热法是指在特制的反应釜或者密闭反应容器中，以水或其他溶剂为介质，在一定温度(130~250℃)和一定压力(0.3~4MPa)的反应环境中，使通常难溶或者不溶的物质溶解并且重新结晶，再经过分离和热处理得到无机纳米材料的一种方法[44]。由于溶剂热法中晶体生长是在密闭系统里进行的，可以控制反应气氛而形成特定的氧化还原反应条件，并完成在常温常压下受动力学影响反应速率较慢的反应，生成其他方法难以获得的物质某些物相。通过溶剂热法制备纳米晶体必须满足的条件有：结晶物质各组分必须一致；结晶物质的溶解度足够高；溶解度温度系数的绝对值足够大；中间产物通过改变温度较容易分解等。溶剂热法的优越性：①高温高压的条件缩短了反应时间；②所得产物本身为晶态，无须晶化，进而减少团聚现象，在水相中具有很好的分散性；③所得微粒粒度分布窄，粒子纯度高，晶形大小容易控制。因此，溶剂热法是制备无机金属或金属氧化物纳米材料的理想手段之一[12, 45]。

2005 年，Deng 等[46]报道了利用溶剂热法制备亚微米级 Fe_3O_4 颗粒的方法，将氯化铁溶解到含有乙二醇溶液聚四氟乙烯不锈钢釜中，在乙酸钠(NaOAc)和聚乙二醇(PEG)存在下，200℃反应制备出粒径约 200nm 单分散的 Fe_3O_4 颗粒。该方法也适用于亚微米级铁氧体 MFe_2O_4(M 为 Co、Mn、Zn)的制备，通过控制反应时间可以调节磁性颗粒的粒径由 200nm(8h)增加至 800nm(72h)。Liu 等[47]将乙酸钠作为碱的来源，将具有生物相容性的柠檬酸三钠(Na_3Cit)作为静电平衡剂，在 200℃下 $FeCl_3$ 和乙二醇进行水热反应，乙二醇在此体系中既是溶剂又是还原剂，Na_3Cit 上的三个羧基能够和磁性颗粒化学吸附，防止颗粒的聚集。$FeCl_3/Na_3Cit/NaOAc/EG$ 各组分物质的量之比为 1：0.17：36.5：89.5 时，得到的磁性颗粒粒径为 250nm。利用溶剂热法也可以制备表面疏水的磁性纳米颗粒。例如，Liang 等[48]把 $FeSO_4·(NH_4)_2SO_4·6H_2O$ 的水溶液加入油酸、氢氧化钠和乙醇的均匀混合体系中，搅拌均匀后置于高压釜中于 180℃反应 10h，得到 Fe_3O_4 磁性纳米颗粒，同样通过调节加入原料比例，可以制备 $\alpha\text{-}Fe_2O_3$ 纳米颗粒和 $\alpha\text{-}FeOOH$ 颗粒。

利用溶剂热法制备的磁性纳米颗粒在生物医学上广泛用于体外检测。Liu 等[49]将氯化铁和氯化钴作为金属源溶解到乙二醇中，在 NaOAc 和聚丙烯酸(PAA)存在下，利用溶剂热法在 200℃条件下反应 12~14h，制备了尺寸 100nm 的 Co-Fe 纳米颗粒，并在表面修饰上血晶素(Hemin)。利用该复合颗粒的纳米酶活性，进行 SARS-CoV-2 Spike 抗原的磁酶免化学发光试纸条检测。Chen 等[50]利用溶剂热法制备 Fe_3O_4@MOF，再与 Pt 的纳米颗粒结合，制备 Fe_3O_4@MOF@Pt 复合纳米颗粒用于免疫层析试纸条，该颗粒具有减弱背景、快速磁响应、过氧化物酶活性高的"三合一"作用，从而可以高灵敏检测降钙素原(PCT)。

总体而言，化学制备法相比于物理制备法和生物制备法确实有一定的优势，但是化学制备法的各方法在控制颗粒尺寸、形貌及结晶性方面受反应条件的限制而具有一定的局限性。纳米晶的形成过程先后经历了单体形成、晶体成核与晶体生长三个阶段，涉及热力学与动力学两个平衡过程，无论是哪个阶段和平衡过程都与单体有关。晶核形成与单体浓度和单体聚集速度有关，晶核生长成稳定存在的纳米晶的过程中，存在结晶和溶解两个相反的动力学过程。一方面，单体从溶液中析出，扩散至纳米晶体表面进行生长；另一方面，纳米晶体表面会溶解形成单体，释放扩散到溶液中。为更好地解决这一问题，制备高质量的磁性纳米颗粒，一些化学家和纳米材料学家发展了有机相高温热分解法。有机金属配合物前驱体很好地控制了单体浓度，有机溶剂相比于水黏度高和沸点高，解决了单体扩散和反应温度对纳米晶结晶性的影响。

2. (有机相)高温热分解法

(有机相)高温热分解法制备磁性纳米颗粒是在高沸点的非极性或弱极性溶剂中(如1-十八烯烃、辛醚、联苯醚等)，利用有机铁盐或有机铁配合物，如$Fe(acac)_3$(acac为乙酰丙酮)、$Fe(CO)_5$、$Fe(Cup)_3$(Cup为 N-亚硝基苯基羟胺)、油酸铁等的热分解来制备磁性纳米晶体的方法。尽管铁前驱体的热分解反应非常复杂，但高沸点溶剂提供的高反应温度使得结晶度、磁响应特性、颗粒的粒度分布和表面等更加可控，从而获得更高质量的磁性纳米颗粒。因此，利用高温热分解法制备的磁性纳米颗粒具有粒度分布窄、磁响应性好，尺寸和形貌可控等特点。

1993 年，Murray 课题组首次利用高温热分解法制备了高度单分散且尺寸可控的镉的硫族化物纳米晶体，之后高温热分解法被广泛用于尺寸、形貌可控的单分散纳米晶体制备。1999 年，Alivisatos 主导的研究团队首次利用此法制备了金属氧化物纳米晶体，以三辛胺作为溶剂，将含铁元素的化合物作为前驱体，采用热注射方法直接注射到装有溶剂的三口烧瓶中。采用此方法可以得到尺寸为 10nm 左右的氧化铁纳米颗粒[51]。2001 年，Hyeon 等[52]在前人的基础上，将 $Fe(CO)_5$ 作为金属离子来源，同样使用热注射方法第一次制备了单质铁纳米颗粒，铁纳米颗粒可以通过氧化得到尺寸为 4~16nm 的 γ-Fe_2O_3 纳米颗粒。研究发现，通过 $Fe(CO)_5$ 与表面活性剂的比例可以有效地调控纳米颗粒的尺寸。2002 年，孙守恒等[53]在前人的实验基础上发现，Fe_3O_4 纳米颗粒可以通过直接加热的方法得到，并且得到的纳米颗粒尺寸是可以控制的。该制备方法先将一定量的乙酰丙酮铁、油酸、油胺、1,2-十六烷二醇加入苯醚溶液中，然后直接加热，就能够得到尺寸 4nm 左右的 Fe_3O_4 纳米颗粒。之后，以该纳米颗粒作为种子，用种子生长法控制 Fe_3O_4 纳米颗粒尺寸。同样地，不同组分的铁氧体纳米颗粒可以使用乙酰丙酮系列的其他金属化合物作为前驱体而得到[54]。2004 年，彭笑刚团队发明了一种普适性的制备方法，通用直接加热的方法制备金属氧化物[55]。Yu 等[56]将 FeOOH 作为金属离子的来源，得到了尺寸 6～30nm 的 Fe_3O_4 纳米颗粒。随后，Park 团队第一次通过油酸钠与 $FeCl_3 \cdot 6H_2O$ 反应制备出油酸铁，然后用它作为金属离子来源，制备得到了结晶度高、分散好的磁性氧化铁纳米晶体[57]。2007 年，有研究以 $Fe(CO)_5$ 为金属离子的来源，用二辛醚作为溶剂将混合物加热到 340℃，得到了尺寸 5nm 的 $\gamma\text{-}Fe_2O_3$ 纳米颗粒。2008 年，Park 等用 $FeCl_3 \cdot 6H_2O$ 作为前驱体，三甘醇作为溶剂，制备了尺寸 1.7nm 左右的超小 Fe_3O_4 纳米颗粒[58]。2011 年，Hu 等利用乙酰丙酮铁为铁源，制备了尺寸 5.4nm 的超小 Fe_3O_4 纳米颗粒[59]。随后，Kim 等以油酸铁作为铁源，以油醇为还原剂，以苄醚为溶剂，得到了尺寸 3nm 的 Fe_3O_4 纳米颗粒[60]。2012 年，吴爱国研究团队使用无机盐辅助的水解方法，制备了尺寸小于 5nm 的亲水铁氧体纳米颗粒(Fe_3O_4、$ZnFe_2O_4$、$NiFe_2O_4$)[61]。同年，Li 等以 $FeCl_3 \cdot 6H_2O$ 和 $FeSO_4 \cdot 7H_2O$ 为铁源，采用热注射的方法，得到了尺寸为 3.3nm 左右的 Fe_3O_4 颗粒[62]。2013 年，Li 等首次制备了锰铁氧体纳米颗粒，尺寸约为 2.2nm[63]；Shen 等制备了尺寸为 1.9nm 的 Fe_3O_4 纳米颗粒[64]。

2017 年，樊海明研究团队提出了一种普适的动态同步热分解法，制备了铁氧体纳米颗粒。该研究以锰铁氧体为模型，巧妙地利用金属羧酸复合物的热分解性质，以芥酸铁为铁源，以油酸锰为锰源，在苄醚溶液中成功制备了小尺寸的锰铁氧体纳米颗粒。该团队还成功制备了尺寸为 3nm 左右的钴铁氧体和镍铁氧体纳米颗粒[65]。

虽然高温热分解法制备的磁性纳米颗粒溶于有机溶剂而不溶于水，无法直接应用于生物医学领域，但制备的磁性纳米颗粒具有粒径均一、形貌可控、饱和磁化强度高、分散性好、质量高的特点，后续往往采用进一步的表面修饰或者进行水相转移，就能够应用于生物大分子纯化、细胞分选、磁靶向给药、磁热治疗、磁共振成像等多方面，因而成为目前生物医学应用的主流制备方法[25]。

2.2　磁性纳米生物材料的表征手段

磁性纳米生物材料的组成、尺寸、形貌、晶体结构、表面修饰等直接影响其物理化学性质及后续生物医学应用，因此对磁性纳米材料进行表征，获取以上信息，对于磁性纳米生物材料至关重要。

表征纳米材料的形貌、尺寸，一般用透射电子显微镜(transmission electron microscope，TEM)和扫描电子显微镜(scanning electron microscope，SEM)；表征纳米材料的晶体结构，一般用 X 射线粉末衍射(X-ray powder diffraction，XRPD)、选区电子衍射(selected-area electron diffraction，SAED)、高分辨透射电子显微镜(high-resolution TEM，HRTEM)和扩展 X 射线吸收精细结构(extended X-ray absorption fine structure，EXAFS)等。

磁性纳米生物材料元素的分布、成分和价态等，主要是利用 X 射线能量色散谱(energy-dispersive spectrometry，EDS)、电子能量损失谱(electron energy loss spectrum，EELS)和 X 射线光电子能谱(X-ray photoelectron spectroscopy，XPS)等进行表征。元素的价态可以利用 XPS 和 EELS 来确定，元素分布则是通过 EDS 和 EELS 等相关技术进行表征，元素的含量可以用 XPS、EDS 半定量分析及电感耦合等离子体原子发射谱(inductive coupled plasma-atomic emission spectrometry，ICP-AES)进行定量分析。

磁性纳米生物材料的宏观性质表征：磁性的表征设备有振动样品磁强计(vibrating sample magnetometer，VSM)和超导量子干涉器件(superconducting quantum interference device，SQUID)；微观磁结构(磁畴和畴壁)的表征方法有电子全息术和洛伦兹透射电子显微术(Lorentz TEM)；表征磁性纳米生物材料水相分散能力的方法有动态光散射(dynamic light scattering，DLS)；表征表面修饰的方法有热重分析法(thermogravimetry analysis，TGA)和傅里叶变换红外光谱(Fourier transform infrared absorption spectrometry，FTIR)。

以上磁性纳米生物材料表征手段中，EDS、EELS、SAED、HRTEM、电子全息术和洛伦兹透射电子显微术均基于透射电子显微镜相关功能。

2.2.1　电子显微镜

电子显微镜(electron microscope，EM)是利用高能电子束为照射源进行放大成像的一类显微设备，高能电子具有较短的波长，经电压加速的电子波长可以表示为

$$\lambda = \frac{h}{\sqrt{2m_0 eV \left(1 + \dfrac{eV}{2m_0 c^2}\right)}} \tag{2.4}$$

式中，h 为普朗克常数；m_0 为电子的静止质量；e 为电子电荷量；V 为加速电压；c 为光速。当电子的加速电压为 100kV 时，电子波长为 0.00197nm，比可见光最短波长 400nm 小 5 个数量级。当加速电压为 300kV 时，电子显微镜的理想极限分辨率可以达到 0.001nm，其在探索微观世界方面具有得天独厚的优势。

常用的电子显微镜是透射电子显微镜(TEM)和扫描电子显微镜(SEM)，两者的区别主要在于采集的信号不同。高能电子束与样品相互作用产生的信号如图 2.3 所示。当一束高能的入射电子轰击样品物质表面时，电子与物质相互作用后会形成二次电子、背散射电子、俄歇电子、特征 X 射线、透射电子(弹性散射电子和非弹性散射电子)，以及处在可见光、紫外光、红外光波段的电磁辐射。扫描电子显微镜收集二次电子和背散射电子的信息进行放大和成像，透射电子显微镜则收集透射过样品的电子信息进行成像。

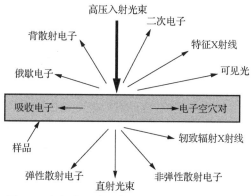

图 2.3　高能电子束与样品相互作用产生的信号

1. 透射电子显微镜

透射电子显微镜以高能电子束作为照射源，利用电磁透镜对电子束进行聚焦和放大，从而获得样品照射区域的相关信息。1931 年，鲁斯卡(Ruska)等制造出世界上第一台透射电子显微镜，1938 年西门子公司推出第一台商用电子显微镜。如今，球差色差矫正透射电子显微镜分辨率可以达到 0.05nm(300kV)，透射电子显微镜已经成为人们分析研究微观物质世界强有力的工具。

透射电子显微镜由电子光学系统、真空控制系统、供电控制系统及附加仪器四大系统构成，其中电子光学系统为核心部件，由照明系统、成像系统和观察记录系统三部分组成，如图 2.4(a)所示。照明系统主要由电子枪和一系列聚焦的磁透镜组成，成像系统从上到下一般包括下物镜、物镜光阑、选区光阑、衍射镜、中间镜、投影镜。观察记录系统捕获透射过样品的电子信息，并将其转变成数据，供实验人员分析和处理。

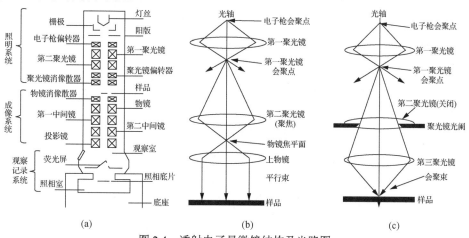

(a)　　　　　　　　　(b)　　　　　　　　　(c)

图 2.4　透射电子显微镜结构及光路图

(a) 透射电子显微镜结构示意图；(b) 透射电子显微镜平行光路示意图；(c) 透射电子显微镜会聚束聚焦光路示意图

透射电子显微镜中照射到样品上的电子束可分为平行光模式(TEM 模式)[图 2.4(b)]和会聚光模式(STEM 模式)两种[图 2.4(c)]，不同的照射模式可以得到不同的样品信息，如材料的组成、尺寸、形貌和晶体结构等。

TEM 模式成像主要是利用平行电子光束照射样品，收集穿透样品的电子光束进行成像，得到图像的样品处较暗(电子在样品处发生散射)，背景则偏亮(电子全部透过)。样品图像的衬度主要与其厚度、样品元素原子序数、材料晶格取向相关。样品越厚，原子序数越大，得到的图片衬度越大；在同等的样品厚度和相同元素的情况下，样品的晶格取向与入射样品的电子束平行度越高，样品的衬度越高。在此模式下，成像系统中衍射镜的物平面与下物镜的像平面重合，低倍下观察到的是样品的形貌像，可用于样品的形貌、尺寸表征。高倍时衍射镜接收的信号为透射电子束与散射电子束相互干涉成的衍射图案，主要用于样品晶体结构的表征。

TEM 模式成像时也可采用 SAED 表征样品晶体结构，在此模式下，衍射镜的物平面与下物镜的背焦平面重合时，配合下物镜像平面位置插入的孔径大小可控的选区光阑，可以得到样品的 SAED 图谱，SAED 会产生两种图像。当选择样品区域是单晶时，会产生点阵衍射斑；当选择样品区域是多晶时，图像为衍射环。材料元素也可以在此模式下通过 EDS 来进行定性及半定量分析。利用特定的探测器搜集并接收不同元素的特征 X 射线，将其展开成谱后，依据 X 射线的能量值确定元素的种类，依据峰强度确定元素的相对含量。图 2.5 是 $CoFe_2O_4$ 纳米颗粒的 TEM 照片，可得到 $CoFe_2O_4$ 纳米颗粒的形貌、尺寸、元素和晶体结构相关信息。从图中可以看出，纳米颗粒是尺寸 10nm 左右的球形，元素包括钴、铁和氧等；SAED 斑点图说明 $CoFe_2O_4$ 纳米颗粒是单晶，没有孪晶相；图 2.5(d)中的 1.475Å 是 $CoFe_2O_4$ 晶体的(440)晶面间距。这些信息可从微观尺度上对 $CoFe_2O_4$ 纳米颗粒形貌、组成和晶体结构进行表征[66]。

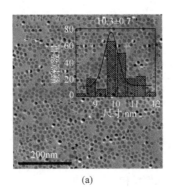

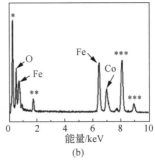

(a)　　　　　　　　　　　　　　　(b)

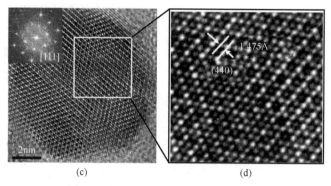

图 2.5　CoFe₂O₄纳米颗粒的 TEM 照片

(a) 低倍 TEM 照片；(b)EDS 图谱，*、**和***分别表示 C、Si 和 Cu；
(c) 单颗粒高倍 TEM 照片，子图为 SAED 图谱；(d) 高分辨 TEM 照片

STEM 模式成像主要是利用透射过样品的电子在方向上与光轴发生了一定程度偏转，从而在垂直于光轴的方向上安装不同散射角度的探测器，即可得到不同类型的图像，如明场(bright field，BF)像、环形暗场(annular dark field，ADF)像和高角环形暗场(high angle annular dark field，HAADF)像等图像[图 2.6(a)]。STEM 模式下低倍率放大时，得到样品形状和尺寸图像的同时，可搭配 EDS 面扫和 EDS 线扫，通过面扫和线扫元素分析可以得到样品目标区域元素的具体分布情况。如图 2.6(b)所示，沿着 HAADF-STEM 中的箭头，记录 Mn、Co 和 O 的成分线分布情况，制备的纳米材料 Mn 主要分布于内核部分，Co 分布于外壳位置[67]。图 2.6(c) 为 Au/Fe₃O₄异质结构纳米颗粒的 HAADF-STEM 及其 EDS 图谱，表明制备的 Au/Fe₃O₄异质结构纳米颗粒各元素分布情况。STEM 模式下高倍率放大时，可得到原子级分辨率图像，能够精确分析出材料中每个原子的空间位置。在此基础上，搭配电子能量损失谱(EELS)，即利用非弹性散射电子能量损失来表征元素组成和分布、化学键、能带结构、近边的原子级径向分布、价导电子密度、复介电系数等信息。如图 2.6(d)所示，通过对 Au/Fe₃O₄异质结构界面处进行 EELS 分析，发现氧化态的 Fe^{3+} 向混合态 $Fe^{2.5+}$ 转变[68]。

此外，通过对透射电子显微镜进行改造或升级，可以进一步提高 TEM 的功能，如在普通电子显微镜物镜下极靴加装洛伦兹透镜(Lorentz lens)，上极靴内部加装迷你聚光镜(mini condenser lens)，可实现在 Lorentz TEM 和电子全息术下表征磁性纳米材料的微观磁结构(磁畴和畴壁)。采用不同的样品杆，不仅可以进行三维重构(3D-tomography)，还可以原位探索材料在光、电、磁、力、温度等物理场及气态、液态环境下的变化情况。此外，还有用于观察软物质材料和不耐电子束辐照损伤材料更多原子信息的积分差分相衬度(integrated differential phase contrast，iDPC)-STEM 技术等。

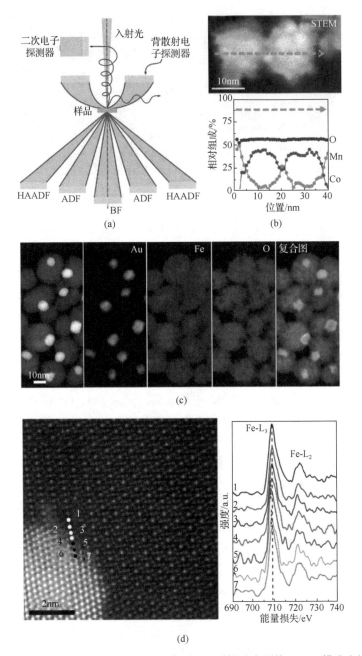

图 2.6　透射电子显微镜 STEM 成像原理及磁性纳米颗粒 STEM 模式表征

(a) 不同类型的电子探测器；(b) $Mn_3O_4@CoMn_2O_4\text{-}Co_xO$ 纳米颗粒线扫图；

(c) Au/Fe_3O_4 异质结构纳米颗粒的高角环形暗场像及其 EDS 图谱；

(d) Au/Fe_3O_4 异质结构界面处原子柱铁离子的 EELS，1～7 表示不同颗粒

2. 扫描电子显微镜

扫描电子显微镜(SEM)是一种常见且广泛应用于磁性纳米生物材料表面形貌分析的手段。1942 年，Zworykin 等在美国无线电公司实验室建造了第一台可用于检测样品的扫描电子显微镜，20 世纪 60 年代，第一台商用扫描电子显微镜由英国 Cambridge 科学仪器公司推出[69]。

SEM 主要由镜筒部分、扫描系统、信号检测与放大系统和真空系统几部分组成。镜筒部分包括电子枪、聚光镜、物镜、扫描系统、物镜光栅、含轴线圈和消像散器。扫描系统可实现电子束与电子束在样品表面和荧光屏上同步扫描，通常按 x 方向连续缓慢地扫过每一个点，而后在极短的时间内按 y 方向移动至下一行的起始点，再重复上述扫描过程。信号检测与放大系统的作用是检测样品与入射电子束作用后产生的物理信号，放大后显示图像。真空系统一般采用二级串联式抽真空，确保镜筒内电子束顺利无阻到达样品。

与 TEM 不同，SEM 是通过对高能电子束与样品相互作用后产生的二次电子、吸收电子、X 射线、俄歇电子等信号进行收集而放大的成像系统。在扫描电子显微镜收集到的信号中，用来成像的主要是二次电子，其次是背散射电子和吸收电子，X 射线和俄歇电子主要用于成分分析。二次电子绝大多数为价电子，原因是其结合能较低，且二次电子的取样深度小于 10nm，因此成像分辨率能够反应样品的表面形貌特征。

扫描电子显微镜相较于透射电子显微镜，能够测量更大尺寸的样品，试样最大直径可达到 30mm。二次电子像的分辨率一般为 3～6nm，最高可达 2nm；背散射电子像的分辨率为 50～200nm。同时，扫描电子显微镜的放大倍数变化范围较大，可从 20 倍调整到 200000 倍，这一特性使其便于对样品进行更多层次的观察分析。在纳米材料领域，扫描电子显微镜应用十分普及。利用扫描电子显微镜对涡旋磁氧化铁纳米环进行形貌表征[70]，得到氧化铁纳米环的平均外径为 70nm，高度为 50nm，内径与外径之比为 0.6(图 2.7)。

图 2.7　涡旋磁氧化铁纳米环形貌图

2.2.2　X 射线衍射

1912 年，物理学家劳厄(Laue)提出假设，认为晶体结构中周期性排列的晶面可以作为光栅，使 X 射线发生衍射。衍射波在某些特殊方向的叠加会大大增强其在对应位置的衍射强度，通过对衍射峰位置和对应衍射角的分析，便可以得到晶体结构的信息。1913 年，布拉格(Bragg)使用 X 射线衍射测定了许多晶体的晶体结构，并提出了著名的布拉格方程：

$$n\lambda = 2d\sin\theta \tag{2.5}$$

式中，n 为衍射级数；λ 为 X 射线波长；d 为晶面间距；θ 为布拉格衍射角。这一方程为后来 X 射线衍射分析晶体结构奠定基础，如图 2.8 所示。

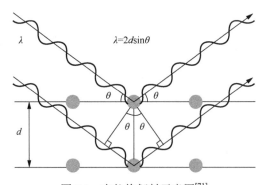

图 2.8　布拉格衍射示意图[71]

1916 年，谢乐(Scherrer)与他的老师德拜(Debye)发展出了德拜-谢乐方法，即通过 X 射线衍射峰的宽度来确定晶粒尺寸的方法(谢乐公式)：

$$D = K\gamma/(B\cos\theta) \tag{2.6}$$

式中，D 为晶粒的晶面法向厚度；K 为谢乐常数；γ 为 X 射线波长；B 为衍射峰半宽度；θ 为布拉格衍射角。谢乐公式可以很方便地计算球形纳米晶体的直径。由于不同晶面衍射角有差异，谢乐公式可以用于获得非球形纳米晶体各个晶面法向的尺寸信息。

磁性铁氧体类材料通常具有尖晶石结构，在 X 射线衍射中会表现出明显的特征衍射峰，可以概括为"前三峰"和"后三峰"。图 2.9(a)为 $Zn_xFe_{3-x}O_4$ 纳米颗粒 X 射线衍射谱图。前三峰为 30°附近的(220)晶面、35°附近的(311)晶面、43°附近的(400)晶面，后三峰为 53°附近的(422)晶面、56°附近的(511)晶面、62°附近的(440)晶面。此外，图 2.9(b)显示，最强的(311)晶面峰的出峰位置随着纳米颗粒中 Zn 掺杂量的增加，向小角度的方向偏移[72]。

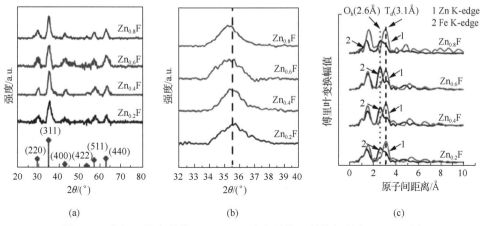

图 2.9　不同 Zn 掺杂量的 $Zn_xFe_{3-x}O_4$ 纳米颗粒 X 射线衍射和 EXAFS 图

(a) X 射线衍射谱图；(b) (311)晶面的 X 射线衍射放大图；
(c) Zn, Fe K-edge EXAFS，O_h 表示八面体位，T_d 表示四面体位

2.2.3　扩展 X 射线吸收精细结构谱

扩展 X 射线吸收精细结构谱(EXAFS)是一种结构分析技术，与传统的基于长程有序的衍射现象的探测技术不同，EXAFS 利用物质的 X 射线吸收限高能侧 30～1000eV 吸收系数随能量增加的振荡现象来分析物质结构，反映吸收原子附近短程的结构状况[73]。因此，EXAFS 不仅能用于晶体物质的分析，对于非晶态物质也能进行分析。

当 X 射线光子的能量足以激发原子的某一能层(K、L 等能层)电子时，物质的 X 射线吸收系数便会急剧增大，这种现象称为吸收边缘或吸收限，对应不同能层电子，称为 K 吸收限(K-edge)、L 吸收限(L-edge)等。当吸收 X 射线的电子形成光电子后，被周围原子散射，散射波与发射波形成干涉，造成波的增强或减弱，从而使 X 射线吸收表现出振荡现象。在高于吸收边缘 0～50eV 的振荡称为 X 射线吸收近边结构(XANES)，30～1000eV 的吸收系数振荡现象则表现为 EXAFS。这些振荡的精细结构可以通过能量空间转换到波长 K 空间，再从 K 空间的傅里叶变换得到径向距离 R 空间的数据，从而得到距离中心原子某一距离的配位原子的信息。

在磁性纳米生物材料的分析中，EXAFS 常常被用来探测金属元素所处的晶格位置。在尖晶石结构磁性材料中，氧负离子会形成四面体位(T_d)和八面体位(O_h)两种配位位置，数量比为 1∶2。Fe 或其他金属元素会占据不同的位置。在四氧化三铁中，四面体位被三价铁离子占据，称为反尖晶石结构。若四面体位被二价金属离子占据，则称为正尖晶石结构。在 $Zn_xFe_{3-x}O_4$ 纳米颗粒的 EXAFS 谱

图中[图 2.9(c)]，显示出锌在尖晶石型铁氧体中的掺杂会占据四面体位，形成正尖晶石结构。在 EXAFS 拟合的 R 空间中，铁氧体八面体位的键长为 2.6Å，四面体位键长为 3.1Å。锌的 K 吸收限无论掺杂量多少，都只会在四面体位出现峰，说明锌总是占据尖晶石结构的四面体位，形成正尖晶石结构。同时，随着锌掺杂量的上升，四面体位铁的峰逐渐下降[72]。

2.2.4　X 射线光电子能谱

X 射线光电子能谱(XPS)是由瑞典科学家、乌普萨拉(Uppsala)大学物理研究所所长 Siegbahn 教授及其研发小组创立。他们于 1954 年研制出世界上第一台光电子能谱仪并获得了氯化钠的首条高能高分辨 X 射线光电子能谱，Siegbahn 教授本人获得 1981 年诺贝尔物理学奖，以表彰他在 X 射线光电子能谱分析中做出的重要贡献。

X 射线光电子能谱主要用于纳米材料表面深度在 3～5nm 的元素含量与形态分析，基本原理如图 2.10(a)所示。当一定能量的单波长 X 射线照射到样品表面后，其内部原子中的核心电子受激发射出来成为光电子，并形成了核心“空穴”，这种受激电离态将通过来自价轨道的电子填充空穴而弛豫，这个弛豫过程会释放俄歇电子。由于各元素原子的轨道电子结合能是固定的，因此通过测定释放俄歇电子的动能即可对样品进行定性分析。当同一元素处于不同的化学环境时，内层电子结合能发生差异，在图谱上变现为谱峰位移现象，即发生化学位移。利用这种化学位移的大小可以判断出元素所处的化学环境，即原子化学价态不同。例如，某元素失去电子成为正离子时，其结合能会增加，反之亦然。因此，利用化学位移的数值可以分析元素的化合价和存在形式[75]。

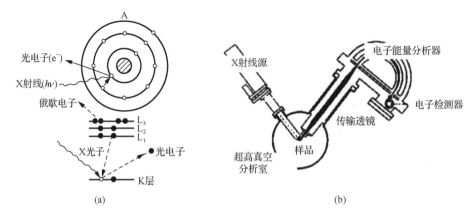

(a)　　　　　　　　　　　　　　　　(b)

图 2.10　X 射线光电子能谱仪

(a) XPS 基本原理；(b) X 射线光电子能谱仪结构简图[74]

X 射线光电子能谱仪的结构如图 2.10(b)所示,包括 X 射线源、电子能量分析器、电子检测器、电子倍增器、真空系统和计算机系统等。X 射线源要求能量和强度能够激发内层电子并产生足够的光电子通量,且线宽尽可能窄。通常使用 Al/Mg 作为双阳极的 X 射线管,其光子能量分别是 1486eV 和 1254eV,并加装单色器用于减少光子能量分散。电子能量分析器是 X 射线光电子能谱仪的核心部件,其功能是探测样品发射出来的不同能量的电子相对强度。该部件必须在高真空环境下工作,主要有半球形电子能量分析器和筒镜电子能量分析器两种。半球形电子能量分析器的光电子传输效率和能量分辨率高,因此多用于 XPS 分析。电子检测器包括单通道电子检测器与多通道倍增管,多通道检测器是由多个单通道检测器组合在一起制成。通道电子倍增器是一种连续倍增电极表面静电器件,内壁具有二次发射性能,电子进入器件后在通道内连续倍增,增益可达 10^9。X 射线电子能谱仪的真空系统主要有两个基本功能:一是使样品室和分析器保持一定的真空度,以便样品发射出来的电子平均自由程相对于仪器内部尺寸足够大,减少电子与气体分子碰撞引发的信号强度损失;二是降低活性残余气体的分压,残留气体易吸附于样品表面甚至与样品发生化学反应,从而干扰谱线。

X 射线光电子能谱用于纳米材料的成分分析时,对样品是非破坏性的,因此样品可回收。XPS 一般用于定性分析,而不用于定量分析,主要是在实际应用中不同元素或同一元素不同壳层上的电子光电截面不同,被光子照射后发生光电离的概率不同,因此不适用于直接定量分析。

2.2.5　振动样品磁强计

VSM[76]是测量材料磁性的重要设备之一,广泛用于各种强磁性、弱磁性材料的磁性研究。VSM 可以用来获得材料的饱和磁化强度、矫顽力、剩磁等磁性参数。配合其他系统,如温度控制系统,可以测量材料的居里温度、奈尔温度等参数。VSM 的扫场和测量是同步进行的,所以测量一条磁滞回线仅需数分钟的时间。VSM 的另一大优势是对样品的限制很小,任何可以放入样品杆顶端的固体、液体乃至气体都可以成为测试的对象。

振动样品磁强计在进行测量时,样品是处于周期性振动状态中的。这一振动会在附近的拾波线圈上产生感应电势,并被信号检测系统收集。感应电势的强度与样品自身的磁矩相关。感应电势由互阻抗放大器和锁相放大器放大后,连接到计算机接口,使用控制和监控软件,可以得到系统样品的磁化程度。

VSM 由磁场控制系统、磁矩检测系统、温控系统、振动系统组成。VSM 的磁场源有亥姆霍兹线圈、电磁铁及超导螺线管线圈三种,三者分别可以产生最高 0.1T、1~2T、5~20T 的磁场,大多数 VSM 使用电磁铁作为磁场源。磁矩检测系统通常以拾波线圈为主要功能单元。振动系统用来对样品杆施加一定频率的振动，一般包括扬声器型、电机型等。图 2.11(a)和(b)分别为振动样品磁强计工作原理图和简单示意图。

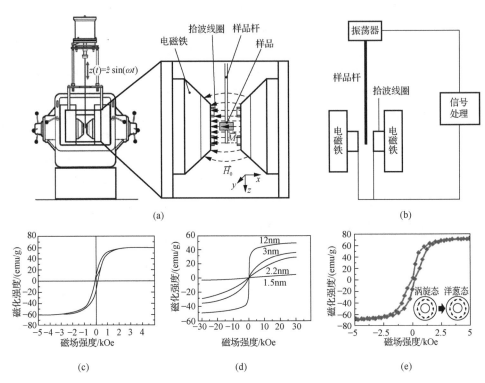

图 2.11　振动样品磁强计示意图和磁滞回线

(a) 工作原理图，$\overline{H}_0$ 为均匀场，$\overline{M}$ 为磁矩，z 为线圈的振幅，ω 为线圈振动频率，t 为时间；
(b) 简单示意图；(c) 亚铁磁性氧化铁磁滞回线；(d) 超顺磁性氧化铁磁滞回线；
(e) 50nm 氧化铁纳米环磁滞回线；1Oe=(1000/4π)A/m；1emu/g=1A·m²/kg

　　为获得被测样品的质量磁化强度，一般需要先使用一个已知磁矩的样品进行定标：

$$\sigma_{\mathrm{H}} = \frac{KV_{\mathrm{H}}}{m} = \frac{V_{\mathrm{H}}}{V_0} \cdot \frac{m_0}{m} \cdot \sigma_0 \tag{2.7}$$

式中，σ_{H} 为样品的质量磁化强度；K 为常数；m 为被测样品质量；V_{H} 为信号强度；V_0 为标样在同样条件下的信号强度；m_0 为标样的质量；σ_0 为标样的质量磁化强度。在实际测量中，m 是在上样前称量的，给出的通常是样品的磁化强度 M_{H}，即 $\sigma_{\mathrm{H}} \cdot m$。随着外加磁场扫场的进行，$V_{\mathrm{H}}$ 不断变化，最终获得一条 M-H 曲线，即磁滞回线。

磁性纳米生物材料通常具有亚铁磁性或超顺磁性。图 2.11(c)为经典的亚铁磁性磁滞回线[77]，具有剩磁和矫顽力，初始磁化率高且矫顽力低，实际上属于一种软磁材料。亚铁磁性的磁性纳米生物材料通常会具有较大的尺寸，该图中纳米材料的尺寸为 170nm。图 2.11(d)为超顺磁性纳米材料的 M-H 曲线[60]，可以看出超顺磁性纳米材料的特点，即没有剩磁和矫顽力。随着颗粒尺寸的减小，初始磁化率和饱和磁化强度逐渐减小，直至 1.5nm 的纳米颗粒显示出顺磁性。材料自身的结构可以影响磁畴的拓扑结构，50nm 的氧化铁纳米环中磁畴呈现涡旋态[78]，虽然仍属于亚铁磁性，但其磁滞回线呈现独特的"8"字形[图 2.11(e)]，没有剩磁和矫顽力，但是有磁滞存在，这极大提升了其在磁热疗方面的应用潜力。

2.2.6　超导量子干涉器件

1950 年，伦敦(London)预言，在一个闭合超导环中磁通量是量子化的。不久后这一预言得到了实验验证，磁通量子 Φ_0 约为 2.0678×10^{-15}Wb。随着约瑟夫森结的发现，使用超导环路来探测磁通量的微小变化成为可能。两个超导体通过一个薄层的绝缘体连接，可以形成一个超导隧道结。超导体中的载流子可以通过量子隧穿效应穿过绝缘体膜到达另一边，超导电流 $I_s=I_c\sin\varphi$，I_c 是临界电流，φ 是两段超导体波函数的相位差。超导量子干涉器件(SQUID)[79]用两个超导隧道结并联构成超导环路，当通过环路的磁通量发生变化时，临界电流会发生相应的变化，环路两侧超导隧道结的相位差不同而引起干涉效应：

$$I = I_c \sin\varphi_1 + I_c \sin\varphi_2 = 2I_c \sin\frac{\varphi_1+\varphi_2}{2}\cos\frac{\varphi_1-\varphi_2}{2}$$

$$= 2I_c \cos\frac{\Phi}{\Phi_0}\pi\sin\frac{\varphi_1+\varphi_2}{2} \tag{2.8}$$

式中，I 为通过 SQUID 环路的总电流；I_c 为临界电流；φ_1 和 φ_2 为两个超导隧道结的相位差；Φ 为通过 SQUID 环路的磁通量；Φ_0 为磁通量子，$\varphi_1-\varphi_2=2n\pi-2\pi(\Phi/\Phi_0)$，这一项反映了磁通量变化导致两侧超导隧道结相位差不同带来的干涉效应。

与振动样品磁强计不同的是，SQUID 检测的是磁通量的绝对大小而非磁通量的变化率，SQUID 的灵敏度可达 10^{-8}emu，比 VSM 高了两个数量级。由于使用了超导技术，SQUID 的成本和对工作环境的要求都更高，且 SQUID 测试样品的磁滞回线一般需要一个小时以上。图 2.12(a)为 SQUID 工作原理示意图。

磁性材料的磁学性质需要使用场冷/零场冷(FC/ZFC)测试来确定。尽管 VSM 也可以用来进行 FC/ZFC 测试，但是由于 FC/ZFC 测试需要将样品冷却至接近绝对零度，一般配合 SQUID 使用。一个完整的 FC/ZFC 测试首先需要将样品在没有外加磁场的情况下从居里温度/阻塞温度以上冷却至接近绝对零度，记录这个过程

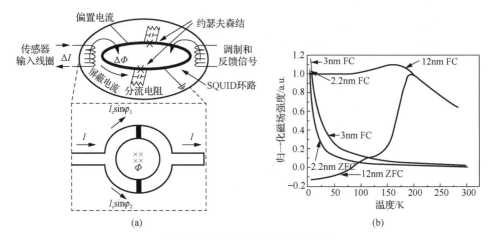

图 2.12　超导量子干涉仪示意图

(a) 工作原理示意图，ΔI 为电流差，$\Delta \Phi$ 为电势差；
(b) 12nm、3nm 和 2.2nm 磁性氧化铁的场冷/零场冷(FC/ZFC)曲线

中的磁化强度-温度曲线(M-T 曲线)，得到 ZFC 曲线。然后在有一定外加磁场的情况下，再次将样品从居里温度/阻塞温度以上冷却至接近绝对零度，记录这个过程中的磁化强度-温度曲线(M-T 曲线)，得到 FC 曲线。FC/ZFC 曲线反映的是样品在极低温度下磁基态的情况。若样品的 FC/ZFC 曲线在某一温度下发生了分离，则说明样品具有不可逆的磁学性质。通常而言，FC/ZFC 曲线分离后仍保持同向进行的样品具有铁磁性/亚铁磁性，分离的温度即为居里温度；分离后 FC/ZFC 曲线走向背离的样品一般具有超顺磁性(某些自旋玻璃态样品也会具有类似的 FC/ZFC 曲线，这里不予讨论)，分离的温度即为阻塞温度；顺磁性样品的 FC/ZFC 曲线则在全温度范围不会发生分离。如图 2.12(b)所示[60]，12nm、3nm 和 2.2nm 磁性氧化铁的 FC/ZFC 曲线比较清楚地展现了超顺磁性到顺磁性的转变。12nm 磁性氧化铁颗粒呈现典型的超顺磁性，FC/ZFC 曲线在 197K 处分离，表明其阻塞温度为 197K。3nm 磁性氧化铁颗粒的 FC/ZFC 曲线分离点大大降低，其阻塞温度低至 8K。尺寸进一步降低至 2.2nm，磁性氧化铁颗粒的磁学行为已经接近顺磁性，FC/ZFC 曲线的分离已不能明显可见，其阻塞温度经计算在 5K 以下。

2.2.7　动态光散射

在分析纳米材料的流体力学半径、分散程度等基本物理性质时，动态光散射是十分重要的一种表征方法。该分析技术基于光散射现象。光散射是指光通过不均一介质时部分光发生偏离原方向的现象，光散射的方向和强度与介质中粒子的大小有关。因此，收集散射光信号的角度和方向便可分析出该种介质中纳米颗粒

的分布与尺寸等信息[80]。动态光散射又称为准弹性光散射，处于无规则布朗运动中的粒子会使各个方向上的散射光发生干涉或叠加，这使得收集到的散射光强度和频率会随时间变化而变化，该现象被称为多普勒位移，位移的大小与散射粒子运动速度相关。运用电子学、超快光子技术及计算机算法拟合，可以相对准确地测量溶液或悬浮液中粒子的流体力学半径，分析粒子在介质中的分散状态，获得粒子的扩散系数等数据。

动态光散射仪的基本结构主要包括激光源、样品池、探测器及信号处理系统。当光源为激光时，由于布朗运动，在某一方向上观察会发现散射光强度随时间波动，因此动态光散射实验易受到灰尘及杂质的影响。在探测器收集到原始数据后，利用自相关函数导出散射光强度。激光衍射法采用一系列的光敏检测器来测量未知粒径的颗粒在不同角度(或位置)上衍射光的强度，使用衍射模型，通过米氏散射理论的数学反演，得到样品颗粒的粒度分布。检测器的排列根据衍射理论确定，在实际测量时，分布在某个角度(或位置)上的检测器接收到衍射光，说明样品中存在对应粒径的颗粒，然后通过该位置检测器接收到的衍射光强度，得到对应粒径颗粒的百分含量。动态光散射仪的结构如图 2.13 所示[81]。

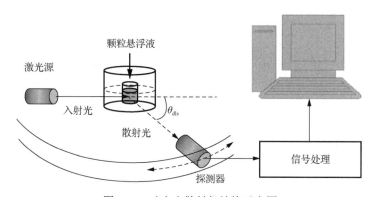

图 2.13　动态光散射仪结构示意图

θ_{dls} 为散射角

动态光散射技术可用于表征纳米颗粒、胶束、高分子、蛋白质的尺寸、分散程度、稳定性，具有不破坏、不干扰原体系，且测定粒子的动力学性质只需少量样品即可快速准确获得数据等优势。可适用的粒子尺寸范围较广，能够测定几个纳米到几个微米的粒子尺寸。随着现代仪器的更新和数据处理技术的进步，动态光散射仪不仅具备测量粒径的功能，还具备测量 Zeta 电位、大分子分子量等多种功能，为获取科研数据提供了便利。张欢博士等利用动态光散射技术表征磷酸化聚乙二醇修饰的超小锰铁氧体纳米颗粒，得到水中单分散纳米颗粒的尺寸信息，如图 2.14 所示[65]。

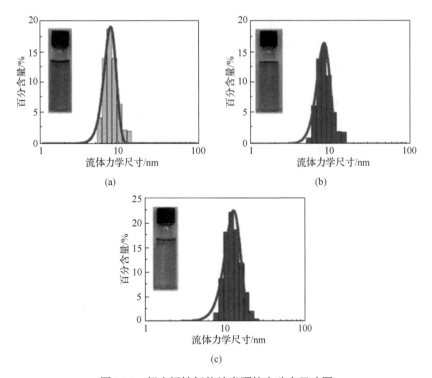

图 2.14　超小锰铁氧体纳米颗粒水动力尺寸图

(a) 尺寸为 7.81nm；(b) 尺寸为 8.79nm；(c) 尺寸为 12.50nm；子图为水溶液实物图

2.2.8　热分析技术

1887 年，勒夏特列(Le Chatelier)利用升温速率变化曲线来鉴定黏土；1899 年，罗伯茨-奥斯汀(Roberts-Austen)提出温差法；1903 年，塔曼(Tammann)首次使用热分析这一术语；1915 年，本多光太郎奠定了现代热重法的初步基础，提出热天平这一术语；20 世纪 60 年代开始商业化生产差热分析仪。

热分析技术是指在程序控温下测定样品物理性质随温度变化的一类分析方法。当物质处于冷却或者加热过程中，其物化性质会发生变化，并伴随着相应的热力学性质和其他性质的变化。因此，通过测定样品的某些性质变化能够分析样品物理化学变化过程。对于纳米材料，热分析技术主要有以下三种。

(1) 热重分析。热重分析是在程序控温下，测量样品质量变化与温度或时间的关系。其基本原理是，在一定的温度下，样品质量会随温度的升高而降低，这表明失重样品中某些组分发生分解或挥发；收集相关数据，以温度为横坐标，以样品质量为纵坐标绘制热重分析曲线，以此来对样品成分进行分析。该分析方法使用的仪器为热重分析天平，其具有加热样品的同时可测定样品质量的功能。通过对纳米材料的热重分析,可以定性分析其表面修饰化合物的成分,以及材料本身的一些物化性质,揭示样品的分解过程,有助于判断材料性能。

(2) 差热分析法(differential thermal analysis,DTA)。差热分析法在程序控温下测量样品与参比物之间的温度差,且参比物必须是在测量温度范围内不发生任何热效应的物质。其基本原理是,采用差示热电偶,用一端测定温度,用另一端记录样品与参比物的温度差,从而检测样品在升温或降温过程中的温度变化。该方法适用于研究样品的结晶、相变、固态均相反应及降解等,还可鉴别吸热反应和放热反应。

(3) 差示扫描量热法(differential scanning calorimetry,DSC)。差示热扫描量热法在程序控温下,测定输入样品和参比物的功率差与温度之间的关系。该方法主要是弥补差热分析法不能定量分析的缺陷,利用该方法可以测定反应焓变,精确测量比热,观察样品熔点降低、检测相变等。

三种热分析技术常常互相结合使用,相比单一热分析技术,多种联用可以提供更充足的样品信息,解决较为复杂的问题。通过这些技术的联用,可以研究纳米材料的表面修饰,表面非成键或成键有机基团及其他物质存在与否、含量及热失重温度等,还包括材料的相转变温度、晶化过程等[82]。

热重分析仪主要由热天平、程序控温系统、测温热电偶和计算机记录系统组成,图 2.15 为其结构示意图。其中,热天平作为热重分析仪的核心结构,按照天平的工作方式,分为偏移式天平和回零式天平。近代精密天平多采用回零式天平,即当样品质量发生变化产生偏移时,用自动方式增加一个与样品重力变化相等并相反的回复力,使天平回到原始的平衡位置。

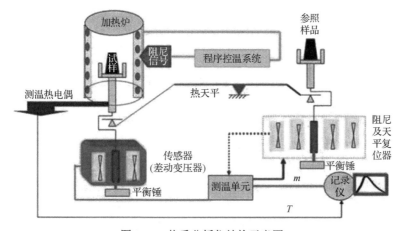

图 2.15 热重分析仪结构示意图

热分析技术在磁性纳米生物材料的制备、修饰、表征中发挥了重要作用。在磁性纳米生物材料表面改性过程中，常常需要进行表面修饰，包裹有机分子基团，这时通过热分析技术，可以定性或定量分析修饰物成分、含量。图 2.16(a)为磁性纳米复合材料表面聚乙二醇和甲基丙烯酸酯(PPS)的热失重情况[83]，图 2.16(b)为热分析的热失重曲线、热流曲线和失重导数曲线[84]。分析了羧甲基纤维素封端的磁赤铁矿在升温过程中发生的一系列物质变化，在 78℃发生失重变化是因为羧甲基纤维素玻璃化转变，278℃的放热峰对应于羧甲基纤维素的结晶转变，768.7℃的放热峰对应于 γ 相磁赤铁矿转变为 α 相赤铁矿的晶型变化。

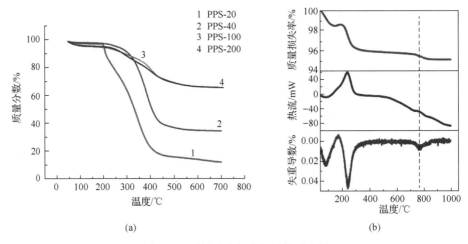

图 2.16　磁性纳米复合材料热重分析

(a) 磁性纳米复合材料表面聚乙二醇和甲基丙烯酸酯的热失重情况，
20、40、100、200 表示颗粒尺寸(mm)；(b) 热失重曲线、热流曲线和失重导数曲线

2.2.9　红外吸收光谱

红外吸收光谱法(infrared absorption spectrometry，IR)利用物质分子对红外辐射的吸收，得到与分子结构对应的红外吸收光谱图，通过与已知化合物的光谱进行对比分析，识别样品中的官能团。红外吸收光谱法在磁性纳米生物材料中主要用于颗粒表面修饰的表征。

样品若产生红外吸收，必须要满足两个条件：一是分子振动时必须伴随瞬时偶极矩的变化，这种振动称为具有红外活性；二是只有当照射分子的红外辐射频率与分子某种振动方式的频率相同时，分子吸收能量后从基态振动能级跃迁到高能量的振动能级，才能在图谱上出现相应的吸收带。分子的振动方式是十分复杂的，大体上可以分为伸缩振动和弯曲振动两大类。伸缩振动是指化学键两端的原子沿键轴方向做来回周期运动，弯曲振动是指使化学键的键角发生周期性变化的振动。在红外光谱中，化学基团虽然处于不同的分子中，但是它们的吸收频率总会出现在一个相对较窄的范围内，例如，C＝O 伸缩振动频率都在 $1727cm^{-1}$，羰基总是在 $1650\sim1870cm^{-1}$，这些都是基团特征振动频率，可作为鉴别官能团的依据。基团频率主要分布在 $1500\sim4000cm^{-1}$，这一区间的特征振动频率受分子其他部分的振动影响较小。$1500cm^{-1}$ 以下的区域主要是 C—X 的伸缩振动和 H—C 的弯曲振动，这些化学键易受到附近化学键振动的影响，被称为指纹区，利用指纹区的光谱可识别一些特定的分子。

目前，最常用的红外光谱仪为傅里叶变换红外光谱仪，如图 2.17 所示。它是根据光的相干性原理设计的，是一种干涉型光谱仪，主要由光源、干涉仪、检测器、计算机和记录系统组成。干涉仪多采用迈克尔逊干涉仪，实验测量的原始光谱图是光源的干涉图，然后通过计算机对其进行傅里叶变换，从而得到以波长为函数的光谱图[85]。光源通常采用硅碳棒和高压汞灯，由于傅里叶变换红外光谱仪没有色散元件和狭缝，光有足够的能量经过干涉仪、样品到达检测器[86]。

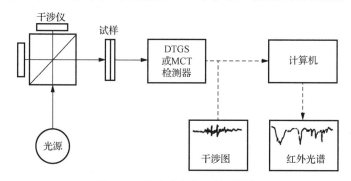

图 2.17　傅里叶变换红外光谱仪

DTGS 为氘化硫酸三甘肽晶体；MCT 为汞镉碲半导体薄膜

傅里叶变换红外光谱(FTIR)在确定化合物结构、定性分析化合物种类等方面是一种强有力的分析方法，在科研工作中大量应用。图 2.18 为磁性纳米颗粒表面被不同有机分子包裹后的 FTIR 图谱。图 2.18(a)为 19nm Fe_3O_4 磁性纳米颗粒表面修饰磷酸化 mPEG2000(mPEG 为甲氧基聚乙二醇，2000 为分子量)红外光谱图，19nm Fe_3O_4 颗粒的红外光谱图在 $590cm^{-1}$ 和 $1630cm^{-1}$ 处出峰，分别代表尖晶石结构氧化铁四面体位的金属阳离子与氧之间化学键的伸缩振动和纳米颗粒表面铁离子与油酸分子之间配位键的伸缩振动，磷酸化 mPEG2000 红外光谱图的 $1101cm^{-1}$ 和 $2910cm^{-1}$ 处为分别甲基丙烯酰氧基基团和 C—H 键的特征峰。图 2.18(b)为油酸(OA)或者油胺(OAm)包覆的 FePt 磁性纳米颗粒表面修饰 3,4-二羟基苯基丙酸(DHCA)前后的红外光谱图，修饰前 $2910cm^{-1}$ 处 C—H 键的特征峰还很明显，DHCA 修饰后特征峰消失，表明纳米颗粒表面的有机配体发生了变化，DHCA 分子成功修饰[87-88]。

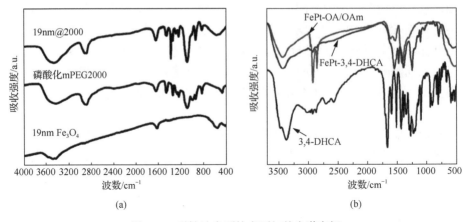

图 2.18　磁性纳米颗粒表面红外光谱表征

(a) 19nm Fe_3O_4 磁性纳米颗粒表面修饰磷酸化 mPEG2000 红外光谱图；
(b) FePt 磁性纳米颗粒表面修饰 3,4-二羟基苯基丙酸(DHCA)红外光谱图

思　考　题

1. 制备磁性纳米生物材料的方法有哪些？它们的优缺点是什么？

2. 磁性纳米生物材料的化学制备法中，纳米晶是如何形成的？在此期间经历了怎样的平衡过程？

3. 简述透射电子显微镜有哪些功能。可以用于表征磁性纳米生物材料的哪些信息？这些信息可以用其他哪些表征手段去印证？相比于透射电子显微镜，这些表征手段分别有什么特点？

参 考 文 献

[1] CHOI Y, LEE S Y. Biosynthesis of inorganic nanomaterials using microbial cells and bacteriophages[J]. Nature Reviews Chemistry, 2020, 4(12): 638-656.

[2] 王文杰, 陈玉霞, 梁玲. 基于微生物体系合成无机纳米材料的研究进展[J]. 无机化学学报, 2020, 36(5): 777-794.

[3] HOU L, GAO F, LI N. T4 virus-based toolkit for the direct synthesis and 3D organization of metal quantum particles[J]. Chemistry, 2010, 16(48): 14397-14403.

[4] SALUNKE B K, SAWANT S S, LEE S I, et al. Comparative study of MnO_2 nanoparticle synthesis by marine bacterium *Saccharophagus degradans* and yeast *Saccharomyces cerevisiae*[J]. Applied Microbiol Biotechnol, 2015, 99(13): 5419-5427.

[5] ZHOU W, HE W, ZHONG S, et al. Biosynthesis and magnetic properties of mesoporous Fe_3O_4 composites[J]. Journal of Magnetism and Magnetic Materials, 2009, 321(8): 1025-1028.

[6]　JUNG S M, QI J, OH D, et al. M13 virus aerogels as a scaffold for functional inorganic materials[J]. Advanced Functional Materials, 2016, 27(4): 1603203.

[7]　SYED A, AHMAD A. Extracellular biosynthesis of CdTe quantum dots by the fungus *Fusarium oxysporum* and their anti-bacterial activity[J]. Spectrochimica Acta Part A: Molecular and Biomolecular Spectroscopy, 2013, 106: 41-47.

[8]　BLAKEMORE R. Magnetotactic bacteria[J]. Science, 1975, 190(4212): 377-379.

[9]　杨一子, 何世颖, 顾宁. 趋磁细菌磁小体合成的相关操纵子和基因[J]. 科学通报, 2020, 65(6): 463-474.

[10]　LI J H, MENGUY N, ROBERTS A P, et al. Bullet-shaped magnetite biomineralization within a magnetotactic deltaproteobacterium: Implications for magnetofossil identification[J]. Journal of Geophysical Research: Biogeosciences, 2020, 125(7): 1-16.

[11]　John Wiley & Sons, Inc. Journal of Geophysical Research: Biogeosciences[Z/OL]. (2020-07). https://agupubs. onlinelibrary.wiley.com/toc/21698961/2020/125/7.

[12]　WU W, WU Z, YU T, et al. Recent progress on magnetic iron oxide nanoparticles: Synthesis, surface functional strategies and biomedical applications[J]. Science and Technology of Advanced Materials, 2015, 16(2): 023501.

[13]　BENJAMIN J S. Dispersion strengthened superalloys by mechanical alloying[J]. Metallurgical Transactions, 1970, 1(10): 2943-2951.

[14]　SCHULTZ L, WECKER J, HELLSTERN E. Formation and properties of NdFeB prepared by mechanical alloying and solid-state reaction[J]. Journal of Applied Physics, 1987, 61(8): 3583-3585.

[15]　SCOTT G, CARYN P, CARL H, et al. Targeting and retention of magnetic targeted carriers (MTCs) enhancing intra-arterial chemotherapy[J]. Journal of Magnetism and Magnetic Materials, 1999, 194: 132-139.

[16]　HAMAYUN M A, ABRAMCHUK M, ALNASIR H, et al. Magnetic and magnetothermal studies of iron boride (FeB) nanoparticles[J]. Journal of Magnetism and Magnetic Materials, 2018, 451: 407-413.

[17]　QIU J M, WANG J P. Monodispersed and highly ordered L10 FePt nanoparticles prepared in the gas phase[J]. Applied Physics Letters, 2006, 88(19): 192503-192505.

[18]　SRINIVASAN B, LI Y P, JING Y, et al. A detection system based on giant magnetoresistive sensors and high-moment magnetic nanoparticles demonstrates zeptomole sensitivity: Potential for personalized medicine[J]. Angewandte Chemie-International Edition, 2009, 48(15): 2764-2767.

[19]　LIU S P, ZHANG S H, YANG L G, et al. Nanofibrous scaffold by cleaner magnetron-sputtering additive manufacturing: A novel biocompatible platform for antibacterial application[J]. Journal of Cleaner Production, 2021, 315: 18201.

[20]　LAME V K, DINEGA R H. Theory, production and mechanism of formation of monodispersed hydrosols[J]. Journal of the American Chemical Society, 1950, 72(11): 4847-4854.

[21]　WU L H, GARCIA A M, LI Q, et al. Organic phase syntheses of magnetic nanoparticles and their applications[J]. Chemical Reviews, 2016, 116(18): 10473-10512.

[22]　余靓, 刘飞, MUHAMMAD Z Y, et al. 磁性纳米材料: 化学合成、功能化与生物医学应用[J]. 生物化学与生物物理进展, 2013, 40(10): 903-917.

[23]　MASSART R. Preparation of aqueous magnetic liquids in alkaline and acidic media[J]. IEEE Transactions on Magnetics, 1981, 17(2): 1247-1248.

[24]　BEE A, MASSART R, NEVEU S. Synthesis of very fine maghemite particles[J]. Journal of Magnetism and Magnetic Materials, 1995, 149(1): 6-9.

[25]　STUEBER D D, VILLANOVA J, APONTE I, et al. Magnetic nanoparticles in biology and medicine: Past, present, and future Trends[J]. Pharmaceutics, 2021, 13(7): 943.

[26]　乔瑞瑞, 曾剑峰, 贾巧娟. 磁性氧化铁纳米颗粒——通向肿瘤磁共振分子影像的重要基石[J]. 物理化学学报, 2012, 28(5): 993-1011.

[27]　LUCIA B, BENOIT D, GISÈLE T, et al. Synthesis of iron oxide nanoparticles used as MRI contrast agents: A parametric study[J]. Journal of Colloid and Interface Science, 1999, 212(2): 474-482.

[28]　CHEN B, SUN J F, FAN F G, et al. Ferumoxytol of ultrahigh magnetization produced by hydrocooling and magnetically internal heating co-precipitation[J]. Nanoscale, 2018, 10(16): 7369-7376.

[29]　DANKS A E, HALL S R, SCHNEPP Z. The evolution of 'sol-gel' chemistry as a technique for materials synthesis[J]. Materials Horizons, 2016, 3(2): 91-112.

[30]　OWENS G J, SINGH R K, FOROUTAN F, et al. Sol-gel based materials for biomedical applications[J]. Progress in Materials Science, 2016, 77: 1-79.

[31]　TAO S W, LIU X Q, CHU X F, et al. Preparation and properties of γ-Fe$_2$O$_3$ and Y$_2$O$_3$ doped γ-Fe$_2$O$_3$ by a sol-gel process[J]. Sensors and Actuators B, 1999, 61(1): 33-38.

[32]　XU J, YANG H B, FU W Y, et al. Preparation and magnetic properties of magnetite nanoparticles by sol-gel method[J]. Journal of Magnetism and Magnetic Materials, 2007, 309(2): 307-311.

[33]　朱脉勇, 陈齐, 童文杰. 四氧化三铁纳米材料的制备与应用[J]. 化学进展, 2017, 29(11): 1366-1394.

[34]　KIM J, KIM H S, LEE N, et al. Multifunctional uniform nanoparticles composed of a magnetite nanocrystal core and a mesoporous silica shell for magnetic resonance and fluorescence imaging and for drug delivery[J]. Angewandte Chemie International Edition, 2008, 47(44): 8438-8441.

[35]　GUPTA A K, GUPTA M. Synthesis and surface engineering of iron oxide nanoparticles for biomedical applications[J]. Biomaterials, 2005, 26(18): 3995-4021.

[36]　LADJ R, BITAR A, EISSA M, et al. Individual inorganic nanoparticles: Preparation, functionalization and in vitro biomedical diagnostic applications[J]. Journal of Materials Chemistry B, 2013, 1(10): 1381-1396.

[37]　INOUYE K, ENDO R, OTSUKA Y, et al. Oxygenation of ferrous ions in reversed micelle and reversed microemulsion[J]. The Journal of Physical Chemistry C, 1982, 86(8): 1465-1469.

[38]　LIU C, ZOU B S, RONDINONE A J, et al. Reverse micelle synthesis and characterization of superparamagnetic MnFe$_2$O$_4$ spinel ferrite nanocrystallites[J]. The Journal of Physical Chemistry B, 2000, 104(6): 1141-1145.

[39]　DHAND C, DWIVEDI N, LOH X J, et al. Methods and strategies for the synthesis of diverse nanoparticles and their applications: A comprehensive overview[J]. RSC Advances, 2015, 5(127): 105003-105037.

[40]　OKOLI C, BOUTONNET M, MARIEY L, et al. Application of magnetic iron oxide nanoparticles prepared from microemulsions for protein purification[J]. Journal of Chemical Technology & Biotechnology, 2011, 86(11): 1386-1393.

[41]　LIU C, ZHANG Z J. Size-dependent superparamagnetic properties of Mn spinel ferrite nanoparticles synthesized from reverse micelles[J]. Chemistry of Materials, 2001, 13(6): 2092-2096.

[42]　VESTAL C R, ZHANG Z J. Synthesis and magnetic characterization of Mn and Co spinel ferrite-silica nanoparticles with tunable magnetic core[J]. Nano Letters, 2003, 3(12): 1739-1743.

[43]　LEE Y, LEE J, BAE C J, et al. Large-scale synthesis of uniform and crystalline magnetite nanoparticles using reverse micelles as nanoreactors under reflux conditions[J]. Advanced Functional Materials, 2005, 15(3): 503-509.

[44]　彭龙, 徐光亮, 刘莉. 水热法制备磁性材料粉体的研究进展[J]. 磁性材料及器件, 2005, 36(3): 13-20.

[45]　HU Y, MIGNANI S, MAJORAL J P, et al. Construction of iron oxide nanoparticle-based hybrid platforms for tumor imaging and therapy[J]. Chemical Society Reviews, 2018, 47(5): 1874-1900.

[46]　DENG H, LI X L, PENG Q, et al. Monodisperse magnetic single-crystal ferrite microspheres[J]. Angewandte Chemie International Edition, 2005, 117(18): 2842-2845.

[47]　LIU J, SUN Z, DENG Y, et al. Highly water-dispersible biocompatible magnetite particles with low cytotoxicity stabilized by citrate groups[J]. Angewandte Chemie International Edition, 2009, 48(32): 5875-5879.

[48]　LIANG X, WANG X, ZHUANG J, et al. Synthesis of nearly monodisperse iron oxide and oxyhydroxide nanocrystals[J]. Advanced Functional Materials, 2006, 16(14): 1805-1813.

[49] LIU D, JU C, HAN C, et al. Nanozyme chemiluminescence paper test for rapid and sensitive detection of SARS-CoV-2 antigen[J]. Biosens Bioelectron, 2020, 173: 112817.

[50] CHEN R, CHEN X, ZHOU Y, et al. "Three-in-one" multifunctional nanohybrids with colorimetric magnetic catalytic activities to enhance immunochromatographic diagnosis[J]. ACS Nano, 2022, 16(2): 3351-3361.

[51] ROCKENBERGER J, SCHER E C, ALIVISATOS A P. A new nonhydrolytic single-precursor approach to surfactant-capped nanocrystals of transition metal oxides[J]. Journal of the American Chemical Society, 1999, 121(49): 11595-11596.

[52] HYEON T, LEE S S, PARK J, et al. Synthesis of highly crystalline and monodisperse maghemite nanocrystallites without a size-selection process[J]. Journal of the American Chemical Society, 2001, 123(51): 12798-12801.

[53] SUN S H, ZENG H. Size-controlled synthesis of magnetite nanoparticles[J]. Journal of the American Chemical Society, 2002, 124: 8204-8205.

[54] SUN S H, ZENG H, ROBINSON D B, et al. Monodisperse MFe_2O_4 (M=Fe, Co, Mn) nanoparticles[J]. Journal of the American Chemical Society, 2004, 126: 273-279.

[55] JANA N R, CHEN Y F, PENG X G. Size- and shape-controlled magnetic (Cr, Mn, Fe, Co, Ni) oxide nanocrystals via a simple and general approach[J]. Chemistry of Materials, 2004, 16(20): 3931-3935.

[56] YU W W, FALKNER J C, YAVUZ C T, et al. Synthesis of monodisperse iron oxide nanocrystals by thermal decomposition of iron carboxylate salts[J]. Chemical Communications, 2004, (20): 2306-2307.

[57] PARK J, AN K, HWANG Y, et al. Ultra-large-scale syntheses of monodisperse nanocrystals[J]. Nature Materials, 2004, 3(12): 891-895.

[58] PARK J Y, DAKSHA P, LEE G H, et al. Highly water-dispersible PEG surface modified ultra small superparamagnetic iron oxide nanoparticles useful for target-specific biomedical applications[J]. Nanotechnology, 2008, 19(36): 365603.

[59] HU F, JIA Q, LI Y, et al. Facile synthesis of ultrasmall PEGylated iron oxide nanoparticles for dual-contrast T_1- and T_2-weighted magnetic resonance imaging[J]. Nanotechnology, 2011, 22(24): 245604.

[60] KIM B H, LEE N, KIM H, et al. Large-scale synthesis of uniform and extremely small-sized iron oxide nanoparticles for high-resolution T_1 magnetic resonance imaging contrast agents[J]. Journal of the American Chemical Society, 2011, 133(32): 12624-12631.

[61] ZENG L, REN W, ZHENG J, et al. Ultrasmall water-soluble metal-iron oxide nanoparticles as T_1-weighted contrast agents for magnetic resonance imaging[J]. Physical Chemistry Chemical Physics, 2012, 14(8): 2631-2636.

[62] LI Z, YI P W, SUN Q, et al. Ultrasmall water-soluble and biocompatible magnetic iron oxide nanoparticles as positive and negative dual contrast agents[J]. Advanced Functional Materials, 2012, 22(11): 2387-2393.

[63] LI Z, WANG S X, SUN Q, et al. Ultrasmall manganese ferrite nanoparticles as positive contrast agent for magnetic resonance imaging[J]. Advanced Healthcare Materials, 2013, 2(7): 958-964.

[64] SHEN L H, BAO J F, WANG D, et al. One-step synthesis of monodisperse, water-soluble ultra-small Fe_3O_4 nanoparticles for potential bio-application[J]. Nanoscale, 2013, 5(5): 2133-2141.

[65] ZHANG H, LI L, LIU X L, et al. Ultrasmall ferrite nanoparticles synthesized via dynamic simultaneous thermal decomposition for high-performance and multifunctional T_1 magnetic resonance imaging contrast agent[J]. ACS Nano, 2017, 11(4): 3614-3631.

[66] 马慧军, 王燕云, 朱柳. 组分依赖的铁氧体纳米颗粒选择性离子释放研究[J]. 电子显微学报, 2022, 41(3): 219-225.

[67] LUO Z, IRTEM E, IBANEZ M, et al. Mn_3O_4@$CoMn_2O_4$-Co_xO_y nanoparticles: Partial cation exchange synthesis and electrocatalytic properties toward the oxygen reduction and evolution reactions[J]. ACS Applied Materials & Interfaces, 2016, 8(27): 17435-17444.

[68] ZHU L, DENG X, HU Y, et al. Atomic-scale imaging of the ferrimagnetic/diamagnetic interface in Au-Fe₃O₄ nanodimers and correlated exchange-bias origin[J]. Nanoscale, 2018, 10(45): 21499-21508.

[69] 张大同. 扫描电镜与能谱仪分析技术[M]. 广州: 华南理工大学出版社, 2009.

[70] LIU X L, YANG Y, NG C T, et al. Magnetic vortex nanorings: A new class of hyperthermia agent for highly efficient *in vivo* regression of tumors[J]. Advanced Materials, 2015, 27(11): 1939-1944.

[71] NGUYEN D T, KIM K S. Functionalization of magnetic nanoparticles for biomedical applications[J]. Korean Journal of Chemical Engineering, 2014, 31(8): 1289-1305.

[72] MIAO Y Q, ZHANG H, CAI J, et al. Structure-relaxivity mechanism of an ultrasmall ferrite nanoparticle T_1 MR contrast agent: The impact of dopants controlled crystalline core and surface disordered shell[J]. Nano Letters, 2021, 21(2): 1115-1123.

[73] 王洪祚, 杨延武, 钱保功. 离聚体的结构表征. III. EXAFS 法测定含氟的铜离聚体的精细结构[J]. 高分子学报, 1990, 21(6): 667-674.

[74] 余锦涛. X 射线光电子能谱在材料表面研究中的应用[J]. 表面技术, 2014, 43(1): 119-124.

[75] 郭沁林. X 射线光电子能谱[J]. 实验技术, 2007, 36(5): 405-410.

[76] Christian-Albrechts-Universität zu Kiel. Basic Laboratory, Materials Science and Engineering. M106: Vibrating Sample Magnetometry[Z/OL]. (2016-10-18). https://www.tf.uni-kiel.de/servicezentrum/neutral/praktika/anleitungen/m106.

[77] ZHANG J, KONG Q, LU W, et al. Synthesis, characterization and magnetic properties of near monodisperse Fe₃O₄ sub-microspheres[J]. Chinese Science Bulletin, 2009, 54(14): 2434-2439.

[78] LIU X, ZHENG J, SUN W, et al. Ferrimagnetic vortex nanoring-mediated mild magnetic hyperthermia imparts potent immunological effect for treating cancer metastasis[J]. ACS Nano, 2019, 13(8): 8811-8825.

[79] FAGALY R L. Superconducting quantum interference device instruments and applications[J]. Review of Scientific Instruments, 2006, 77(10): 101101.

[80] HASSAN P A, RANA S, VERMA G. Making sense of Brownian motion: Colloid characterization by dynamic light scattering[J]. Langmuir, 2015, 31(1): 3-12.

[81] LIM J, YEAP S P, CHE H X, et al. Characterization of magnetic nanoparticle by dynamic light scattering by dynamic light scattering[J]. Nanoscale Research Letters, 2013, 8(381): 1-14.

[82] 常同钦. 纳米材料的测试与表征[J]. 微纳电子技术, 2006, 43(10): 499-501.

[83] INJUMPA W, RITPRAJAK P, INSIN N. Size-dependent cytotoxicity and inflammatory responses of PEGylated silica-iron oxide nanocomposite size series[J]. Journal of Magnetism and Magnetic Materials, 2017, 427: 60-66.

[84] ANUSHREE C, PHILIP J. Efficient removal of methylene blue dye using cellulose capped Fe₃O₄ nanofluids prepared using oxidation-precipitation method[J]. Colloids and Surfaces A: Physicochemical and Engineering Aspects, 2019, 567: 193-204.

[85] 杨亚军, 王召巴. 丁羟衬层固化过程实时监测方法[J]. 固体火箭技术, 2013, 36(6): 842-846.

[86] 徐广通, 袁洪福, 陆婉珍. 现代近红外光谱技术及应用进展[J]. 光谱学与光谱分析, 2000, 20(2): 134-142.

[87] LIU X L, FAN H M, YI J B, et al. Optimization of surface coating on Fe₃O₄ nanoparticles for high performance magnetic hyperthermia agents[J]. Journal of Materials Chemistry, 2012, 22(17): 8235.

[88] LIU Y, PURICH D L, WU C, et al. Ionic functionalization of hydrophobic colloidal nanoparticles to form ionic nanoparticles with enzymelike properties[J]. Journal of the American Chemical Society, 2015, 137(47): 14952-14958.

第3章　生物磁分离材料

分离磁珠一般是通过物理或化学方法使含活性功能基团的非磁组分与磁性组分(如 Fe_3O_4)复合，形成的具有超顺磁性和表面功能化基团的微纳米颗粒。于格尔斯塔(Ugelstad)在 20 世纪 70 年代末成功制备了尺寸均一的单分散聚苯乙烯微球，随后国内外许多科研工作者开展了分离磁珠的制备和应用研究。分离磁珠除了具有磁分离性质外，还可以通过共聚合和表面改性等方式在磁珠表面连接上种类各异、含量丰富的活性功能基团(如羟基、氨基、羧基、巯基、对甲苯磺酰基等)[1]，以便与亲和素、抗体等生物活性物质结合，因此在核酸提取、蛋白质分离、细胞分离、免疫检测等生物医学领域有着十分广泛的应用[2-4]。与传统的分离技术相比，磁分离技术将分离与富集结合于一体，操作简单、用时短，便于实现自动化、高通量操作。本章将对分离磁珠的结构、性质及在生物分离、生物检测领域的应用和市场产品进行介绍。

3.1　分离磁珠的结构及性能

3.1.1　分离磁珠的结构

磁珠(bead)按其结构特点大致分为三类。第一类，核壳式结构，即以无机磁性粒子为核，非磁组分作为壳层，或者以非磁组分作为核，以磁性材料为壳层；第二类，夹心式结构，即内外层均为高分子有机物，中间层为无机磁性颗粒；第三类，弥散式结构，即无机磁性颗粒遍布分散在有机聚合物微球中(图 3.1)。

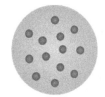

核壳式结构　　　　　　　夹心式结构　　　　　　　弥散式结构

图 3.1　磁珠的结构类型

核壳式结构磁珠，其壳层的聚合物材料可为磁核提供保护，增强机械承载能力，提高耐酸碱性等，而且聚合物材料引入的不同基团确立了磁珠的应用方向基础。磁珠大小尺寸有微米级、亚微米和纳米级，一般较大尺寸磁珠包含的磁性成分更多，更容易实现磁分离，但通常磁珠尺寸越大，其沉降速率也越快。核酸提取纯化中，为兼顾磁分离性能和悬浮稳定性，常用磁珠粒径为 500～2000nm。

夹心式结构磁珠，多孔高分子聚合物内核增加了磁珠粒径，提高磁珠的悬浮性和分散性，广泛应用在磁微粒化学发光、中和抗体检测、探针捕获、食品药品安全检测、致病菌毒素检测等领域。

弥散式结构磁珠，多以天然琼脂糖为基质，由于其具有丰富的多孔结构，载量很高，常用于蛋白质(如抗体)分离纯化。

3.1.2　分离磁珠的特性

分离磁珠独特的结构和复合方式，使之具有非常多的优良性能，主要体现在以下几个方面。

1) 表面效应和体积效应

由于分离磁珠粒径和体积较小，因此表面有很高的化学活性，而且能级不连续，一些物理性质发生异常。这些效应使磁珠极易结合其他原子而稳定下来，方便对磁珠进行表面改性处理。

2) 磁性能

分离磁珠具有较好的磁响应性和超顺磁性，在外加磁场下可定向移动和分离，而撤去磁场后迅速分散，不显示磁性。

3) 生物相容性

分离磁珠应用于生物医学领域需要其具有很好的生物相容性，其表面的高分子复合物具有安全无毒的特性，起到很好的保护作用。

4) 功能基特性

参与微球聚合的功能单体或表面改性处理都会使微球表面修饰上多种功能基团，如氨基(—NH$_2$)、羧基(—COOH)、羟基(—OH)、巯基(—SH)等活性基团，可与生物活性物质中的特定基团特异性结合。

5) 悬浮稳定性

悬浮稳定性越好的磁珠，加样均一性越好，在磁珠加样或者分装磁珠的时候，较快的沉降速率不会导致每一次的磁珠加样有偏差。因此，为了保证实验结果的稳定性，应选择悬浮时间较长的磁珠。

3.1.3　分离磁珠性能评估

在筛选一款合适的磁珠时，可从以下几个方面进行评估测试。①磁响应能力：

即磁珠在外加磁场中的聚集速度，单从磁珠的物理性能看，磁响应速度应越快越好；在实际测试中，还须结合磁珠的其他性能和仪器的磁力进行评估选择，只要满足需求，适合的磁响应能力即可。②分散性：即磁珠在溶液中的悬浮能力，以及磁性分离后再次重悬的能力，良好的分散性可让磁珠与溶液充分混合，提高磁珠对目标物的捕获能力及洗涤时杂质的去除效果，同时可减少操作过程中反复混匀的步骤。③载量：指磁珠对目标物的吸附或捕获能力，相比其他固相载体，磁珠本身较大的比表面积可提高其对目标物的结合能力；另外，磁珠表面官能团含量也会影响其对目标物的结合效率。④产物质量：基于产物后续应用方向考虑，对于洗脱的产物，需要评估磁珠对捕获物的释放效率；若产物用于荧光检测、酶反应，或需要保留产物活性时，还须评估磁珠对产物后续应用的影响。实际上，确定一款磁珠，需要综合反应体系的缓冲液、操作仪器等，并对下游应用进行全面评估测试，这样才能筛选出适合体系的最好原材料。

3.1.4 分离磁珠的改性及生物偶联

磁性载体的表面修饰丰富的官能团，这些官能团的存在能使磁珠与亲和素、抗体(或抗原)等偶联，方便其在生物分离、检测等领域的应用。分离磁珠的功能化途径主要有单体共聚反应和表面改性处理两种[5]。

单体共聚反应是磁珠表面改性最常用的一种方式，其基本原理是将官能团含量丰富的单体通过聚合的方式连接在磁珠表面，因此磁珠表面连接的基团种类和含量都是由反应单体所带官能团决定的。例如，将苯乙烯和(甲基)丙烯酸、甲基丙烯酸缩水甘油酯、甲基丙烯酸羟乙酯等单体共聚，以产生羧基、环氧基和羟基等功能基团。研究表明，简单的一步共聚只能使很少数功能基团定位在磁珠表面，在一些对配基偶联效率要求不高的分析检测和实验室研究中广泛使用，但对于规模化的生物分离过程来说，配基偶联效率不高会导致分离效率下降。

表面改性处理中的表面化学包覆改性法，是目前最常用的改性方式。其基本原理是利用改性物自带的活性官能团与磁珠表面发生化学反应或者进行化学吸附，从而在较强的作用力下使磁珠改性。表面化学包覆改性常用的改性物有酯类偶联剂和硅烷类偶联剂。本小节将对表面化学包覆改性法制备功能基团修饰的磁珠及其生物偶联过程进行介绍。

1. 羟基磁珠

通常，使正硅酸乙酯(TEOS)发生水解和缩聚反应，在磁珠表面包覆二氧化硅，即在磁珠表面能出现丰富的硅羟基。二氧化硅层使磁性颗粒被包覆得更加致密，耐酸碱性和抗氧化性更强，化学稳定性更高。

2. 氨基磁珠

在磁珠表面进行氨基官能团修饰主要有两种方法。①一步法：氨丙基三甲氧基硅烷(APS)在乙醇溶液中醇解生成硅醇基，再在氨水的催化作用下水解缩合形成低聚物，一端的 Si—OH 键与磁珠表面的羟基(来源于裸露的氧化铁形成的 Fe—OH 和甲基丙烯酸引入的羟基)发生化学键合，形成氢键，将磁珠包裹起来，另一端氨基裸露在外，形成氨基修饰的磁珠，反应如图 3.2 所示。②两步法：通过 TEOS 的水解缩聚反应先在磁珠表面包覆二氧化硅，然后通过 APS 的反应进一步连接上氨基[6]。

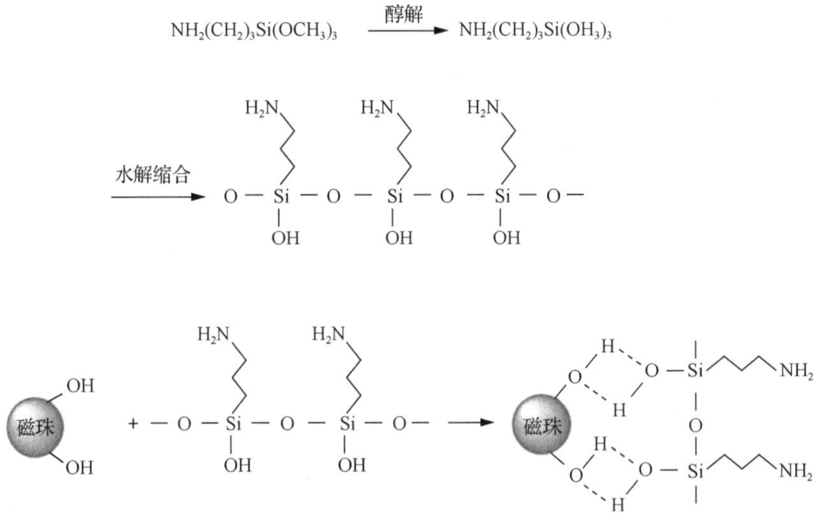

图 3.2　磁珠表面修饰氨基原理图

氨基磁珠与目标蛋白质通过如下三种方式进行偶联。

1) 通过酰胺键进行偶联

利用 1-乙基-(3-二甲基氨基丙基)碳酰二亚胺(EDC)活化蛋白质的羧基，与氨基磁珠形成酰胺键(图 3.3)，实现磁珠表面抗原/抗体的结合。

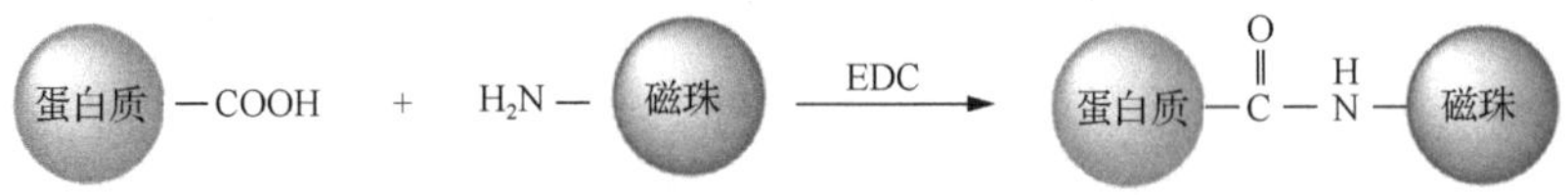

图 3.3　EDC 活化的蛋白质与氨基磁珠偶联原理图

2) 通过戊二醛进行偶联

利用戊二醛两端的醛基，分别与磁珠上的氨基和蛋白质上的氨基结合，反应原理如图 3.4 所示。

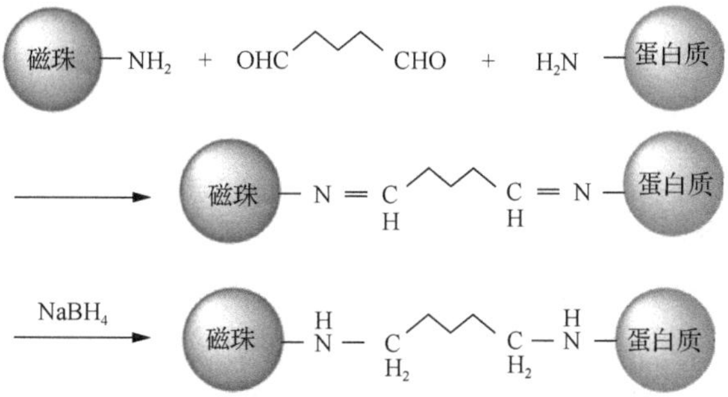

图 3.4　氨基磁珠通过戊二醛偶联蛋白质原理图

3) 通过双功能交联剂进行偶联

利用双功能偶联剂，如磺基琥珀酰亚胺 4-(N-马来酰亚胺甲基)(Sulfo-SMCC)，与磁珠上氨基和蛋白质上的巯基分别反应，实现氨基磁珠和蛋白质的偶联，反应原理如图 3.5 所示[7]。

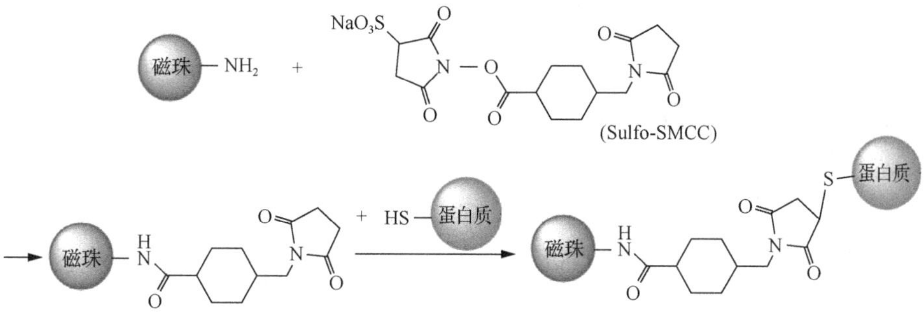

图 3.5　氨基磁珠通过 Sulfo-SMCC 与蛋白质偶联原理图

3. 羧基磁珠

在免疫检测中通常使用的标记抗体是 IgG 抗体。当采用氨基修饰的磁珠与抗体中的羧基偶联时，由于抗体自身同时带有氨基和羧基，会在活化抗体羧基的同时使抗体与抗体之间发生反应，出现交联团聚现象，降低偶联效率，进而影响生物检测的灵敏度。羧基修饰的磁珠具有很好的亲水性，减少了非特异性反应，而且活化羧基磁珠保证了偶联抗体氨基的单向性，更有利于生物医学应用，因此羧基磁珠比氨基磁珠应用更为广泛[8]。

羧基磁珠主要有两种制备方法。一种是单体共聚法，羧基含量一般不高；另一种是 SiO$_2$ 磁性粒子表面先氨基化再羧基化，如氨基磁珠在有机溶剂 N,N-二甲基甲酰胺(DMF)中与丁二酸酐进行反应使之羧基化。为防止有机溶剂对高分子磁珠的腐蚀，姚凯伦课题组沈洁利用聚乙二醇二羧酸(分子式：HOOCCH$_2$(OCH$_2$CH$_2$)$_n$OCH$_2$COOH)两端带有羧基的结构特性，在活化剂 EDC 和 N-羟基琥珀酰亚胺(NHS)的作用下，使磁珠的表面氨基发生酰胺反应，形成稳定的酰胺键，另一端羧基通过与 NHS 反应生成 NHS 酯，最后水解恢复成羧基，改性反应原理如图 3.6 所示[9]。与氨基磁珠偶联蛋白质的方式一样，主要通过 EDC 活化磁珠表面羧基，与蛋白质上的氨基形成酰胺键，实现磁珠表面抗原/抗体的结合。

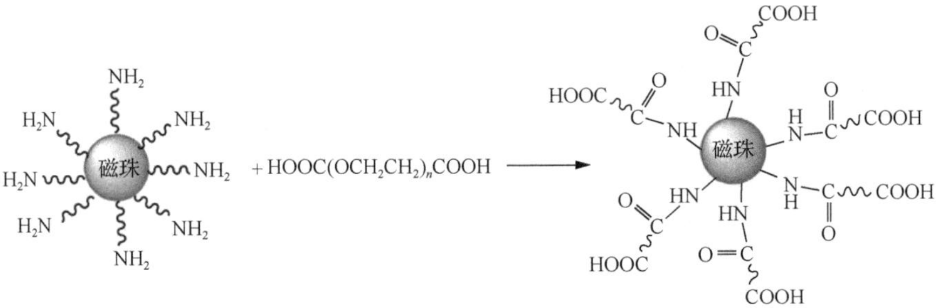

图 3.6　聚乙二醇二羧酸法转化氨基磁珠为羧基磁珠的原理图

4. 巯基磁珠

巯基修饰磁珠主要用于金属阳离子的检测。巯基与金属离子结合的特异性高，通过磁场的分离作用，可实现金属离子的快速富集分离，尤其适合低浓度重金属样本的富集。γ-巯丙基三甲氧基硅烷(TMMPS)是一种硅烷偶联剂，带有巯基功能基团，可以对 SiO$_2$ 磁珠进行巯基改性，反应原理如图 3.7 所示。

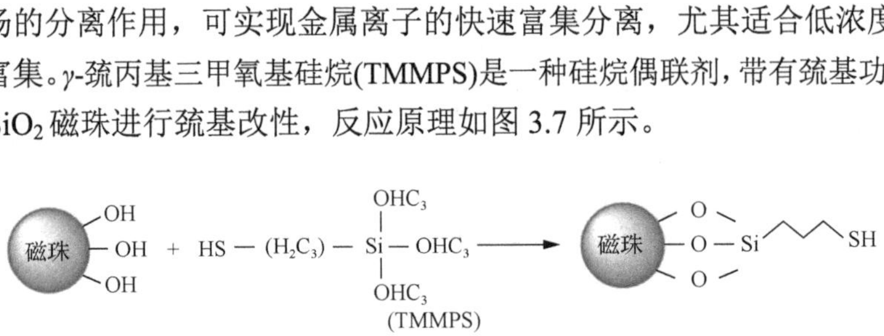

图 3.7　γ-巯丙基三甲氧基硅烷(TMMPS)对 SiO$_2$ 磁珠巯基改性的原理图

5. 对甲苯磺酰基磁珠

对甲苯磺酰基(Tosyl)磁珠制备主要通过羟基磁珠与对甲苯磺酰氯(TsCl)反应生成磺化酯基，生成的磺化酯基是一个较好的离去基团(图 3.8)。对甲苯磺酰基磁珠连接生物分子，无须再经过 EDC 或戊二醛活化处理，对甲苯磺酰基可直接与含有氨基或巯基的生物分子共价偶联，方法简单，重复性好，连接效率高。研究人员用对甲苯磺酰基磁珠包被降钙素原(PCT)抗体开发了 PCT 化学发光检测试剂，其与羧基磁珠包被 PCT 抗体检测试剂相比，具有更高的信噪比和发光值[10]。

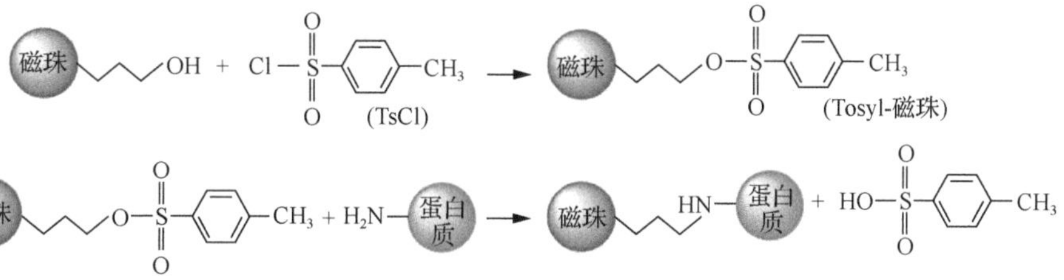

图 3.8　对甲苯磺酰基磁珠与生物分子氨基偶联原理图

6. 环氧基磁珠

环氧基磁珠能在温和的条件下与蛋白质分子中的氨基共价结合，从而不需要预活化，一步实现蛋白质分子的固定化。研究人员以甲基丙烯酸缩水甘油酯(GMA)为功能性单体，N, N'-亚甲基双丙烯酰胺(MBAA)作交联剂，甲酰胺分散磁性 Fe_3O_4 制备磁流体，采用反相悬浮聚合技术合成了亲水性环氧基磁性聚合物微球，并利用磁珠表面的环氧基一步固定青霉素酰化酶(EnZ)(图 3.9)，以满足半合成抗生素生产的需求[11]。

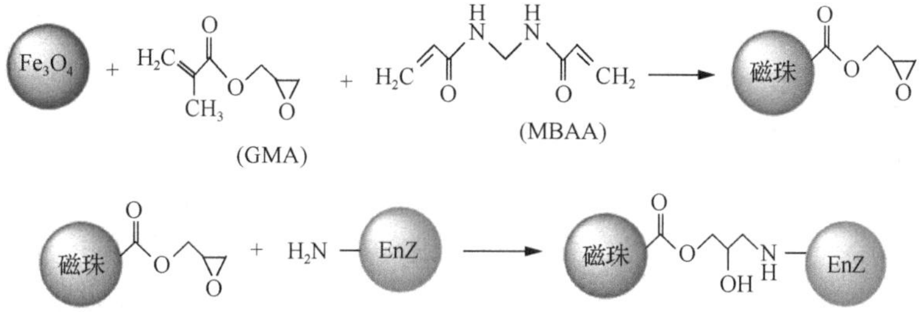

图 3.9　环氧基磁珠与蛋白质氨基偶联原理图

7. 金磁微粒

金磁微粒是以磁性纳米粒子为核，在核表面包覆单质金、银等贵金属壳层形成的磁性复合微粒(图 3.10)。该磁性复合颗粒将磁性粒子的可分离性和胶体金表面的生物或非生物分子的可修饰性结合起来，使其同时具有较好的磁响应性和对生物分子的修饰性。金磁微粒可用于标记核酸、抗原、抗体、酶、多肽、多糖、链霉亲和素等生物分子或细胞以及非生物材料，标记后的金磁微粒可用于多种生物和非生物分子的富集、分离及检测[12-14]。

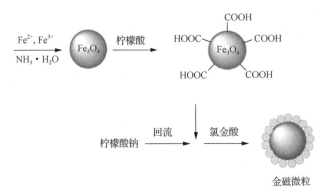

图 3.10　金磁微粒制备的原理图

3.2　分离磁珠的生物医学应用

3.2.1　核酸分离磁珠

1. 磁珠分离纯化核酸方法

磁珠在体外诊断中的重要价值之一是用于核酸的分离纯化[15]，其在核酸分离纯化中的应用，推进了该领域在高通量、自动化上的发展进程。根据磁珠在核酸分离纯化中的具体应用，可以将其分为 3 类。①核酸纯化：主要用于聚合酶链反应(PCR)产物的纯化和富集，以去除反应中的核酸小片段(如引物二聚体)和蛋白质(如酶)等。该类试剂还可用于核酸片段的分选，即通过调整溶液浓度，溶液中的大片段核酸结合在磁珠上，小片段核酸存留于溶液中，从而实现不同核酸片段的分离，如贝克曼(Beckman)的 AMPure XP 磁珠，其对核酸片段的分选是高通量测序(NGS)文库构建过程中的重要步骤之一。②核酸提取：主要用于从原始样本中纯化富集核酸，该方法需要在溶液中加入可破坏细胞或病原体结构的变性剂，使得样本裂解释放核酸，磁珠在溶液中其他离子的作用下吸附核酸，再经过清洗去除杂质，获取可用于下游检测的核酸。该方法是磁珠在核酸提取纯化中最为广泛的应用。③核酸捕获：通过在磁珠上偶联特异性官能团，磁珠可更加明确地捕获目标物。如在磁珠上偶联寡核苷酸，可对互补序列进行杂交捕获；或在磁珠上偶联链霉亲和素，可与带有生物素标记的目标核酸结合。

2. 磁珠吸附核酸的原理

核酸分子在水溶液中，依靠分子间的非共价作用力(静电作用、范德华力和氢键),处于稳定分散状态,其原因是核酸分子本身带有多个磷酸基团,呈高度负电性,分子间的互相排斥可避免发生聚集;另外,核酸分子在水溶液中通过氢键与范德华力在其周围结合了大量的水分子,形成水化层,阻止了分子间的聚集。因此,对于一些基础磁珠,可通过调节这些非共价作用力的相互关系,使得核酸与磁珠表面接触,从而被磁珠吸附。接下来以不同官能团的磁珠为例,对核酸与磁珠的相互作用原理进行描述。

(1) 氨基磁珠:氨基磁珠带有正电荷,可通过静电作用吸附带有负电荷的核酸,调节 pH 便可实现核酸分子在表面的可逆结合。

(2) 羟基磁珠:此类磁珠通常配合高浓度离液盐(如盐酸胍、异硫氰酸胍、高氯酸钠和碘化钠等),对核酸进行提取。溶液中的高浓度盐离子可屏蔽溶液中的静电斥力,且离液盐离子可竞争性地与磁珠表面和核酸分子结合,破坏两者表面的水化层,促使磁珠与核酸分子通过氢键和范德华力相互靠近吸附。

(3) 羧基磁珠:该类磁珠除了可以像羟基磁珠一样,通过加入高浓度离液盐吸附核酸分子外,还可通过加入不同浓度的聚乙二醇(PEG)和 NaCl,实现不同核酸片段的筛选。核酸分子在一定浓度的 PEG 和 NaCl 溶液中,会发生脱水反应,分子构象急剧变化,由线状蜷缩成小球状,继而聚集沉淀,同时暴露出磷酸骨架上带负电荷的磷酸基团,借由解离的盐离子(如 Na^+)与磁珠表面羧基形成的离子桥,核酸被吸附至磁珠表面(图 3.11)。核酸分子量越大,越倾向于与磁珠结合。因此,通过调节溶液与核酸样本的体积比,可促使较大分子量的核酸片段优先吸附于羧基磁珠表面,从而达到核酸片段的筛选效应。

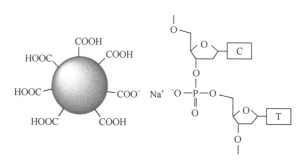

图 3.11　在 NaCl 溶液中羧基磁珠吸附 DNA 的原理图

(4) 寡核苷酸磁珠:通过碱基互补配对原则,寡核苷酸磁珠与靶核苷酸序列结合,如偶联寡聚脱氧胸苷酸(Oligo dT)的磁珠可捕获含有多聚腺苷酸(Poly A)的信使核糖核酸(mRNA),实现 mRNA 特异性分离和富集(图 3.12),以满足 mRNA 疫苗制备及 NGS 转录组测序需求。

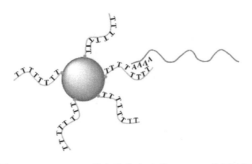

图 3.12　Oligo dT 磁珠分离和富集 mRNA 的原理图

(5) 链霉亲和素磁珠：链霉亲和素-生物素系统具有极高的结合亲和力，可对带有生物素标记的核酸进行特异性捕获。RNA 被认为是 DNA 与蛋白质之间生物信息传递的"桥梁"，在研究转录组信息中具有重大作用，但是核糖体 RNA(rRNA) 这一 RNA 中最丰富的成员(占 RNA 总量的 80%)只能提供非常少的转录本信息，且检测到过多的 rRNA 会掩盖其他基因表达丰度的检测，因此在测序之前有必要从 RNA 样品中去除 rRNA。rRNA 去除的主要方法之一是利用链霉亲和素磁珠捕获和去除杂交 rRNA 的生物素标记核酸探针，去除原理如图 3.13 所示。

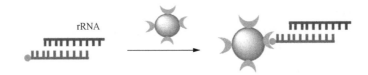

图 3.13　链霉亲和素磁珠去除 rRNA 原理图

3. 核酸分离磁珠的市场情况

离心柱法和磁分离法是目前核酸提取纯化最常用的两种方法。离心柱法需要手动操作，多用于科研院所；磁分离法自动化程度高，多应用于医疗机构。我国一些高新技术企业专业从事磁珠技术自主研发，推进了磁珠国产化的发展。

3.2.2　免疫磁珠技术及应用

1. 蛋白分离

用于蛋白质分离的磁珠主要有蛋白 A 磁珠、蛋白 G 磁珠和蛋白 A/G 磁珠，由与哺乳动物免疫球蛋白结合的特性蛋白 A、蛋白 G 共价偶联到磁珠表面得到，这类磁珠主要应用在以下三个方面。

(1) 抗体纯化：利用蛋白 A、蛋白 G 可与 lgG 结合的特性，蛋白 A/G 磁珠一步纯化即可从血清样本中分离出高纯度的抗体(图 3.14)。

(2) 免疫沉淀(immunoprecipitation，IP)：该技术须加入特异性抗体，并借助磁分离设备，非常便捷地用于目标蛋白质的免疫沉淀，再洗脱分离出抗原 X 和抗体复合物，可用于目标蛋白质的免疫印迹检测或其他检测、蛋白质特性研究等。蛋白 A/G 磁珠用于目标蛋白质免疫沉淀原理如图 3.15 所示。

图 3.14　蛋白 A/G 磁珠纯化抗体原理图　　　图 3.15　蛋白 A/G 磁珠用于目标蛋白质免疫
　　　　　　　　　　　　　　　　　　　　　　　　　　沉淀原理图

(3) 免疫共沉淀(co-immunoprecipitation，co-IP)：抗原 X 与蛋白 Y 结合后，利用结合了 X 抗体的蛋白 A/G 磁珠沉淀抗原 X 与 Y 的复合体(图 3.16)。通过对复合蛋白质的富集、分析，获取蛋白质与蛋白质的相互作用信息。

图 3.16　蛋白 A/G 磁珠用于目标蛋白质免疫共沉淀原理图

2. 细胞分离

免疫磁珠具备了固相化试剂特有的优点及免疫学反应的高度专一性，在细胞分离和培养等领域中具有广泛的应用[16]。

使用免疫磁珠技术进行细胞分离有两种方式。一种是直接从细胞混合液中分离出靶细胞，称为阳性分离，使用靶标特异性抗体包被的磁珠与表面携带匹配抗原的靶细胞结合。另一种是用免疫磁珠去除无关细胞，使靶细胞得以纯化，称为阴性分离，使用的磁珠可通过链霉亲和素(如果混合抗体经过生物素标记)或第二抗体(如果混合抗体源于单一种属的宿主)来进行包被。免疫磁珠技术可用来分离人类各种细胞，如红细胞、外周血嗜酸/碱性粒细胞、神经干细胞、造血干细胞、T 淋巴细胞、关节滑膜细胞、树突状细胞(dendritic cell，DC)、内皮细胞及多种肿瘤细胞等。

树突状细胞、造血干细胞等细胞在科研及临床上都具有巨大的应用价值，但是在体内含量较少而且分布广泛，难以获得大量高纯度的细胞，限制了该领域的发展。体外扩增辅以免疫磁珠技术有望解决这一难题。用免疫磁珠分离纯化出待扩增的细胞，用特定的因子组合培养，许多研究者用这样的方法寻找扩增的最佳细胞因子组合和移植的最佳时机。

免疫磁珠技术及产业化应用是近年来较为热门的研究方向，可通过不同免疫配体的偶联，实现细胞分选、核酸分离和蛋白质纯化等多种复杂技术。根据 2020 年头豹研究院的报告，我国免疫磁珠市场规模从 2015 年的 26.1 亿元上升至 2019 年的 53.1 亿元，期间年复合增长率为 19.4%，预计未来 5 年，我国免疫磁珠市场需求仍以每年 14.9%的速度增长，于 2024 年达 106.5 亿元。得益于我国免疫磁珠近 30 年来长期的科研支持与产业化落地，少部分我国本土免疫磁珠企业部分产品在性能方面已接近国际领先水平。表 3.1 为市场上免疫磁珠的主流产品。

表 3.1　免疫磁珠主流产品

项目	MagPlex®	Magnosphere™	Pierce™	Dynabeads™	BeaverBeads™	EMG 系列
制造商	路明克斯 (Luminex Co.)	日本合成橡胶 (JSR)	赛默飞世尔科技公司(Thermo Fisher Scientific)		海狸生物	富乐德公司 (Ferro. Tec. Co.)
公司归属地	日本	日本	美国		中国	日本
尺寸/μm	5.6	1.5，3	1	2.7，4.5	2，5，30～150	0.01
微球材质	聚苯乙烯+超顺磁性 Fe_3O_4	亲水聚合物涂层+超顺磁性 Fe_3O_4	A/G 单层重组蛋白+超顺磁性 Fe_3O_4	聚苯乙烯或环氯乙烷+超顺磁性 Fe_3O_4	超顺磁性 Fe_3O_4	特殊表面活性剂+超顺磁性 Fe_3O_4

3. 免疫分析

1) 化学发光免疫分析

化学发光免疫分析(chemiluminescence immunoassay，CLIA)技术是 20 世纪 80 年代发展起来的，继放射免疫、酶免疫、荧光免疫测定的新一代标记免疫技术。该技术采用化学发光技术和磁分离技术相结合的全自动化学发光免疫分析系统，具有简便易行、灵敏度高(达 $10^{-10}\sim10^{-15}$g/mL)、通量高、稳定性好、标本用量少、检测时间短、便于实现自动化等优点[17-18]，因此深受检验医学工作者的好评。检测方法有免疫夹心法和竞争法。磁珠化学发光免疫夹心法的基本原理是用化学发光促进剂(如碱性磷酸酶)直接标记的抗体与待测标本中相应抗原、磁性颗粒标记的抗体反应，形成固相抗体-抗原-酶标抗体复合物，通过磁场把磁珠结合状态和游离状态的化学发光促进剂标记物分离开来，然后在磁珠结合状态中加入发光底物进行发光反应，对磁珠结合状态发光强度进行定量或定性检测，原理如图 3.17 所示。CLIA 凭借灵敏度高、特异性好、自动化程度高等优势在临床应用中迅速推广，用于激素(如甲状腺激素、降钙素、性激素)分析、肿瘤标志物(如甲胎蛋白、前列腺特异性抗原)分析、传染性疾病的病原诊断、心脏疾病的特征标记物(如心肌肌钙蛋白、肌酸激酶同工酶)测定等，在临床检验中发挥重要作用[19]。

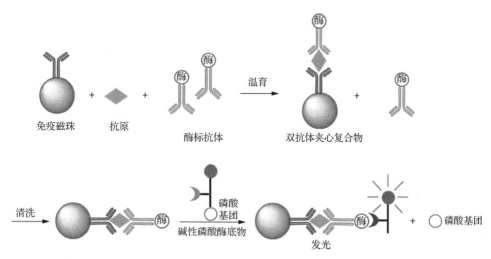

图 3.17　磁珠化学发光免疫夹心法检测靶抗原原理示意图

2) 电化学发光免疫分析

电化学发光免疫分析(electrochemiluminescence immunoassay，ECLIA)是一种先进的标记免疫测定技术，具有敏感、快速和稳定的特点[20-21]。ECLIA 的发光原理是，电化学发光剂三联吡啶钌(Ru)于阳极表面在三丙胺(TPA)存在下，经氧化还原反应分别产生强氧化物质和强还原物质，二者结合产生波长为 620nm 的光子信号。电化学发光免疫分析采用链霉亲和素包被磁性微球作为固相分离载体，Ru 标记抗体，待检抗原和生物素标记抗体，三者均分布于液相中，便于分子间碰撞，无空间位阻效应，有利于提升抗原-抗体结合速率。

电化学发光免疫分析检测过程包括抗原-抗体结合阶段和电化学发光阶段，两阶段之间需要洗涤分离去除未参加反应的游离标记物。抗原-抗体结合过程与其他类型免疫分析相同，受酸碱度、离子强度、温度影响。分离过程和信号检测过程于测量池内依次进行。加入链霉亲和素包被的磁性微球，捕获生物素标记免疫复合物，在磁场作用下通过缓冲液洗涤分离。洗涤后的磁性微球分布于电极表面，在电场作用下启动电化学发光反应，检测器收集光信号，通过光电倍增管转为电信号输入计算模块(图 3.18)。我国临床上主要使用的是罗氏电化学发光免疫分析仪及其配套的试剂。

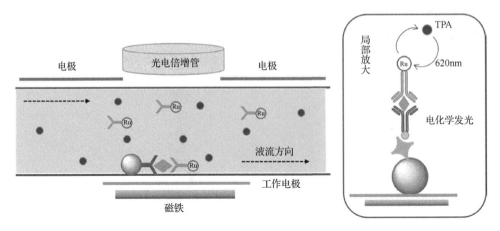

图 3.18　电化学发光免疫分析分离与测量过程示意图

电化学发光免疫分析的主要优势：①阳极表面的电化学反应由电场控制，氧化还原反应周而复始，光信号持续时间较长，信号容易测量且效率较高。②针对双抗体免疫夹心法而言，Ru 标记抗体和生物素标记抗体完全置于液相中，不仅可维持生物分子的天然构象(固相表面抗体存在空间位阻效应)，而且液相中抗体与待测抗原相遇的概率远大于固相化的抗体(纯液相属于三维立体空间，固相-液相属于平面空间)。此种模式下抗体利用率最大，抗体与待测抗原迅速达到平衡，可缩短检测时间。③引入生物素-亲和素系统，不仅分析灵敏度更高，而且链霉亲和素预包被的磁性微球具有通用性，可作为通用检测试剂，适用于不同检测指标，利于工业化生产。④磁性微球-双抗体夹心复合物的分离洗涤过程于测量室内进行，洗涤过程中测量室的液体处于流动状态，可获得高效分离效率[19]。

化学发光免疫分析和电化学发光免疫分析均采用固相吸附分离技术，以超顺磁性微球(直径 1000nm)为固相载体，采用磁场吸附实现磁性微球与液体的分离，去除液相中未参与结合的标记物和样本基质的干扰，提高检测结果的准确性。另外，磁性微球的比表面积大，能提供足够的结合位点，从而有效防止钩状效应发生。因此，这两种方法都具有高灵敏度和宽线性范围的优势，并已广泛应用于感染性免疫血清标志物测定、体内激素物质定量、肿瘤标志物定量等领域。

3) 磁微粒免疫层析技术

超顺磁性颗粒具有良好的磁响应性，在体系中起到分离的作用。同时，超顺磁性纳米材料具备的磁信号能够被磁传感器识别，或以电磁线圈感应磁信号的形式被检测到。将磁定量技术与侧流免疫层析(lateral flow immunochromatography assay，LFIA)技术结合，形成磁微粒免疫层析(magnetic particle immunochromatography assay，MPIA)技术。MPIA 技术的基本原理为超顺磁性纳米材料的免疫探针被硝酸纤维素(NC)膜上的检测抗体捕获而发出磁信号，从而实现待测物水平的定量检测(图 3.19)[22-23]。MPIA 技术除了具有 LFIA 技术结构简单、易操作、成本较低、特异性高、稳定性良好的特点外，还具有磁信号三维全定量特点，使其与基于胶体金等的光学原理相比更加灵敏和准确，磁信号不受红细胞、血红蛋白等内源物质的干扰。我国已有将磁微粒免疫层析技术成功转化为检测心脑血管标志物的系列磁定量产品，如氧化型低密度脂蛋白(oxLDL)金磁微粒免疫层析法检测产品。

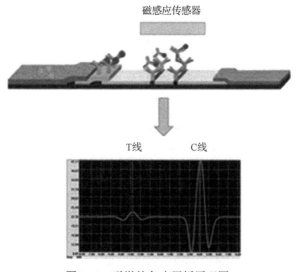

图 3.19 磁微粒免疫层析原理图

4) 免疫诊断市场

国内外体外诊断(*in vitro* diagnostic，IVD)试剂厂家众多，随着我国老龄人口的增长，免疫诊断市场不断发展。2023 年，在我国免疫诊断市场，罗氏、雅培、西门子等外资企业占据主要市场份额(图 3.20)。表 3.2 罗列了市场上的部分免疫诊断产品。2021 年，我国免疫诊断市场规模为 440 亿元，化学发光成为免疫诊断的主导技术，而国产化学发光试剂占比不到 20%。国产化学发光试剂中的磁珠主要依赖美国默克公司、思拓凡公司、赛默飞世尔科技公司、日本 JSR 等国际厂商供应。磁珠材料底层制备技术研发创新，促使我国高顺磁性、粒径均一及高效改性修饰的磁性微/纳米球生产水平的提升，IVD 客户也逐渐实现磁珠原材料的国产替代。同时，随着高新精密仪器制造业技术的进步和生物医药产业的发展，我国微型自动化即时检测(POCT)免疫分析系统研制也取得了进展，POCT 免疫分析系统在临床危重症科室床旁检测和提升基层医疗水平中发挥了重要作用，未来国产免疫诊断试剂市场占比有望突破 50%。

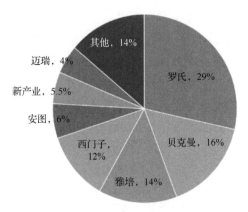

图 3.20　我国化学发光免疫诊断竞争格局

表 3.2　部分免疫诊断产品列表

	品牌	检测系统	检测项目
国外	西门子	ADVIA® Centaur XPT 全自动化学发光免疫分析仪	TSH、FT$_4$、FT$_3$、TPO-Ab 等
	罗氏	电化学发光免疫分析系统	NT-proBNP、S100 蛋白等
	贝克曼	Access 全自动磁微粒免疫分析系统	T$_3$、T$_4$、TSH、FT$_3$ 等
	雅培	ARCHITECT i2000SR 化学发光免疫分析仪	25-OH VD、B12、HbA1c 等
国内	深圳迈瑞	CL-2000i 全自动化学发光免疫分析仪	AFP、CEA、NSE 等
	基蛋生物	MAGICL 6000 全自动化学发光测定仪	NT-proBNP 等
	安图生物	AutoLumo A6000 全自动化学发光免疫分析仪	hs-cTn Ⅰ、Myo、CK-MB 等
	新产业	全自动化学发光免疫分析系统	S100、NSE 等
	金磁生物	磁定量免疫分析仪(GM-MICTv3)	ox-LDL 等
	明德生物	即时检测化学发光	PCT 等
	三联生物	微阵列化学发光蛋白芯片技术平台	T-PSA、F-PSA、PG Ⅰ 等
	天深医疗	即时检测发光(单人份)	FSH、AMH 等
	星童医疗	Pylon 循环增强免疫分析系统	PCT、IL-6、SAA、CRP

注:TSH 为促甲状腺激素;FT$_4$ 为游离甲状腺素;FT$_3$ 为游离三碘甲状腺原氨酸;TPO-Ab 为甲状腺过氧化物酶抗体;NT-proBNP 为氨基末端脑钠肽前体蛋白;T$_3$ 为三碘甲状腺原氨酸;T$_4$ 为甲状腺素;25-OH VD 为 25 羟基维生素 D;B12 为维生素 B$_{12}$;HbA1c 为糖化血红蛋白;AFP 为甲胎蛋白;CEA 为癌胚抗原;NSE 为神经元特异性烯醇化酶;hs-cTn Ⅰ 为超敏心肌钙蛋白 Ⅰ;Myo 为肌红蛋白;CK-MB 为肌酸激酶同工酶;ox-LDL 为氧化型低密度脂蛋白;PCT 为降钙素原;T-PSA 为总前列腺特异性抗原;F-PSA 为游离前列腺特异性抗原;PG Ⅰ 为胃蛋白酶原 Ⅰ;FSH 为卵泡刺激素;AMH 为抗米勒管激素;IL-6 为白介素-6;SAA 为血清淀粉样蛋白 A;CRP 为 C 反应蛋白。

　　目前,生物磁分离材料已广泛应用在核酸、蛋白质、细胞等的分离和富集,在核酸检测、抗体纯化、疾病标志物检测等领域发挥着重要作用。与其他分离或检测方法相比,磁珠特有的磁分离性能,为高通量自动化分离或分析检测提供可能，满足了大规模人群核酸检测或医院多标志物同时检测的需求。研究人员对磁珠尺寸均一性、表面改性方法等进行研究，不断提升其稳定性、功能化效率、生物分子结合率，从而提高生物分子的磁分离效率和基于磁分离 IVD 产品的分析检测灵敏度。

思　考　题

1. 羧基磁珠的主要制备方法有哪些？
2. 如何通过磁珠去除提取样本总 RNA 中的 rRNA？
3. 免疫磁珠在免疫分析中的应用主要有哪些？
4. 简述电化学发光免疫分析的检测原理。
5. 我国企业可在哪些方面提升产品在国内免疫诊断市场的竞争力？

参 考 文 献

[1] SHARMA R, DUTTA S, SHARMA S, et al. Fe₃O₄(iron oxide)-supported nanocatalysts: Synthesis, characterization and applications in coupling reactions[J]. Green Chemistry, 2016, 18(11): 3184-3209.
[2] HEJAZIAN M, LI W, NAM-TRUNG N. Lab on a chip for continuous-flow magnetic cell separation[J]. Lab on a Chip, 2015, 15(4): 959-970.
[3] ICOZ K, SAVRAN C. Nanomechanical biosensing with immunomagnetic separation[J]. Applied Physics Letters, 2010, 97 (12): 123701.
[4] KAMIOKA Y, AGATSUMA K, KAJIKAWA K, et al. In medical protein separation system using high gradient magnetic separation by superconducting magnet[C]. Anchorage: Joint Conference of the Transactions of the Cryogenic Engineering Conference (CEC)/ Transactions of the International Cryogenic Materials Conference, 2014.
[5] 舒浩然, 李伟杰, 郭坤. 磁性纳米粒子的制备及在生物医学领域中的应用概述[J]. 高分子材料科学与工程, 2020, 36 (6): 145-150.
[6] 杨沁芳. 氨基化磁性高分子微球的制备及性能研究[D]. 武汉: 华中科技大学, 2011.
[7] FANG B, JIA Z, LIU C, et al. A versatile CRISPR Cas12a-based point-of-care biosensor enabling convenient glucometer readout for ultrasensitive detection of pathogen nucleic acids[J]. Talanta, 2022, 249: 123657.
[8] BAJAJ B, MALHOTRA B, CHOI S. Preparation and characterization of bio-functionalized iron oxide nanoparticles for biomedical application[J]. Thin Solid Films, 2010, 519(3): 1219-1223.
[9] 沈洁. 羧化磁性高分子复合微球的制备及表征[D]. 武汉: 华中科技大学, 2011.
[10] 管亚楚, 江冬青, 林燕清. 抗降钙素原抗体包被颗粒的方法: CN109917128B[P]. 2019-04-04.
[11] 薛屏, 刘海峰. 亲水性含环氧基磁性聚合物微球的制备与性能表征[J]. 高分子学报, 2007, 38(1): 64-69.
[12] 崔亚丽, 超陈, 张战凤. 利用金磁微粒分离 mRNA 的方法: CN 101165183A[P]. 2008-04-23.
[13] 崔亚丽, 超陈, 蓓刘. 利用金磁微粒进行细胞分选的方法: CN101165173A[P]. 2008-04-23.
[14] 超陈, 崔亚丽, 唐一通. 用金磁微粒去除高丰度蛋白的方法: CN101165466A[P]. 2008-04-23.
[15] 蒋娜, 汪崇文, 周标. 一种高性能磁性复合微球的制备及其在 DNA 提取中的应用[J]. 军事医学, 2016, 40(6): 520-524.

[16] PLOUFFE B, MURTHY S, LEWIS L. Fundamentals and application of magnetic particles in cell isolation and enrichment: A review[J]. Reports on Progress in Physics, 2015, 78(1): 016601.

[17] ZHAO H, SU E, HUANG L, et al. Washing-free chemiluminescence immunoassay for rapid detection of cardiac troponin I in whole blood samples[J]. Chinese Chemical Letters, 2022, 33(2): 743-746.

[18] GUO B, MA L, ZHANG M, et al. GoldMag particle-based chemiluminescence immunoassay for human high sensitive C-reactive protein[J]. Chinese Journal of Cellular and Molecular Immunology, 2015, 31(11): 1468-1478.

[19] 吕世静, 李会强. 临床免疫学检验[M]. 4 版. 北京: 中国医药科技出版社, 2020.

[20] 沈隽霏, 吴文浩, 周佳烨. 电化学发光法检测胃泌素释放肽前体的性能评价及临床应用评估[J]. 检验医学, 2018, 33(3): 222-227.

[21] 张伟娟, 江雅平, 陈永传. 电化学发光免疫分析法检测血清雌二醇的性能验证[J]. 检验医学与临床, 2021, 18(6): 785-788.

[22] CAI Y, ZHANG S, DONG C, et al. Lateral flow immunoassay based on gold magnetic nanoparticles for the protein quantitative detection: Prostate-specific antigen[J]. Analytical Biochemistry, 2021, 627: 114265.

[23] HUI W, ZHANG S, ZHANG C, et al. A novel lateral flow assay based on GoldMag nanoparticles and its clinical applications for genotyping of MTHFR C677T polymorphisms[J]. Nanoscale, 2016, 8(6): 3579-3587.

第4章 磁共振成像纳米对比剂

磁性纳米生物材料因具有独特的磁学性质，尺寸、组分与表面修饰依赖的弛豫增强性能，表面易功能化修饰等特点，常作为磁共振成像对比剂，在疾病影像探测应用领域具有重要的价值。学习磁性纳米生物材料在医学成像中的应用，可以加深对磁性纳米生物材料应用的理解。

4.1 概　　述

4.1.1　基本原理与概念

磁共振成像(MRI)是临床诊断广泛应用的医学影像技术，可对软组织解剖学结构进行高分辨成像，具有多序列、多参数和多方位成像功能，且具备无创伤、无辐射危害、无穿透深度限制等优势。MRI 的原理较为复杂，基于核磁共振和磁场中质子自旋的弛豫[1]。图 4.1 为磁共振成像原理图，当氢质子处于强磁场中，氢质子自旋以特定的频率进动，平行或反平行排列于磁场方向，从而分裂成高能态和低能态两个态。平行于磁场方向的是低能态，反平行于磁场方向的是高能态，进动过程中特定的频率被称为拉莫尔频率。由于大多数氢质子处于和磁场方向平行的低能态，少部分处于与磁场方向反平行的高能态，因此氢质子在外磁场中会产生与外磁场方向相同的净磁场。在进动过程中同时施加可与拉莫尔频率共振的射频脉冲时，处于低能态的氢质子将吸收脉冲磁场能量跃迁到反平行磁场方向排列的高能态。当射频脉冲撤去后，处于高能态的氢质子将弛豫到最初的低能态，并释放出电磁信号。氢质子的弛豫过程有两个不同的路径：第一种是 T1 弛豫(也可称作纵向弛豫或者自旋-晶格弛豫)，指的是减小的净磁化强度在纵向上的分量以指数递增的形式恢复到最初状态的过程；第二种是 T2 弛豫(也可称作横向弛豫或者自旋-自旋弛豫)，指的是诱导产生的磁化强度在与净磁场垂直平面上的分量通过自旋失相过程以指数形式递减的衰减过程。在生物体组织中有的氢质子(如水分子中的氢质子)弛豫过程比较慢，有的氢质子(如脂肪中的氢质子)弛豫过程比较快，因此产生了可以用于成像的有对比的信号[1-3]。

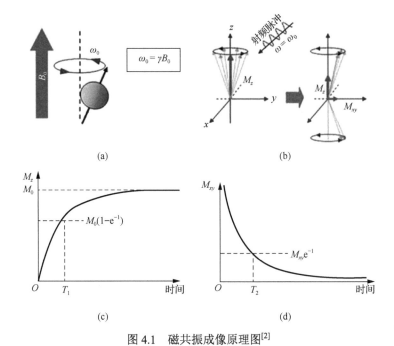

图 4.1 磁共振成像原理图[2]

(a) 质子自旋进动与磁场方向平行或反平行排列；(b) 施加射频脉冲后自旋磁化矢量发生变化的质子自旋弛豫过程；(c) T1 弛豫；(d) T2 弛豫；ω_0 为拉莫尔频率；γ 为旋磁比；B_0 为磁场强度；M_0 为最初状态的净磁场强度；M_z 和 M_{xy} 分别为磁化矢量在 z 方向和 xy 面的分量

基于氢质子两种不同的弛豫过程，磁共振成像对比剂分为 T1 对比剂和 T2 对比剂。对比剂加快氢质子弛豫速率主要源于对比剂与其周围水分子中氢质子的相互作用，从而加快周围水分子的 T1 或 T2 弛豫速率。T1 对比剂可以加快氢质子纵向(T1)弛豫速率，增加信号强度，产生正的增强效应，从而使图像中标记区域变亮；而 T2 对比剂加快氢质子横向(T2)弛豫速率，降低信号强度，产生负增强效应，使得图像中标记区域变暗[2-3]。对比剂的性能通常用弛豫效能(r_1 和 r_2)来评估，即单位摩尔质量对比剂的氢质子弛豫速率增加量[1]。弛豫效能(r_i, $i = 1, 2$)的表征通过测试不同浓度梯度对比剂弛豫速率($1/T_i$, $i = 1, 2$)，随后线性拟合对比剂浓度和其对应的弛豫速率，拟合得到的斜率即弛豫效能：

$$\frac{1}{T_1} = \frac{1}{T_{i0}} + r_i C \tag{4.1}$$

式中，T_{i0} 为无对比剂时溶剂的弛豫时间；C 为对比剂的浓度(mmol/L)[3]。

磁共振成像被广泛用于大脑和中枢神经系统成像[4-6]、评估心脏功能[7-8]、探测异常组织(肿瘤、动脉粥样斑块等)[9-11]。由于病理组织与正常组织的氢质子弛豫速率差异不显著，因此常需要借助对比剂增强成像[12]。对比剂是用于增强生物体内结构或流体在磁共振成像中对比的一类物质，通过引入对比剂可以增强靶向目标区域与组织背景的对比，提高图像对比度，提升成像质量，提高影像探测与诊断的灵敏度和准确度，同时对比剂与生物体的相互作用通常可以显示生物与功能信息[12]。更为重要的是，对比增强的磁共振成像可以有效减小非增强成像导致漏诊的可能[13-21]，对疾病进行早期诊断与分期[22-25]，监测治疗响应[26-34]，区分恶性与良性病变[35-36]，实现诊疗一体化[37-41]，实现个性化医疗和对病人分层治疗的选择并预测随后的治疗响应[42-46]，优化手术治疗方案[47-48]，探测疾病复发并理解其病理、生理和微环境特征[25, 49-50]，在恶性肿瘤、心脑血管等疾病诊断中发挥着不可或缺的作用[11, 51]。因此，临床医学诊断对于对比增强的磁共振成像有巨大需求，对比剂在其中扮演着重要的角色[52]。

4.1.2 发展历程

磁共振成像对比剂的发展最早可以追溯到 1946 年，Bloch[53]首次报道了顺磁性离子可以加快质子弛豫速率，并提出了对比剂这一概念。1978 年，劳特伯(Lauterbur)实现了磁共振对比剂的首次活体动物实验。1988 年，人类历史上首个磁共振成像对比剂钆喷酸葡胺(Gd-DTPA)通过美国食品药品监督管理局(FDA)批准进入临床[54-55]，且一直沿用至今。1992 年，Weissleder 发展了超顺磁性氧化铁纳米对比剂，基于超顺磁性氧化铁纳米颗粒的对比剂菲立磁(Feridex®)于 1996 年获批上市。1997 年，一种锰基螯合物——锰福地吡三钠(Mn-DPDP)获得 FDA 批准作为肝脏对比剂进入临床应用，但是该对比剂在体内易发生锰离子释放，有潜在的神经毒性风险，目前已经停产。到 2008 年，一种钆基肝细胞特异性对比剂钆塞酸二钠(普美显®，Gd-EOB-DTPA)获批进入临床应用，对于肝脏的局灶性病变具有更好的检出效果[56-57]。2009 年，一种基于超顺磁性氧化铁纳米颗粒的补铁剂Feraheme®获批上市，用于缺铁性贫血补铁等，也有研究发现 Feraheme®具有作为血管成像对比剂的潜力。顾宁院士团队发展了一种葡聚糖山梨醇羧甲醚修饰的氧化铁纳米补铁剂，已获批进入临床应用。

超顺磁性氧化铁(SPIO)纳米对比剂是FDA批准的最早应用于临床的磁性纳米生物材料，可用于肝脏、脾脏、淋巴和血管等 T2 增强成像，已在美国、欧洲和日本、大多数南美国家获批进入临床应用。超顺磁性氧化铁纳米对比剂大多是单核-吞噬细胞系统被动靶向的对比剂。该类对比剂直径 40~400nm，表面采用葡聚糖等大分子包裹。血液中直径在 30~5000nm 的颗粒主要经网状内皮系统的吞噬细胞清除，这些吞噬细胞分布于肝脏、脾脏、骨髓和淋巴结内，其中在肝脏内起作用的主要是库普弗(Kupffer)细胞。具有正常吞噬功能的网状内皮系统只存在于正常的肝实质内，而肝内病灶组织中则没有或极少(腺瘤、局灶性结节增生等良性病变内通常含有一定数目的 Kupffer 细胞；一些恶性病变如转移性肝癌、胆管细胞肝癌组织中不含 Kupffer 细胞，绝大多数的肝细胞癌病灶内没有 Kupffer 细胞，但某些分化程度较高的肝细胞癌病灶中偶尔存在具有吞噬功能的吞噬细胞)。因此，这类对比剂在肝脏内呈现选择性生物分布的特性[58]。当静脉注射后，该类对比剂进入肝脏及脾脏的网状内皮细胞，产生 T2 增强效应。由于正常肝脏存在 Kupffer 细胞，可摄取对比剂在 MRI 中呈现低信号，肿瘤内一般无或含较少 Kupffer 细胞，信号降低不显著。因此，对比剂能增加肿瘤与肝实质间的对比，从而提高肝脏肿瘤的检出率[57]。

　　SPIO 纳米对比剂属于 T2 对比剂，即通过缩短肝脏组织的横向弛豫时间，降低肝实质在 T2 加权像上的信号强度，因此又称为负向强化或"黑化"(negative enhancement or "black-out")对比剂。其缩短横向弛豫时间的原理在于 SPIO 对外加磁场具有高敏感性，在较弱的磁场中，磁化中心按外加磁场排列获得巨大的磁矩，撤除外加磁场后，无剩磁。在组织中，带有很强磁矩的 SPIO 纳米对比剂诱导局部磁场不均匀，水分子弥散穿过不均匀磁场时加速了质子的失相位，使组织的横向弛豫时间明显缩短，信号减弱。菲立磁(Feridex®)是最早进入临床应用的 SPIO 纳米对比剂，使用剂量为 0.56mg Fe/kg，稀释在 100mL 5%的葡萄糖溶液中，通过静脉滴注的给药方式，30min 内完成。其有效强化时间为 4～6h，给药后 80% 的 SPIO 被肝脏 Kupffer 细胞摄取，从而实现肝脏实质负增强成像。图 4.2 为注射菲立磁对比剂前后的肝脏 T2 成像，在注射菲立磁对比剂之前，图像显示有两个较高信号肝局灶性病变，注射对比剂以后肝实质信号明显下降，检测出多个肝脏转移性肿瘤病灶[57]。

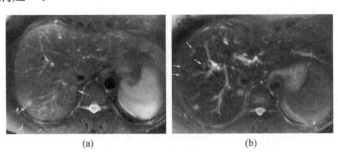

　　　　　　(a)　　　　　　　　　　　　　　　　(b)

图 4.2　注射菲立磁对比剂前后的肝脏 T2 成像[57]

(a) 注射菲立磁前的肝脏 T2 成像；(b) 注射菲立磁后的肝脏 T2 成像；白色箭头是肝脏病灶

　　作为磁性纳米生物材料的典型代表，超顺磁性氧化铁纳米颗粒具有尺寸、组分和表面性质依赖的弛豫效能调控效应，表面易功能化修饰，稳定性和安全性较好，除了曾经应用于临床肝脏成像外，还被广泛应用于对比增强磁共振成像基础研究[59-60]。较早期的研究围绕超顺磁性氧化铁纳米颗粒 T2 对比剂的尺寸效应[61]、组分效应[62-64]、表面效应[65]及形貌效应[66]，开发了基于超顺磁性氧化铁纳米颗粒的主动靶向肿瘤的对比剂[62, 67]，可高灵敏地对肿瘤病灶进行探测。超顺磁性氧化铁纳米颗粒 T2 对比剂仍面临一系列问题，如 T2 对比增强成像产生更暗的低信号，容易与生物组织自身的一些血液钙化、金属沉积等低信号相互混淆；并且超顺磁性氧化铁纳米颗粒增强的 T2 成像更容易产生磁敏感伪影等问题，易造成误诊[2]。目前超顺磁性氧化铁纳米颗粒 T2 对比剂已停产。表 4.1 为磁共振成像对比剂发展历程。

表 4.1　磁共振成像对比剂发展历程

年份	对比剂发展历程
1946	Bloch 首次发现顺磁性离子可加快质子弛豫速率，并提出对比剂概念
1988	FDA 批准 T1 对比剂 Gd-DTPA 进入临床应用
1996	FDA 批准 T2 对比剂 Feridex® 进入临床应用(目前已停产)
1997	FDA 批准 T1 对比剂 Mn-DPDP 进入临床应用(目前已停产)
2005	开展超顺磁性氧化铁纳米颗粒 T2 对比剂的尺寸效应研究及主动靶向肿瘤 T2 成像
2007	研究铁氧体磁共振 T2 对比剂组分效应及超灵敏靶向探测肿瘤，首次报道尺寸 4.9nm 的 γ-Fe_2O_3 具有 T1 弛豫增强效应
2009	明确尺寸小于 5nm 的氧化铁颗粒可以作为 T1 对比剂
2011	首次通过热分解法大规模制备尺寸 3nm 的 γ-Fe_2O_3 并应用于活体心血管成像
2013	发现超顺磁性氧化铁纳米颗粒 T2 对比剂具有形貌效应
2016	优化超小氧化铁纳米颗粒 T1 对比剂药代动力学行为，促进肾清除
2017	对超小氧化铁纳米颗粒 T1 对比剂在非人灵长类动物上进行临床前安全性与有效性评估，采用动态同步热分解法制备超小铁氧体纳米颗粒 T1 对比剂，并应用于心血管与肝脏成像
2018	基于超小氧化铁纳米颗粒结构/距离依赖的 T1&T2 信号切换纳米对比剂肿瘤成像
2021	准顺磁性铁氧体纳米对比剂内外球弛豫协同增强机制，超小氧化铁纳米对比剂超高场磁共振成像
2023	肝细胞特异性准顺磁锰铁氧体 T1 纳米对比剂及肝胆成像

研究发现，以尺寸小于 5nm 的超小尺寸氧化铁纳米颗粒为典型代表的磁性纳米材料展现了独特的磁共振 T1 增强成像能力，已逐渐发展成新一代的纳米 T1 对比剂(表 4.1)。超顺磁性氧化铁 T1 纳米对比剂最早是 2007 年 Taboada 等提出的，首次报道了尺寸 4.9nm 的 γ-Fe_2O_3 纳米颗粒具有 T1 对比增强成像的能力[68]。2009 年 Tromsdorf 等研究发现，超顺磁性氧化铁纳米颗粒作为磁共振 T1 对比剂的条件是颗粒尺寸小于 5nm 这个阈值[69]。2011 年至今，以 Hyeon 和 Cheon 研究团队为代表发展的超小尺寸氧化铁纳米颗粒，其极小的尺寸可逃逸巨噬细胞，并且具有较长的血循环时间，延长了成像时间窗，可实现长时程、高分辨的心脑血管成像，未来极有希望转化进入临床应用[51, 70-72]。也有一些基于超小氧化铁纳米颗粒的自组装结构，响应肿瘤微环境自组装结构变化，从而实现 T1 与 T2 成像信号的动态

切换，提高成像灵敏度[73-75]。近期有研究构建了一种肝细胞特异性的超小尺寸锰铁氧体纳米对比剂，能够高灵敏探测肝癌、胆梗阻等肝胆疾病[76]。

4.1.3　加快氢质子弛豫速率原理

　　明确对比剂加快氢质子弛豫速率的基本原理，是设计开发高性能纳米对比剂的关键。根据所罗门-布隆伯根-摩根(Solomon-Bloembergen-Morgan，SBM)理论，对比剂加快氢质子弛豫速率通常由内球弛豫增强贡献与外球弛豫增强贡献共同决定[77]。内球弛豫增强需要水分子与顺磁性离子直接结合产生相互作用；外球弛豫增强涉及对比剂整体磁化矢量与氢质子磁矩的远程偶极-偶极相互作用，以及对比剂附近水分子的扩散动力学(图 4.3)。

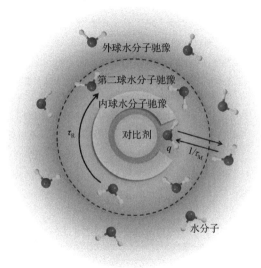

图 4.3　纳米对比剂加快水分子弛豫速率机制图[3]

τ_M 为结合在金属离子上的水分子结合存留时间；
q 为每个金属离子结合的水分子数；τ_R 为旋转翻滚时间

　　T1 对比剂弛豫效能由内球和外球弛豫增强的总和共同决定[77-78]，用式(4.2)、式(4.3)和式(4.4)表示：

$$\frac{1}{T_1} = \left(\frac{1}{T_1}\right)_{\text{inner-sphere}} + \left(\frac{1}{T_1}\right)_{\text{outer-sphere}} \tag{4.2}$$

$$\left(\frac{1}{T_1}\right)_{\text{inner-sphere}} = \frac{P_M q}{T_{1M} + \tau_M} \tag{4.3}$$

$$\left(\frac{1}{T_1}\right)_{\text{outer-sphere}} = \frac{128\pi^2\gamma_I^2 M_n}{405\rho}\left(\frac{1}{1+L/\alpha}\right)^3 M_S^2\tau_D J_A\sqrt{2\omega_I\tau_D} \tag{4.4}$$

式中，P_M 是颗粒表面金属离子的摩尔分数；q 是每个金属离子结合的水分子数；τ_M 是结合在金属离子上的水分子结合存留时间；T_{1M} 是结合水的弛豫时间；γ_I 是质子旋磁比；M_n 和 ρ 分别是对比剂的摩尔质量和密度；M_S 和 α 分别是对比剂的饱和磁化强度和半径；L 是表面修饰物的水不渗透厚度；τ_D 是平移扩散时间，$\tau_D = r^2/D$，其中 D 是水分子的扩散系数，r 是对比剂的有效半径($r = \alpha+L$)；J_A 是谱密度函数；下标 inner-sphere 和 outer-sphere 分别表示内球水分子和外球水分子。

由此可以发现，增加纳米对比剂表面金属离子的摩尔分数，增加每个金属离子结合的水分子数，以及缩短金属离子上的水分子结合存留时间，都可以有效增加纳米对比剂内球水分子弛豫速率；增加纳米对比剂外球水分子弛豫速率可以通过提高对比剂的饱和磁化强度、增大尺寸及改变表面修饰进行调控。

对于超顺磁性 T2 纳米对比剂而言，其内球区域的梯度磁场过强导致脉冲磁场无法重聚焦，从而使内球水分子弛豫增强效应失效，仅有外球水分子弛豫增强效应有效[79]。因此，对于超顺磁性纳米对比剂，其 T2 弛豫效能仅由外球水分子弛豫决定，具体如式(4.5)所示：

$$\left(\frac{1}{T_2}\right)_{\text{outer-sphere}} = \frac{\left(256\pi^2\gamma_I^2/405\right)V^* M_S^2\alpha^2}{D\left(1+L/\alpha\right)} \tag{4.5}$$

式中，V^* 为对比剂的体积分数，其余字母的物理含义与 T1 对比剂相同，这个公式类似于 T1 对比剂的外球水分子弛豫增强。可以发现，通过提高对比剂的饱和磁化强度、增大尺寸及改变表面修饰，可以调控其 T2 弛豫效能。

4.2　磁共振成像纳米对比剂的设计与开发

在对比剂内外球水分子弛豫增强原理的基础上，通过调控材料构建过程中的一些参数可以设计高性能纳米对比剂。高灵敏度纳米对比剂的设计开发主要包括三种策略：①纳米对比剂结构(尺寸、组分、形貌与表面)调控弛豫效能；②T1-T2 双模态成像纳米对比剂设计；③靶向分子偶联的特异性分子成像探针设计。

4.2.1　纳米对比剂结构对弛豫效能的调控作用

提升对比增强磁共振成像的灵敏度，是纳米对比剂研究领域的重要方向。传统的超顺磁性氧化铁纳米颗粒 T2 对比剂难以实现高灵敏度的影像探测，发展高性能纳米对比剂是长期以来的研究热点。对比剂的弛豫效能是直接影响灵敏度的重要参数，关键是通过材料的尺寸、组分、形貌与表面设计发展高弛豫效能的对比剂(图4.4)。从弛豫效能影响因素中可以看出，提高纳米对比剂的磁化强度和表面修饰可以调控弛豫效能。早些年的研究发现，随着超顺磁性四氧化三铁纳米颗粒尺寸的增大，磁化强度增强，其 T2 弛豫效能提高。氧化铁纳米颗粒本身的尖晶石结构具有多组分掺杂的特点，在氧化铁晶格中掺杂 Mn^{2+}、Co^{2+}、Ni^{2+}、Zn^{2+} 等离子可以改变其磁化强度，进而调控 T2 弛豫效能。特定的形貌也会影响弛豫效能，如星状的氧化铁结构可以增大其磁场有效半径，增强更多水分子弛豫从而提升 T2 弛豫效能。除此之外，纳米结构的表面修饰也是影响 T2 弛豫效能的重要因素。例如，铁氧体纳米颗粒表面修饰限制水分子扩散的高分子，通过纳米颗粒表面配体锚定基团增强局域磁场等可以提高 T2 弛豫效能[80]。

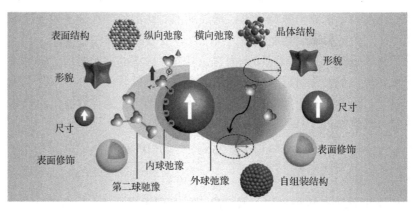

图 4.4　不同结构特征的磁性纳米材料与水分子相互作用增强弛豫效能的示意图[80]

当超顺磁性氧化铁纳米颗粒进一步减小尺寸，晶核小于 5nm 这个阈值时，极小尺寸引起的体相磁矩减弱可显著抑制 T2 效应，同时比表面积急剧增大，促使更多的铁离子与水分子直接接触，进而具有增强 T1 弛豫效应，展示出与传统超顺磁性氧化铁纳米颗粒完全不同的磁学结构。即由表面无序的顺磁壳层与核心有序的超顺磁核组成的准顺磁核壳结构，具有 T1 对比增强性能(图 4.5)。它的出现突破了传统超顺磁性氧化铁纳米颗粒仅能作为 T2 对比剂的局限，为构建基于氧化铁磁性纳米材料的 T1 对比剂提供了新的选择。当准顺磁性氧化铁纳米颗粒尺寸再降低时，其 T1 弛豫效能呈现先降低而后不显著变化的规律，考虑其稳定性的影响，通常最优选的是尺寸为 3nm 的氧化铁纳米颗粒作为 T1 对比剂[81-83]。虽然准顺磁性氧化铁纳米颗粒 T1 对比剂的 T1 弛豫效能与临床钆基对比剂相比提升并不明显，但是其极小的颗粒尺寸可以逃逸巨噬细胞的捕获而避免被肝脏和脾脏富集，同时尺寸又大于肾清除阈值而避免被肾脏快速清除。因此，相比于临床钆基对比剂，准顺磁性氧化铁纳米颗粒 T1 对比剂血液循环时间较长，具有较长的成像时间窗，为获得高分辨磁共振影像所需的长时程扫描序列提供了可能。目前，应用该类纳米对比剂最多的是磁共振血管成像，探测血管异常和组织缺血，具有极好的临床转化潜力。

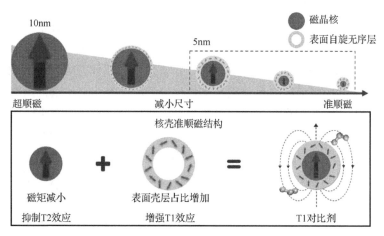

图 4.5　准顺磁性纳米对比剂的核壳结构示意图

组分掺杂可以大幅提升准顺磁性氧化铁纳米颗粒的 T1 弛豫效能。在准顺磁性氧化铁纳米颗粒中均匀掺杂锰离子，形成准顺磁性锰铁氧体纳米颗粒。颗粒表面的锰离子和水分子的结合时间比铁离子缩短两个数量级，在同等尺寸下，准顺磁性锰铁氧体纳米颗粒对比剂的 T1 弛豫效能可以高达 $8.23(mmol/L)^{-1}·s^{-1}$，相比于准顺磁性氧化铁纳米颗粒提升近两倍[81-82]。以此基础上，由于准顺磁性氧化铁纳米颗粒具有核壳结构，通过在其核壳中分别掺杂不同的金属元素，调控超顺磁核心的磁化强度和表面无序层与水分子的结合时间，可以同时影响内外球水分子弛豫，实现基于准顺磁性铁氧体纳米对比剂核壳组分掺杂的内外球弛豫协同增强，T1 弛豫效能高达 $20.22(mmol/L)^{-1}·s^{-1}$，相比于准顺磁性氧化铁纳米颗粒 T1 对比剂可以提高 5 倍[83]。

4.2.2　T1-T2 双模态成像纳米对比剂设计策略

磁共振影像本身的黑白图像很大程度上容易受到假阳性信号的阻碍，影响诊断效果。基于磁共振成像多参数、多序列的成像特点，整合 T1-T2 双模态成像可以提高影像诊断灵敏度和准确度。从这个角度来讲，发展基于多参数磁共振成像的 T1-T2 对比剂具有重要意义。通常情况下，T1 对比剂的 T2 弛豫效能较低，其T2 对比增强成像效果有限；虽然 T2 对比剂的 T2 和 T1 弛豫效能往往都较高，但是 T2 弛豫效应往往会抑制 T1 弛豫效应，导致 T2 对比剂 T1 增强成像失效。因此，通过材料设计来发展 T1-T2 纳米对比剂存在很大挑战。改变磁性材料的结构参数，如尺寸、形貌和聚集状态等，会影响其 T1 和 T2 弛豫效能，这是调控 T1-T2 对比剂性能的关键[84]。

通过改变磁性纳米材料的尺寸和磁化强度，可以调控其 T1 和 T2 弛豫效能。一方面，降低磁性纳米材料的磁化强度，减弱其 T2 弛豫效应；另一方面，增加磁性纳米材料的比表面积，可以增加更多的表面离子位点供水分子结合。例如，调整四氧化三铁纳米颗粒的尺寸和形貌，设计纳米片状结构，使得含有更多铁离子的{111}和{100}晶面暴露更充分，从而实现 T1-T2 双模态成像[85]。将 T1 对比剂通过自组装而团聚成较大尺寸颗粒也是构建 T1-T2 纳米对比剂的策略。自组装形成的较大尺寸颗粒限制了对比剂周围水分子的扩散，从而增强 T2 弛豫；同时，组装而成的聚集体结构限制了对比剂表面离子与水分子的直接相互作用，减弱了 T1 弛豫增强效应。因此，组装结构主要体现 T2 对比增强效应；当该结构被破坏时，水分子的扩散被解除并可以更充分地结合对比剂表面的金属离子，主要体现 T1 弛豫增强效应。基于自组装结构变化构建的肿瘤微环境响应性 T1-T2 纳米对比剂层出不穷，通过多模式成像更好地显示了肿瘤微环境的信息。例如，采用酸敏感的分子将超小氧化铁纳米颗粒聚集在一起，自组装形成一个较大尺寸的团簇纳米颗粒，将其注射进入体内后，由于自组装结构尺寸较大，被肝脏组织中的 Kupffer 细胞吞噬从而 T2 增强肝实质成像，肝脏正常组织呈现更黑的信号；而肿瘤组织为酸性微环境，组装的纳米颗粒解聚而 T1 增强成像，使得病灶组织具有更亮的信号。这样微环境响应的 T1-T2 纳米对比剂有效提高了肝脏正常组织和病灶组织的对比度，提高了检测灵敏度[75]。

近年来，纳米尺度距离依赖的磁共振调控技术为 T1-T2 纳米对比剂的设计提供了新思路。该技术原理涉及两个操作组件：超顺磁"猝灭子"(Q)和顺磁"增强子"(E)。它们之间的纳米尺度距离(d)决定了 T1 和 T2 成像模式。当增强子和猝灭子分离时($d_1 > d_c$，d_c 为临界分离距离)，增强子的电子自旋涨落加速水分子中质子弛豫，从而产生更强的磁共振 T1 信号(打开状态)。当增强子靠近猝灭子($d_2 < d_c$)时，自旋涨落减慢，从而对水分子中质子弛豫无效，导致 T1 磁共振信号低(关闭状态)(图 4.6)。因此，磁共振信号可以通过改变距离来调节开或关。将临床钆基 T1 对比剂和尺寸为 12nm 的超顺磁性锌铁氧体 T2 纳米对比剂作为模型进行研究，通过控制锌铁氧体纳米颗粒表面二氧化硅层的厚度调控两者的间距，随着二氧化硅层厚度的减小，两者的间距逐渐减小，T1 弛豫效能逐渐减小；T1 信号衰减 50%时的间距被认为是临界间距，在钆基对比剂和锌铁氧体纳米对比剂这个体系中，临界间距是 7nm。磁共振纳米尺度距离依赖的调控技术可广泛应用于活体生物分子变化的非侵入性影像探测，如 pH 变化和蛋白质-蛋白质相互作用的可视化探测[86]。

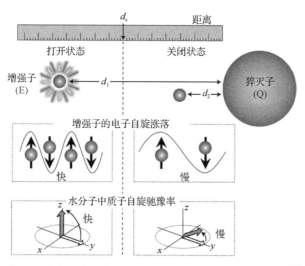

图 4.6　纳米尺度距离依赖的磁共振传感调控技术机制图[85]

4.2.3　靶向分子偶联的特异性分子成像探针设计策略

生化靶向的纳米对比剂可以高特异性地结合特定的靶点，未结合的对比剂会被快速代谢清除，从而提供靶向区域的对比剂增强信号。特定的生物标志物在疾病的发生发展进程中具有重要的作用，如果通过磁共振分子成像使这些标志物可视化，将会对疾病的检测、分期、预后、治疗监测及阐明其复杂的生物学特征具有重要作用。在设计生化特异性磁共振成像纳米探针时，需要注意靶向基团与靶点分子之间的亲和力、特异性及纳米探针的代谢清除等问题，因此开发生物化学靶向的磁共振分子成像探针极具挑战性[52]。

通过在磁性纳米生物材料表面偶联具有特异性的靶向分子，如抗体、多肽、适配子、小分子配体等等，可使其具有靶向作用，在分子和细胞水平靶向结合特定的受体进行成像。该类型的靶向纳米对比剂构建通常由三部分组成，即磁性纳米颗粒核心、生物相容性的亲水性表面配体、通过共价键偶联在表面的靶向分子(图 4.7)[2]。常用的靶向基团包括血管内皮生长因子抗体(anti-VEGF)、表皮生长因子受体抗体(anti-EGFR)、人表皮生长因子受体 2 抗体(anti-HER2)、血管整合素、凝块结合肽半胱氨酸-精氨酸-谷氨酸-赖氨酸-丙氨酸(CREKA)等等。除此之外，某些噬菌体的表面也具有靶向作用，将氧化铁纳米颗粒结合在噬菌体表面，利用噬菌体的表面分子进行靶向作用，可更高效地靶向结合目标区域，从而实现高灵敏成像探测[87]。

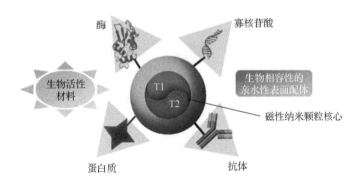

图 4.7　靶向纳米对比剂的设计与构建[2]

　　单一的靶向基团修饰有时候难以兼顾特异性和亲和力，设计多重靶向纳米探针可以改善单一靶向的特异性[88]。通常采用两种或者多种靶向分子修饰在磁性纳米颗粒表面，在靶向过程中增加纳米对比剂与目标区域结合的特异性与亲和力，从而增加靶向富集效率，提高成像灵敏度。近期的一项研究发现，具有亲和性的纳米颗粒和特异性的表面配体可以协同增强靶向结合作用，采用这一策略设计了肝细胞特异性纳米对比剂。该对比剂的构建是在具有肝细胞亲和性的 3nm 锰铁氧体纳米颗粒表面修饰具有肝细胞特异性的乙氧苯配体，通过优化表面结构实现了高特异性的肝胆成像，在肝癌、胆梗阻等疾病磁共振影像探测方面具有重要的应用价值(图 4.8)[76]。

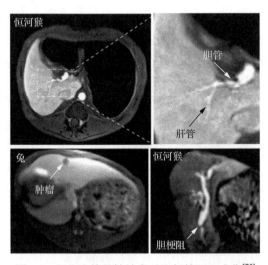

图 4.8　肝细胞特异性纳米对比剂的肝胆成像[75]

思　考　题

1. 磁共振成像为什么需要使用对比剂？
2. 请简述磁性纳米生物材料的尺寸、组分对其磁共振弛豫效能的影响。
3. 如何设计磁性纳米生物材料使其具有 T1-T2 双模态成像效果？
4. 在磁性纳米生物材料表面修饰靶向分子构建特异性分子成像探针时，需要考虑哪些因素？

参 考 文 献

[1] BROWN M A, SEMELKA R C. MRI: Basic Principles and Applications[M]. New York: Wiley-Liss, 2003.

[2] NA H B, SONG I C, HYEON T. Inorganic nanoparticles for MRI contrast agents[J]. Advanced Materials, 2009, 21(21): 2133-2148.

[3] NI D, BU W, EHLERDING E B, et al. Engineering of inorganic nanoparticles as magnetic resonance imaging contrast agents[J]. Chemical Society Reviews, 2017, 46(23): 7438-7468.

[4] JACK C R, SHIUNG M M, GUNTER J L, et al. Comparison of different MRI brain atrophy rate measures with clinical disease progression in AD[J]. Neurology, 2004, 62(4): 591-600.

[5] RESNICK S M, GOLDSZAL A F, DAVATZIKOS C, et al. One-year age changes in MRI brain volumes in older adults[J]. Cerebral Cortex, 2000, 10(5): 464-472.

[6] SØRENSEN T L, TANI M, JENSEN J, et al. Expression of specific chemokines and chemokine receptors in the central nervous system of multiple sclerosis patients[J]. The Journal of Clinical Investigation, 1999, 103(6): 807-815.

[7] RAZAVI R, HILL D L G, KEEVIL S F, et al. Cardiac catheterisation guided by MRI in children and adults with congenital heart disease[J]. The Lancet, 2003, 362(9399): 1877-1882.

[8] KARUR G R, ROBISON S, IWANOCHKO R M, et al. Use of myocardial T1 mapping at 3.0T to differentiate anderson-fabry disease from hypertrophic cardiomyopathy[J]. Radiology, 2018: 288(2): 172613.

[9] SIPKINS D A, CHERESH D A, KAZEMI M R, et al. Detection of tumor angiogenesis *in vivo* by $\alpha_v\beta_3$-targeted magnetic resonance imaging[J]. Nature Medicine, 1998, 4(5): 623.

[10] ESSERMAN L, HYLTON N, YASSA L, et al. Utility of magnetic resonance imaging in the management of breast cancer: Evidence for improved preoperative staging[J]. Journal of Clinical Oncology, 1999, 17(1): 110-119.

[11] RUEHM S G, COROT C, VOGT P, et al. Magnetic resonance imaging of atherosclerotic plaque with ultrasmall superparamagnetic particles of iron oxide in hyperlipidemic rabbits[J]. Circulation, 2001, 103(3): 415-422.

[12] NA H B, HYEON T. Nanostructured T1 MRI contrast agents[J]. Journal of Materials Chemistry, 2009, 19(35): 6267-6273.

[13] MOON M, CORNFELD D, WEINREB J. Dynamic contrast-enhanced breast MR imaging[J]. Magnetic Resonance Imaging Clinics of North America, 2009, 17(2): 351-362.

[14] ESSIG M, DINKEL J, GUTIERREZ J E. Use of contrast media in neuroimaging[J]. Magnetic Resonance Imaging Clinics, 2012, 20(4): 633-648.

[15] YANG S, LAW M, ZAGZAG D, et al. Dynamic contrast-enhanced perfusion MR imaging measurements of endothelial permeability: Differentiation between atypical and typical meningiomas[J]. American Journal of Neuroradiology, 2003, 24(8): 1554-1559.

[16] CHANDRA T, PUKENAS B, MOHAN S, et al. Contrast-enhanced magnetic resonance angiography[J]. Magnetic Resonance Imaging Clinics of North America, 2012, 20(4): 687-698.

[17] LEINER T, MICHAELY H. Advances in contrast-enhanced MR angiography of the renal arteries[J]. Magnetic Resonance Imaging Clinics of North America, 2008, 16(4): 561-572.

[18] KESTON P, MURRAY A D, JACKSON A. Cerebral perfusion imaging using contrast-enhanced MRI[J]. Clinical Radiology, 2003, 58(7): 505-513.

[19] LIMA J A. Myocardial viability assessment by contrast-enhanced magnetic resonance imaging[J]. Journal of the American College of Cardiology, 2003, 42(5): 902.

[20] CATALANO O A, MANFREDI R, VANZULLI A, et al. MR arthrography of the glenohumeral joint: Modified posterior approach without imaging guidance[J]. Radiology, 2007, 242(2): 550-554.

[21] ANDREISEK G, DUC S R, FROEHLICH J M, et al. MR arthrography of the shoulder, hip, and wrist: Evaluation of contrast dynamics and image quality with increasing injection-to-imaging time[J]. American Journal of Roentgenology, 2007, 188(4): 1081-1088.

[22] LIU P F, KRESTIN G P, HUCH R A, et al. MRI of the uterus, uterine cervix, and vagina: Diagnostic performance of dynamic contrast-enhanced fast multiplanar gradient-echo imaging in comparison with fast spin-echo T2-weighted pulse imaging[J]. European Radiology, 1998, 8(8): 1433-1440.

[23] JAGER G J, RUIJTER E T, VAN DE KAA C A, et al. Dynamic TurboFLASH subtraction technique for contrast-enhanced MR imaging of the prostate: Correlation with histopathologic results[J]. Radiology, 1997, 203(3): 645-652.

[24] OCAK I, BERNARDO M, METZGER G, et al. Dynamic contrast-enhanced MRI of prostate cancer at 3T: A study of pharmacokinetic parameters[J]. American Journal of Roentgenology, 2007, 189(4): 192-201.

[25] MI P, KOKURYO D, CABRAL H, et al. A pH-activatable nanoparticle with signal-amplification capabilities for non-invasive imaging of tumour malignancy[J]. Nature Nanotechnology, 2016, 11(8): 724-730.

[26] BARENTSZ J O, BERGER-HARTOG O, WITJES J A, et al. Evaluation of chemotherapy in advanced urinary bladder cancer with fast dynamic contrast-enhanced MR imaging[J]. Radiology, 1998, 207(3): 791-797.

[27] REDDICK W E, TAYLOR J S, FLETCHER B D. Dynamic MR imaging (DEMRI) of microcirculation in bone sarcoma[J]. Journal of Magnetic Resonance Imaging, 1999, 10(3): 277-285.

[28] DEVRIES A F, GRIEBEL J, KREMSER C, et al. Tumor microcirculation evaluated by dynamic magnetic resonance imaging predicts therapy outcome for primary rectal carcinoma[J]. Cancer Research, 2001, 61(6): 2513-2516.

[29] HAYES C, PADHANI A R, LEACH M O. Assessing changes in tumour vascular function using dynamic contrast-enhanced magnetic resonance imaging[J]. NMR in Biomedicine, 2002, 15(2): 154-163.

[30] MAYR N A, YUH W T C, ARNHOLT J C, et al. Pixel analysis of MR perfusion imaging in predicting radiation therapy outcome in cervical cancer[J]. Journal of Magnetic Resonance Imaging, 2000, 12(6): 1027-1033.

[31] THUKRAL A, THOMASSON D M, CHOW C K, et al. Inflammatory breast cancer: Dynamic contrast-enhanced MR in patients receiving bevacizumab-initial experience[J]. Radiology, 2007, 244(3): 727-735.

[32] WEDAM S B, LOW J A, YANG S X, et al. Antiangiogenic and antitumor effects of bevacizumab in patients with inflammatory and locally advanced breast cancer[J]. Journal of Clinical Oncology, 2006, 24(5): 769-777.

[33] KOSAKA N, UEMATSU H, KIMURA H, et al. Assessment of the vascularity of uterine leiomyomas using double-echo dynamic perfusion-weighted MRI with the first-pass pharmacokinetic model: Correlation with histopathology[J]. Investigative Radiology, 2007, 42(9): 629-635.

[34] HOSKIN P J, SAUNDERS M I, GOODCHILD K, et al. Dynamic contrast enhanced magnetic resonance scanning as a predictor of response to accelerated radiotherapy for advanced head and neck cancer[J]. The British Journal of Radiology, 1999, 72(863): 1093-1098.

[35] FLICKINGER F W, ALLISON J D, SHERRY R M, et al. Differentiation of benign from malignant breast masses by time-intensity evaluation of contrast enhanced MRI[J]. Magnetic Resonance Imaging, 1993, 11(5): 617-620.

[36] GIBBS P, LINEY G P, LOWRY M, et al. Differentiation of benign and malignant sub-1cm breast lesion using dynamic contrast enhanced MRI[J]. The Breast, 2004, 13(2): 115-121.

[37] CHEN H, ZHANG W, ZHU G, et al. Rethinking cancer nanotheranostics[J]. Nature Reviews Materials, 2017, 2(7): 17024.

[38] COLE A J, YANG V C, DAVID A E, Cancer theranostics: The rise of targeted magnetic nanoparticles[J]. Trends in Biotechnology, 2011, 29(7): 323-332.

[39] LIM E K, KIM T, PAIK S, et al. Nanomaterials for theranostics: Recent advances and future challenges[J]. Chemical Reviews, 2014, 115(1): 327-394.

[40] YOO D, LEE J H, SHIN T H, et al. Theranostic magnetic nanoparticles[J]. Accounts of Chemical Research, 2011, 44(10): 863-874.

[41] HO D, SUN X, SUN S. Monodisperse magnetic nanoparticles for theranostic applications[J]. Accounts of Chemical Research, 2011, 44(10): 875-882.

[42] MILLER M A, GADDE S, PFIRSCHKE C, et al. Predicting therapeutic nanomedicine efficacy using a companion magnetic resonance imaging nanoparticle[J]. Science Translational Medicine, 2015, 7(314): 183.

[43] TIETJEN G T, SALTZMAN W M. Nanomedicine gets personal[J]. Science Translational Medicine, 2015, 7(314): 47.

[44] LAMMERS T, YOKOTA-RIZZO L, STORM G, et al. Personalized nanomedicine[J]. Clinical Cancer Research, 2012: 18(18): 4889-4894.

[45] Ipsen. MM-398 (nanoliposomal irinotecan, Nal-IRI) to determine tumor drug levels and to evaluate the feasibility of ferumoxytol magnetic resonance imaging to measure tumor associated macrophages and to predict patient response to treatment: NCT01770353[Z/OL]. https://classic.clinicaltrials.gov/ct2/show/NCT01770353.

[46] LONCASTER J A, CARRINGTON B M, SYKES J R, et al. Prediction of radiotherapy outcome using dynamic contrast enhanced MRI of carcinoma of the cervix[J]. International Journal of Radiation Oncology Biology Physics, 2002, 54(3): 759-767.

[47] HIRAMATSU H, ENOMOTO K, IKEDA T, et al. The role of contrast-enhanced high-resolution MRI in the surgical planning of breast cancer[J]. Breast Cancer, 1997, 4(4): 285-290.

[48] GERING D T, NABAVI A, KIKINIS R, et al. An integrated visualization system for surgical planning and guidance using image fusion and an open MR[J]. Journal of Magnetic Resonance Imaging, 2001, 13(6): 967-975.

[49] DAVIS P L, MCCARTY JR K S, Sensitivity of enhanced MRI for the detection of breast cancer: New, multicentric, residual, and recurrent[J]. European Radiology, 1997, 7(5): S289-S298.

[50] CASCIANI E, POLETTINI E, CARMENINI E, et al. Endorectal and dynamic contrast-enhanced MRI for detection of local recurrence after radical prostatectomy[J]. American Journal of Roentgenology, 2008, 190(5): 1187-1192.

[51] LU Y, XU Y J, ZHANG G, et al. Iron oxide nanoclusters for T1 magnetic resonance imaging of non-human primates[J]. Nature Biomedical Engineering, 2017, 1(8): 637.

[52] WAHSNER J, GALE E M, RODRÍGUEZ-RODRÍGUEZ A, et al. Chemistry of MRI contrast agents: Current challenges and new frontiers[J]. Chemical reviews, 2018, 119(2): 957-1057.

[53] BLOCH F, HANSEN W W, PACKARD M. The nuclear induction experiment[J]. Physical Review, 1946, 70(7-8): 474-485.

[54] RUNGE V M, CAROLLO B R, WOLF C R, et al. Gd-DTPA: A review of clinical indications in central nervous system magnetic resonance imaging[J]. Radiographics, 1989, 9(5): 929-958.

[55] RUNGE V M. Safety of approved MR contrast media for intravenous injection[J]. Journal of Magnetic Resonance Imaging, 2000, 12(2): 205-213.

[56] LLAUGER J, PALMER J, MONILL J M, et al. MR imaging of benign soft-tissue masses of the foot and ankle[J]. Radiographics, 1998, 18(6): 1569-1586.

[57] SEMELKA R C, HELMBERGER T K G. Contrast agents for MR imaging of the liver[J]. Radiology, 2001, 218(1): 27-38.

[58] 徐隽, 宋彬. 肝脏磁共振对比剂研究现状及发展方向[J]. 2001, 20(9): 716-719.

[59] LI Z, WEI L, GAO M Y, et al. One-pot reaction to synthesize biocompatible magnetite nanoparticles[J]. Advanced Materials, 2005, 17(8): 1001-1005.

[60] HU F Q, WEI L, ZHOU Z, et al. Preparation of biocompatible magnetite nanocrystals for *in vivo* magnetic resonance detection of cancer[J]. Advanced Materials, 2006, 18(19): 2553-2556.

[61] JUN Y, HUH Y M, CHOI J, et al. Nanoscale size effect of magnetic nanocrystals and their utilization for cancer diagnosis via magnetic resonance imaging[J]. Journal of the American Chemical Society, 2005, 127(16): 5732-5733.

[62] LEE J H, HUH Y M, JUN Y, et al. Artificially engineered magnetic nanoparticles for ultra-sensitive molecular imaging[J]. Nature Medicine, 2007, 13(1): 95-99.

[63] JANG J, NAH H, LEE J H, et al. Critical enhancements of MRI contrast and hyperthermic effects by dopant-controlled magnetic nanoparticles[J]. Angewandte Chemie, 2009, 121(7): 1260-1264.

[64] YANG L, MA L, XIN J, et al. Composition tunable manganese ferrite nanoparticles for optimized T2 contrast ability[J]. Chemistry of Materials, 2017, 29(7): 3038-3047.

[65] LIU X L, WANG Y T, NG C T, et al. Coating engineering of $MnFe_2O_4$ nanoparticles with superhigh T2 relaxivity and efficient cellular uptake for highly sensitive magnetic resonance imaging[J]. Advanced Materials Interfaces, 2014, 1(2): 1300069.

[66] ZHAO Z, ZHOU Z, BAO J, et al. Octapod iron oxide nanoparticles as high-performance T2 contrast agents for magnetic resonance imaging[J]. Nature Communications, 2013, 4: 2266.

[67] HUH Y M, JUN Y, SONG H T, et al. *In vivo* magnetic resonance detection of cancer by using multifunctional magnetic nanocrystals[J]. Journal of the American Chemical Society, 2005, 127(35): 12387-12391.

[68] TABOADA E, RODRÍGUEZ E, ROIG A, et al. Relaxometric and magnetic characterization of ultrasmall iron oxide nanoparticles with high magnetization. Evaluation as potential T1 magnetic resonance imaging contrast agents for molecular imaging[J]. Langmuir, 2007, 23(8): 4583-4588.

[69] TROMSDORF U I, BRUNS O T, SALMEN S C, et al. A highly effective, nontoxic T1 MR contrast agent based on ultrasmall PEGylated iron oxide nanoparticles[J]. Nano Letters, 2009, 9(12): 4434-4440.

[70] KIM B H, LEE N, KIM H, et al. Large-scale synthesis of uniform and extremely small-sized iron oxide nanoparticles for high-resolution T1 magnetic resonance imaging contrast agents[J]. Journal of the American Chemical Society, 2011, 133(32): 12624-12631.

[71] WEI H, BRUNS O T, KAUL M G, et al. Exceedingly small iron oxide nanoparticles as positive MRI contrast agents[J]. Proceedings of the National Academy of Sciences, 2017, 114(9): 2325-2330.

[72] SHIN T H, KIM P K, KANG S, et al. High-resolution T1 MRI via renally clearable dextran nanoparticles with an iron oxide shell[J]. Nature Biomedical Engineering, 2021, 5(3): 252-263.

[73] WANG L, HUANG J, CHEN H, et al. Exerting enhanced permeability and retention effect driven delivery by ultrafine iron oxide nanoparticles with T1-T2 switchable magnetic resonance imaging contrast[J]. ACS Nano, 2017, 11(5): 4582-4592.

[74] BAI C, JIA Z, SONG L, et al. Magnetic resonance imaging: Time-dependent T1-T2 switchable magnetic resonance imaging realized by c(RGDyK) modified ultrasmall Fe_3O_4 nanoprobes[J]. Advanced Functional Materials, 2018, 28(32): 1870221.

[75] LU J, SUN J, LI F, et al. Highly sensitive diagnosis of small hepatocellular carcinoma using pH-responsive iron oxide nanocluster assemblies[J]. Journal of the American Chemical Society, 2018, 140(32): 10071-10074.

[76] ZHANG H, GUO Y, JIAO J, et al. A hepatocyte-targeting nanoparticle for enhanced hepatobiliary magnetic resonance imaging[J]. Nature Biomedical Engineering, 2023, 7: 221-235.

[77] LAUFFER R B. Paramagnetic metal complexes as water proton relaxation agents for NMR imaging: Theory and design[J]. Chemical reviews, 1987, 87(5): 901-927.

[78] ZENG J, JING L, HOU Y, et al. Anchoring group effects of surface ligands on magnetic properties of Fe_3O_4 nanoparticles: Towards high performance MRI contrast agents[J]. Advanced Materials, 2014, 26(17): 2694-2698.

[79] GILLIS P, MOINY F, BROOKS R A, On T2-shortening by strongly magnetized spheres: A partial refocusing model[J]. Magnetic Resonance in Medicine, 2002, 47(2): 257-263.

[80] ZHOU Z, YANG L, GAO J, et al. Structure-relaxivity relationships of magnetic nanoparticles for magnetic resonance imaging[J]. Advanced Materials, 2019, 31(8): 1804567.

[81] ZHANG H, LI L, LIU X L, et al. Ultrasmall ferrite nanoparticles synthesized via dynamic simultaneous thermal decomposition for high-performance and multifunctional T1 magnetic resonance imaging contrast agent[J]. ACS Nano, 2017, 11(4): 3614-3631.

[82] MIAO Y, XIE Q, ZHANG H, et al. Composition-tunable ultrasmall manganese ferrite nanoparticles: Insights into their *in vivo* T1 contrast efficacy[J]. Theranostics, 2019, 9(6): 1764.

[83] MIAO Y, ZHANG H, CAI J, et al. Structure-Relaxivity Mechanism of an Ultrasmall ferrite nanoparticle T1 MR contrast agent: The impact of dopants controlled crystalline core and surface disordered shell[J]. Nano Letters, 2021, 21(2): 1115-1123.

[84] ZHOU Z, BAI R, MUNASINGHE J, et al. T1-T2 dual-modal magnetic resonance imaging: From molecular basis to contrast agents[J]. ACS Nano, 2017, 11(6): 5227-5232.

[85] CHOI J, KIM S, YOO D, et al. Distance-dependent magnetic resonance tuning as a versatile MRI sensing platform for biological targets[J]. Nature Materials, 2017, 16(5): 537-542.

[86] ZHOU Z, WU C, LIU H, et al. Surface and interfacial engineering of iron oxide nanoplates for highly efficient magnetic resonance angiography[J]. ACS Nano, 2015, 9(3): 3012-3022.

[87] GHOSH D, LEE Y, THOMAS S, et al. M13-templated magnetic nanoparticles for targeted *in vivo* imaging of prostate cancer[J]. Nature Nanotechnology, 2012, 7(10): 677.

[88] SRINIVASARAO M, LOW P S. Ligand-targeted drug delivery[J]. Chemical Review, 2017, 117: 12133-12164.

第5章 磁导靶向纳米药物递送系统

药物输送是纳米医学领域最为活跃的研究主题之一，主要通过纳米载体将药物递送至体内特定靶点，以改善疾病诊断/治疗效果，同时降低药物非靶向富集引起的副作用。常见的纳米药物载体包括脂质体、聚合物纳米载体和无机纳米载体。纳米药物载体不仅可改善药物的溶解性和稳定性，还可增强药物在作用靶点的富集。已有多种基于脂质体、白蛋白纳米颗粒、聚合物纳米胶束等载体的纳米药物被批准用于癌症、血液病和传染病等疾病的临床治疗。

对于静脉给药的体系，载体需跨越网状内皮系统，经血管外渗、细胞内吞及内体逃逸中的一种或多种生物屏障来到达靶点位置[1]。据报道，单一网状内皮吞噬系统可将绝大多数的纳米药物载体从体内清除。上述生物屏障的存在，使得纳米药物载体的靶组织递送效率并不理想。Wilhelm 等[2]报道 2006～2016 年纳米药物载体的平均肿瘤递送效率仅为 0.7%。

针对这一问题，科研人员先后发展了三种靶向策略以增强载体在作用靶点的富集，分别为被动靶向、主动靶向和刺激响应型靶向[3-5]。被动靶向主要利用组织或器官不同的生理条件来实现靶向富集。例如，肿瘤组织的血管内皮存在缺陷、肿瘤内部淋巴引流不足等特殊的病理环境，使得纳米药物载体可通过高通透性和滞留效应(enhanced permeability and retention effect，EPR 效应)在肿瘤有效富集[6]。被动靶向与纳米药物载体的化学组分、尺寸、形状、结构、形貌和表面化学等物理化学性质相关。美国 FDA 批准的基于脂质体的 Doxil®和基于白蛋白纳米颗粒的 Abraxane®是两个具有代表性的被动靶向体系[7]。主动靶向则主要依赖于纳米药物载体表面的主动靶向基团与特定细胞或组织的相互作用，使更多的载体在作用靶点富集。常见的靶向基团包括抗体、多肽、糖、核酸适配体等[8]。刺激响应型靶向更多借助 pH、氧化还原、温度等内源性刺激，以及磁场、光、声波等外源性刺激，来增强体系在作用靶点的有效富集[9]。人体复杂的体内环境使得内部刺激型载体常出现非靶向药物释放及脱靶导致的毒性，而主动刺激型载体可以手动控制并调控药物的释放行为，引起了人们更多的关注。磁性纳米生物材料是一类极具代表性的纳米载体，不仅制备工艺成熟，而且可响应外磁场产生磁力、磁热、磁共振等多重生物效应[10-11]。该类载体除可优化自身理化性质、表面配体修饰来提高靶组织递送效率外，还可通过磁场控制实现磁导靶向纳米药物递送，其磁热效应还可控制载体在作用靶点的时空药物释放行为。此外，磁性纳米生物材料已被美国 FDA 批准在临床中应用[12]。因此，磁性纳米生物材料是一类极具临床转化前景的纳米药物载体。本章将从磁导靶向纳米药物递送和磁控药物释放两方面进行重点介绍。

5.1 磁导靶向纳米药物递送系统的基本组成

磁导靶向纳米药物递送为体内的磁性纳米药物载体通过外磁场操控到达靶向位置。相较于其他方式的药物靶向递送，磁场能够安全地穿过身体，因此磁导靶向纳米药物递送特别适合深部组织的靶向递送。磁导靶向纳米药物递送概念最早是由 Freeman 等在 1960 年提出[13]。自此之后，磁导靶向纳米药物递送得到广泛的关注和快速发展。Widder 等在 1978 年发表的文章中指出，磁导靶向纳米药物递送系统可将化疗药物在作用靶点的富集量提高 100 倍[14]。1996 年，磁导靶向纳米药物递送系统首次应用于临床试验，科研人员将磁感应强度为 0.8T 的单块永磁铁置于病人皮肤表面，使体内负载化疗药物的磁性载体在肿瘤部位有效富集[15]。磁导靶向纳米药物递送系统的相关研究主要分为以下两个部分。①磁性纳米药物递送载体的研究，这是磁导靶向纳米药物递送系统中研究最多的方向。根据疾病的类型和靶点，设计的磁性药物递送载体是不同的，负载药物的方式也是不同的。②磁场的设计。在磁导靶向纳米药物递送过程中，磁场决定载体在体内运动的方向，一个理想的磁场能够控制体内的磁性药物载体到达体内任何一个部位。

5.1.1 磁性纳米药物载体

磁导靶向纳米药物递送主要基于磁性颗粒介导外磁场产生的磁力效应。磁力的方向由施加的磁场决定；磁力的大小与外加磁场和磁性颗粒的物理参数密切相关。本小节介绍磁性颗粒与其产生磁力的关系，以及磁性颗粒物理参数的优化。

当向磁性颗粒施加外磁场时，磁铁和磁性颗粒间将产生吸引力。如果磁场存在梯度，磁性颗粒将受到方向指向高密度场的力。在笛卡尔坐标系中，产生的磁力大小可根据如下公式计算：

$$F_m = V(M \cdot \nabla)B \tag{5.1}$$

在最简单的一维情况下，磁力公式可简化为

$$F_m = VM \frac{dB}{dx} \tag{5.2}$$

式中，V 为磁性颗粒的体积；M 为磁性颗粒的磁化强度；B 为梯度场；x 为颗粒与磁铁的距离。根据该公式可知，产生的磁力的大小主要取决于磁性颗粒的体积、磁化强度以及磁性颗粒和磁铁之间的距离。此外，磁力的方向和大小也可通过磁场参数(如场强、梯度和方向)进行调控。

对于磁性颗粒自身来说，饱和磁化强度(saturation magnetization，M_S)是决定其产生磁力大小的最重要参数。磁性颗粒的 M_S 通常与磁性颗粒的尺寸、形状、组分和磁核的晶体结构相关。总结近些年发展的调控磁性颗粒 M_S 的常用策略如下。一种策略是通过控制磁性颗粒的尺寸来调控 M_S。对于超顺磁性氧化铁纳米颗粒，其 M_S 随颗粒尺寸的增大而增加。例如，当 Fe_3O_4 纳米颗粒尺寸为 4nm、6nm、9nm 和 12nm 时，其 M_S 分别为 20emu/g、43emu/g、80emu/g 和 102emu/g。铁氧体磁性颗粒 MFe_2O_4 其中 M 为 Mn、Fe、Co、Ni 和 Zn 时，其 M_S 也具有尺寸依赖性，如 2nm $MnFe_2O_4$ 的 M_S 为 39emu/g，16nm $MnFe_2O_4$ 的 M_S 增加至 86emu/g。除了控制颗粒尺寸，向磁性颗粒掺杂非磁性阳离子也是调控 M_S 常用的方法。一个代表性的案例是 Zn^{2+} 掺杂的锰铁氧体纳米颗粒 $(Zn_nMn_{1-n})Fe_2O_4$[16]，当 T_d 位置的 Fe^{2+} 被 Zn^{2+} 取代时，O_h 和 T_d 磁性离子的反平行自旋取向降低，导致饱和磁化强度增大；当 $n = 0.4$ 时，饱和磁化强度达到最大值(175emu/g)。此外，磁性颗粒的形状也是影响其饱和磁化强度的重要因素。例如，22nm 球形和 18nm 方形的 $Zn_{0.4}Fe_{2.6}O_4$ 纳米颗粒几乎拥有相同的磁体积(约为 $5.8 \times 10^{-24} m^3$)及相近的阳离子数(约为 2.4×10^4)，但方形颗粒(165emu/g)的 M_S 要高于球形颗粒(145emu/g)，原因是颗粒核和表面自旋方向的分歧使方形颗粒中无序自旋占 4%，而球形颗粒中无序自旋占 8%。

除磁学性质外，磁性颗粒的胶体稳定性是其作为药物载体的一个基本特征。磁偶极相互作用和高表面电荷使得制备的磁性颗粒易于团聚，因此需要进一步稳定或功能化制备磁性颗粒使其具有单分散性。通常的策略是利用天然或合成的生物分子，如油酸[17]、柠檬酸[18]、聚乙二醇[19-20]、聚丙烯酸[21]等，包覆于磁性颗粒表面来提高其稳定性。该包裹作用主要基于这些分子的功能基团(羟基、羧基等)与裸磁性颗粒的强相互作用，最终获得单分散的磁性颗粒。利用脂质体[22-23]、胶束[24]、凝胶[25-26]等直接包裹磁性颗粒也可提高其稳定性。相比于较游离的磁性颗粒，这种组装体形式的体系可提高体系对外磁场的响应速率，延长体系在作用靶点的滞留时间，可同时递送多种功能基团，改善体系生物相容性[27]。

除化学合成的磁性颗粒，生物合成的磁性颗粒也常作为磁性纳米药物载体，如由趋磁细菌合成的磁小体。它是一种特殊的细胞器，由脂质双分子层包裹的磁性颗粒组成[28]。磁小体在细胞内排列成链状结构，该结构可使细菌沿外磁场排列或运动。目前，已发现的趋磁细菌主要是革兰氏阴性菌，如 α-变形菌纲、γ-变形菌纲、硝化螺旋菌门、疣微菌门等[29]。上述趋磁细菌均是运动型细菌，并且具有趋氧性，特别是微氧或无氧环境，该特性常被用于靶向肿瘤等乏氧微环境组织。值得注意的是，不同细菌合成的磁性颗粒组分、形状、尺寸、数目和细胞内的排列是不同的(图 5.1)。通过趋磁细菌可得到尺寸 30~100nm 氧化铁纳米晶、立方体或八面体。与化学合成的磁性颗粒相比，磁小体具有诸多优势，如 M_S 高、尺寸分布范围窄、毒性低。此外，磁小体由生物膜包裹可减少颗粒团聚[30]。上述特性使得磁小体成为极具前景的磁性纳米药物载体。

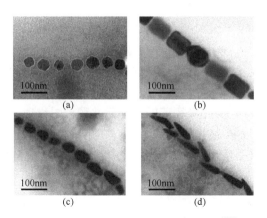

图 5.1　趋磁细菌内多种形状的磁小体[29]

(a) 立方八面体；(b) 长棱柱形；(c) 齿形；(d) 子弹形

5.1.2　磁场

应用于磁导靶向纳米药物递送的磁场主要分为静磁场和变化磁场两大类，对应的磁场发生装置分别为静磁场磁铁系统和变化磁场磁铁系统。

1. 静磁场

静磁场即磁场参数随时间变化保持不变的磁场。根据磁场发生装置的不同，又进一步划分为基于永磁铁的静磁场和基于电磁铁系统的静磁场。

对于永磁铁系统来说，由单个永磁铁组成的静磁场发生装置是磁导靶向纳米药物递送应用中最简单的磁铁系统。该类磁铁系统的应用也十分简单，只需要将永磁铁放置于目标靶点附近的体表位置，通过永磁铁对磁性纳米颗粒的吸引力，使体系富集于靶点附近。磁导靶向纳米药物递送效果与磁铁的形状和尺寸密切相关。磁导靶向纳米药物递送应用中时有磁场强度相同而形状不同的磁铁，环形磁铁比方形磁铁更高效，圆柱形磁铁比方形磁铁更高效。单个永磁铁的磁场发生装置存在明显不足。例如，随磁性颗粒与磁铁表面距离的增加，磁场强度和磁场梯度均快速下降，这将导致磁性颗粒在该磁场下磁泳不均一，其移动速度与距离成反比。临床数据显示，对于单个永磁铁系统，仅当肿瘤与磁铁表面距离在 5mm 以内时，磁导靶向纳米药物递送有效[31]。

鉴于单个永磁铁系统存在的问题，科研人员发展了永磁铁组装体，即由两个或多个永磁铁组装得到的集成永磁铁系统。Liu 等[32]发展了南极-南极(S-S)相对放置的双磁铁系统，并探究了该磁场发生装置对磁性纳米颗粒磁导靶向纳米药物递送效率的影响[图 5.2(a)]。磁性纳米颗粒是由两亲性聚合物(聚乙二醇-聚己内酯)包裹 10nm 超顺磁性氧化铁纳米颗粒形成的超顺磁性氧化铁纳米颗粒胶束，胶束的疏水核尺寸为 85nm[图 5.2(b)]，胶束的水合粒径为 100nm[图 5.2(c)]。利用高斯计测量发现，在两个磁铁中心位置存在零场点，该中心点被高强度、固定梯度的磁场包围。该磁场发生装置的优势是在中心点至两个磁铁表面的区域产生了磁场梯度均一磁场，这区别于单磁铁系统产生的距离依赖的磁场梯度。对比发现，双磁铁系统距离磁铁表面 3mm 半径范围以外磁性颗粒的移动速度，超过了相同磁场强度下单磁铁系统能达到最大速度的 70%。在小鼠肿瘤模型中，双磁铁系统处理的磁性颗粒较对照组磁性颗粒的肿瘤穿透深度提高 5 倍[图 5.2(d)]，肿瘤富集量提高 3 倍[图 5.2(e)]。

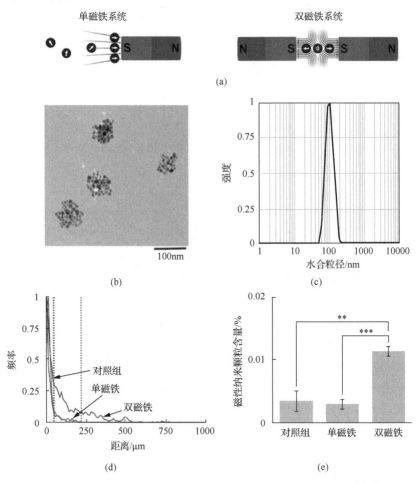

图 5.2 S-S 相对放置的双磁铁系统用于磁导靶向纳米药物递送[32, 33]

(a) 单磁铁系统与双磁铁系统的示意图；(b) 超顺磁性氧化铁纳米颗粒胶束的透射电子显微镜照片；
(c) 超顺磁性氧化铁纳米颗粒胶束的水合粒径；(d) 磁性纳米颗粒在肿瘤内的扩散深度(用频率表征)
与血管的距离；(e) 不同磁场发生装置下肿瘤内磁性纳米颗粒的含量

除永磁铁系统外，电磁铁系统也能产生不同场强和分布的静磁场。在设计静磁场电磁铁系统时，电磁铁的形状、尺寸、电流和电压等均是重要参数[34]。为指引磁性纳米颗粒跨越血脑屏障，Hoke 等[35]利用多物理场仿真软件设计并优化了可产生高梯度静磁场的磁场发生装置。该装置由一个电磁铁和一个 C 形铁轭组成，其中电磁铁拥有一个磁核。为了获得更高梯度的磁场，磁核的一端设计为尖角形状。尖角处具有高的磁场强度，从而使尖角附近的磁场梯度相对更高。经计算，距离磁铁 1mm 范围内，磁场梯度 27.08T/m；当距离磁铁 2cm 时，磁场梯度为 10.36T/m。因此，该设备可提供高梯度磁场，有望使体内磁性颗粒跨越血脑屏障。

2. 变化磁场

变化磁场即磁场参数随时间变化不断变化的磁场，通常由样品与磁铁发生相互运动来实现。根据磁场发生装置的不同，又进一步划分为移动永磁铁产生的变化磁场和电磁铁系统产生的变化磁场。

对于永磁铁系统来说，通常是使磁铁围绕样品不断运动来产生变化磁场。常见磁铁运动方式为平移、旋转或两种方式结合。Karpov 等[36]设计了两种永磁铁旋转系统，并分别探究了磁性纳米颗粒在上述磁场下的分散状态。其中一个旋转磁铁系统包含 12 个永磁铁，以棋盘格方式排列。研究人员将 2 个细胞培养皿放在磁铁上方，随后控制磁铁以图 5.3(a)中的方式运动。研究发现，该旋转系统可减少磁性颗粒链的形成，因而更有利于纳米颗粒与细胞的相互作用，提高纳米颗粒的细胞内吞效率。另一个旋转磁铁系统由 2 个永磁铁组成，沿着各自的圆形轨道运动，并在细胞培养皿下交替出现[图 5.3(b)]。在该旋转系统中，培养皿中的磁性纳米颗粒在皿中心聚集，形成蠕虫状[图 5.3(c)]。该系统可使磁性纳米颗粒在作用靶点附近区域高效富集。

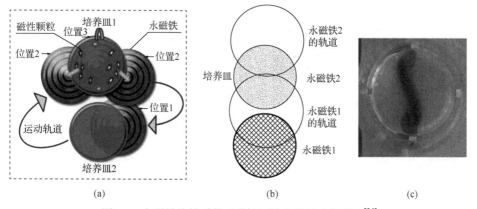

(a)　　　　　　　　　　(b)　　　　　　　　　(c)

图 5.3　永磁铁旋转系统对磁性颗粒分散状态的影响[36]

(a) 永磁铁的运动轨道及 2 个培养品的摆放位置；(b) 2 个永磁铁的运动轨道及培养品的摆放位置；
(c) 磁性颗粒在培养皿中的分散状态

　　对于电磁铁系统，可通过机械运动或控制电流来产生变化磁场。在实际应用中，使大尺寸的电磁铁进行机械运动通常比较困难，因此常通过移动样品来替代电磁铁的机械运动，使电磁铁产生相对运动。在多数情况下，科研人员倾向于通过改变电流来获得变化磁场。根据所用线圈的类型，可将此类电磁铁系统分为基于超导线圈的电磁铁系统和基于普通线圈的电磁铁系统。基于超导线圈的电磁铁系统主要用于 MRI 设备中，在临床中用于疾病的诊断，近年来也有科研人员试图将 MRI 设备用于磁导靶向纳米药物递送。该方法的优点包括：①MRI 设备可对磁性纳米颗粒在体内的分布进行成像观察；②MRI 系统可通过反馈控制算法调整产生的磁场梯度，但 MRI 设备产生的磁场梯度非常有限。研究显示，该磁场主要用于控制微米级或毫米级的磁性材料，不适用于磁性纳米材料。为提高 MRI 设备产生的磁场梯度，科研人员发展了多种策略，如在 MRI 设备中引入额外的线圈，或利用偶极子场导航技术来产生高梯度磁场[37-38]。

　　在磁导靶向纳米药物递送领域，应用更多的是基于普通线圈的电磁铁系统。该类磁系统主要由普通线圈和最简单的电磁铁构建，其中最简单的系统仅由一个电磁铁和单个线圈组成。Amin 等[39]和 Hoshiar 等[40]发展了一种由双线圈铁芯系统组成的电磁设备，每个线圈均含有一个铁芯，以提高产生磁场的磁场强度(图 5.4)。通过控

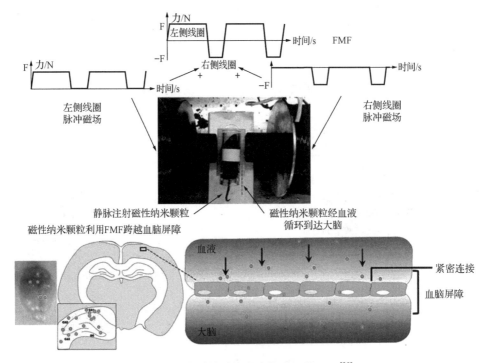

图 5.4　双电磁铁磁场发生装置及其 FMF[39]

制两个线圈的电流，该设备可产生正/负脉冲磁场组成的功能化磁场(functionalized magnetic field，FMF)。该 FMF 的磁场梯度随时间不断变化，有助于减少磁性颗粒的血管黏附、聚集等。此外，相较于磁场梯度固定的磁场，FMF 能够使更多的磁性颗粒跨越血脑屏障。除普通线圈外，基于亥姆霍兹和麦克斯韦线圈的电磁铁系统也常被用于磁导靶向纳米药物递送。在实际应用中，这两种线圈均包含一组面对面的线圈，但线圈的参数及产生磁场的类型不同。对于亥姆霍兹线圈，两个线圈间的距离与线圈的半径相等，且两个线圈的电流在同一个方向，可产生均匀磁场。对于麦克斯韦线圈，两个线圈的距离是线圈半径的 $\sqrt{3}$ 倍，且两个线圈电流的方向是相反的，可产生梯度磁场。

5.2　磁导靶向纳米药物递送系统的应用

5.2.1　磁导靶向纳米药物递送

　　磁导靶向纳米药物递送体系主要由一个磁核和一个有机/无机的壳层组成。其中，磁核使体系通过磁导靶向在作用靶点有效富集，壳层则主要用于贮存药物。客体药物可通过化学偶联的方式直接负载于磁性纳米颗粒表面，或通过疏水作用、静电作用等非共价键方式负载。为提高药物的负载量，还可通过聚合物和磁性纳米颗粒的纳米复合物进行客体药物包裹。负载的客体药物包括化疗药物、多肽、DNA 和放疗药物等。随着磁导靶向纳米药物递送体系的不断发展，磁导靶向纳米药物递送的应用逐渐从体外肿瘤细胞的靶向递送，拓展至体内肿瘤靶向纳米药物递送。

1. 小分子药物

　　磁导靶向纳米药物递送系统最常见的应用是递送小分子化疗药物，如阿霉素、紫杉醇、顺铂等，用于肿瘤治疗。早在 1978 年，Widder 等发展了尺寸为 1μm 的白蛋白微球包裹氧化铁纳米颗粒(尺寸 10～20nm)和阿霉素的磁响应可降解药物递送体系[14]。在场强为 8000Oe 的外磁场作用下，体系在作用靶点的药物富集量较游离药物提高近 100 倍。Kubo 等[41]通过逆相蒸发法得到了负载阿霉素的磁性脂质体，并对其骨肉瘤磁导靶向递送效率进行评价。磁导靶向组小鼠的肿瘤部位提前植入了 0.4T 的永磁铁。实验结果显示，磁导靶向组在肿瘤部位的药物富集量较非磁导靶向组提高近 4 倍。此外，磁导靶向纳米药物递送系统也可用于脑肿瘤的药物递送。Cole 等[42]以脑胶质瘤大鼠为模型，将植入肿瘤的部位放置于可产生 0.2T 场强的电磁铁电极表面施加磁场。研究发现，无论是交联淀粉还是聚乙二醇修饰的氧化铁纳米颗粒，外磁场处理可使氧化铁纳米颗粒跨越血脑屏障，大幅提高脑肿瘤靶向效率；对于交联淀粉修饰的氧化铁纳米颗粒，磁导靶向组较非磁导靶向组的脑肿瘤富集量提高近 15 倍。

　　磁导靶向纳米药物递送系统也常被用于递送光敏剂、热疗剂或放射性同位素等[43]。Xuan 等[44]发展了一种红细胞膜包覆的磁性介孔硅载体用于递送光敏剂。首先，将表面为负电性的磁性颗粒通过静电相互作用吸附于正电性介孔硅表面，得到磁性介孔硅纳米颗粒(magnetic mesoporous silica nanoparticle，MMSN)；其次，通过物理吸附作用，将光动力治疗药物竹红菌乙素(hypocrellin B，HB)负载于磁性介孔硅纳米颗粒孔道内；最后，利用红细胞膜(red blood cell membrane，RBC)包裹磁性介孔硅纳米颗粒，得到最终的体系 RBC@MMSN-HB[图 5.5(a)]。红细胞膜的包覆不仅延长了载体的血液循环时间，而且可有效地对光敏剂进行封装。透射电子显微镜照片显示，MMSN 具有介孔结构[图 5.5(b)]。图 5.5(c)为 MMSN 静电吸附磁性颗粒后的透射电子显微镜照片，该结果证实成功地将磁性颗粒负载于 MSN 表面。最后用绿色荧光的细胞膜染料标记 RBC，利用激光共聚焦显微镜证明成功制备了 RBC 包覆的体系[图 5.5(d)]。体内肿瘤富集实验结果显示，外磁场干预组(RBC@MMSN+磁场)的肿瘤富集量要远高于对照组(RBC@MMSN)[图 5.5(e)]。肿瘤抑制实验结果显示，外磁场干预组(RBC@MMSN+磁场+激光)几乎完全将肿瘤根除，而非磁场处理组的平均肿瘤体积增大超过 8 倍[图 5.5(f)]。上述结果证明了磁导靶向递送在纳米药物肿瘤治疗中的关键作用。

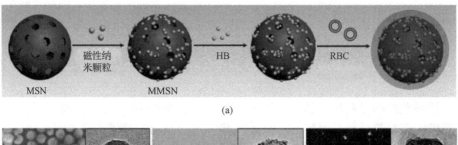

(a)

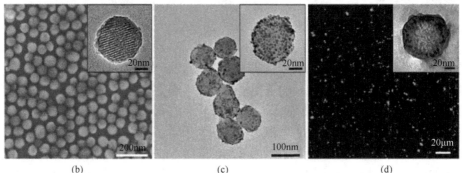

(b)　　　　　　　　　　(c)　　　　　　　　　　(d)

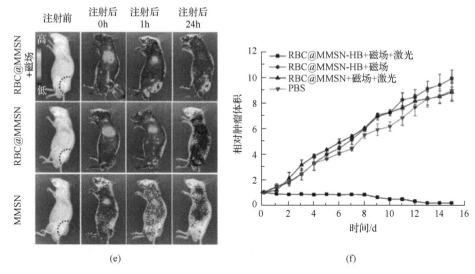

图 5.5　红细胞膜包覆的磁性介孔硅载体磁导靶向递送光敏剂[44]

(a) RBC@MMSN-HB 制备示意图；(b) MMSN 的扫描电子显微镜和透射电子显微镜照片；
(c) MMSN 的透射电子显微镜照片；(d) RBC@MMSN 的激光共聚焦显微镜照片；
(e) 静脉注射不同体系后荷瘤小鼠的体内荧光(肿瘤富集量)；(f) 不同处理组小鼠的相对肿瘤体积

2.　核酸药物

除小分子药物外，磁性纳米颗粒还可利用外磁场实现对核酸的选择且高效递送，此过程被称为磁转染。磁场可牵引负载核酸的载体到达靶细胞或靶组织，从而以最小剂量的载体实现快速、高效的基因递送。磁转染不仅适用于小尺寸的核酸，如干扰小 RNA(small interfering RNA，siRNA)、反义寡核苷酸，还适用于大尺寸的核酸，如质粒 DNA。

用于磁转染的载体主要分为两类，一类是阳离子聚合物修饰的磁性颗粒，另一类是脂质体包裹的磁性颗粒(磁性脂质体)[45]。修饰磁性颗粒最常见的阳离子聚合物是聚乙烯亚胺，因为它的聚合物骨架拥有大量的胺类，包括伯胺、仲胺和叔胺，可有效地压缩核酸，并可通过"质子海绵"效应，进行内体逃逸[46-47]。聚乙烯亚胺是一类人工合成的聚合物，可根据需要制备分子量从几百至几万的、线性或超支化的聚合物[图 5.6(a)]。此外，壳聚糖、聚赖氨酸等可降解阳离子聚合物也常被用于制备磁转染体系[图 5.6(a)]。磁性脂质体是指包裹了磁性纳米颗粒的脂质体。根据磁性纳米颗粒的性质，可将磁性颗粒包裹入脂质体内核[图 5.6(b)]、嵌入磷脂双分子层间[图 5.6(c)]或修饰于脂质体表面[图 5.6(d)][48]。引入磁性纳米颗粒可通过外磁场为脂质体提供牵引力，进而控制脂质体的体内递送行为。磁转染已被成功用于多种细胞的转染，包括难以转染的原代细胞。

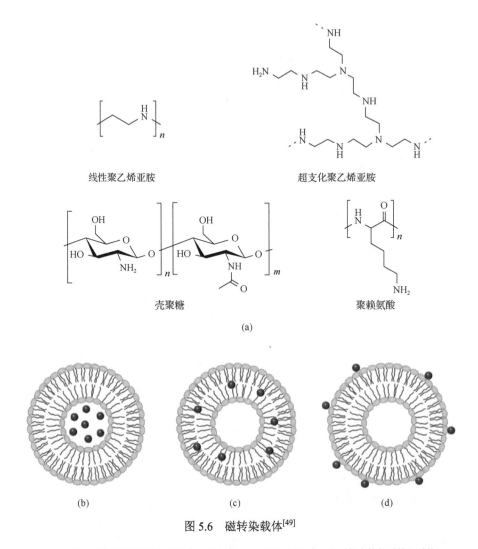

图 5.6　磁转染载体[49]

(a) 常见的用于构建磁转染载体的阳离子聚合物；(b) 磁性颗粒包裹入脂质体内核的磁性脂质体；
(c) 磁性颗粒嵌入磷脂双分子层间的磁性脂质体；(d) 磁性颗粒修饰于脂质体表面的磁性脂质体

3. 多功能磁导靶向纳米药物递送系统

多功能磁导靶向纳米药物递送系统不仅具有磁靶向功能，而且具有主动靶向或响应内源性刺激等功能，使载体具有更高的疾病靶向特异性。

1) 磁场联合生物受体

疾病组织的表面常过表达独特的生物受体，如在多种恶性肿瘤中高表达的叶酸受体[50]，或是内皮细胞中高表达的血管细胞黏附分子 1[51]。配体与受体的特异性相互作用，可使药物递送载体主动富集于靶细胞或组织[52]。脑毛细血管内皮细胞表面受体的修饰,如转铁蛋白受体、低密度脂蛋白受体和糖基化终产物受体等,有望使纳米载体跨越血脑屏障[19]。上述功能可与磁靶向联合,赋予磁性纳米药物载体更强的靶向能力。

2) 磁场联合内源性刺激

利用靶组织独特的微环境,如 pH、氧化还原性、酶活性变化等,可发展内源性刺激响应型磁性纳米药物载体。一方面,该类载体在外磁场作用下可有效富集于靶组织附近;另一方面,载体可响应靶组织独特的微环境产生结构的变化,从而进一步提高载体的靶组织递送效率。常见 pH 响应型载体包括响应肿瘤组织或生物膜酸性微环境的体系[53-55],氧化还原响应型载体有利用肿瘤组织和正常组织、细胞内和细胞外氧化还原状态差异发展的体系[56-57],酶响应型载体主要利用靶组织高表达的酶,如肿瘤组织的基质金属蛋白酶[58-59]。

5.2.2 磁控药物释放

安全且高效的疾病治疗,不仅需要载体将药物高效地递送至作用靶点,还需要能在靶点可控地释放药物。磁性纳米生物材料除可在外磁场作用下有效富集于靶点,还能够利用其介导外磁场产生的磁热或磁力效应,实现非侵入式、远程控制药物释放。

1. 磁热可控药物释放

根据体系的释药机制,可将磁热可控药物释放策略分为两类。

1) 温敏化学键断裂控制药物释放

利用温敏化学键断裂控制药物释放的体系主要是表面通过温敏化学键负载了药物的磁性纳米材料。常用的温敏化学键包括偶氮基团、碳酸酯键和杂交 DNA 链等[60-61]。体系的药物释放机制为磁性颗粒介导外磁场产热引起温敏化学键的断裂,使药物释放。Riedinger 等[62]将化疗药物或荧光分子通过温敏偶氮基团负载于聚乙二醇包覆的超顺磁性氧化铁纳米颗粒(尺寸 15nm)表面,并分别测试了磁场参数和聚乙二醇链长对其释药行为的影响。选用 5(6)-氨基荧光素为客体分子,通过控制聚乙二醇的链长,得到了三种负载荧光分子的温敏磁性纳米颗粒体系[图 5.7(a)]。通过监测反应体系荧光的变化,不仅可获得荧光分子的释放情况,而且根据孵育温度与荧光强度的标准曲线可反推磁性纳米颗粒的表面温度。研究共发现两条规律:①对于同一纳米颗粒,其表面温度变化量(ΔT)随着磁场强度的增强(9~17mT)而线性升高;②在相同磁场条件下(334.5kHz,17mT),纳米颗粒表面 ΔT 随聚乙二醇链长的增加(分子量 500~8000Da)呈指数下降[图 5.7(b)]。进一步选用化疗药阿霉素(DOX)为客体分子,以分子量为 500Da 和 8000Da 的聚乙二醇为连接分子，获得了两种负载 DOX 的温敏磁性纳米颗粒体系[图 5.7(c)]。与室温孵育的体系相比，交变磁场处理可显著提高 DOX 的释放量。此外，与负载荧光分子体系的释放行为一致，在相同交变磁场处理后，PEG 分子量为 500Da 体系的DOX 释放量(36%)要远高于 PEG 分子量为 8000Da 的体系(15%)[图 5.7(d)]。产生上述结果的主要原因是，磁热是一种微观热，与磁性颗粒表面距离近时温度越高，距离越远时温度越低。这一性质还可用于控制不同药物的先后释放顺序，进而实现精准的疾病治疗。

2) 温敏聚合物相转变控制药物释放

温敏聚合物相转变控制药物释放的体系通常由温敏聚合物、磁性纳米颗粒和药物三部分组成。由于聚合物的相转变具有可逆性，可通过调节磁场参数反复控制药物释放的"开"与"关"。聚(N-异丙基丙烯酰胺)是应用最广泛的温敏型聚合物之一，是一种最低临界溶解温度(LCST)型的聚合物。该类聚合物的特点是，当溶液温度低于 LCST 时，由于聚合物与水分子或负载药物的氢键作用而呈现溶解状态；当溶液温度高于 LCST 时，氢键网络破坏使聚合物呈现疏水状态。聚(N-异丙基丙烯酰胺)的 LCST 比较低(大约为 32℃)，只需要将 N-异丙基丙烯酰胺与更亲水的单体(如 N, N-亚甲基双丙烯酰胺)共聚，则可以将其 LCST 调至 37℃以上。

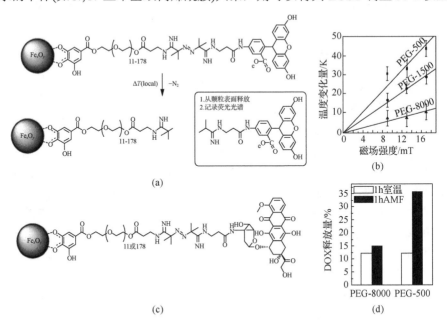

(a)　　　　　　　　　　　(b)

(c)　　　　　　　　　　　(d)

图 5.7　磁热导致温敏化学键断裂实现药物可控释放[62]

(a) 负载 5(6)-氨基荧光素的氧化铁纳米颗粒及其温敏响应，ΔT(local)为局部温度变化量；
(b) 不同磁场强度下，不同链长聚乙二醇修饰氧化铁纳米颗粒表面的温度变化量；(c) 负载 DOX 的氧化铁纳米颗粒示意图；(d) 交变磁场下，不同链长聚乙二醇修饰氧化铁纳米颗粒的 DOX 释放量聚合物或凝胶状态的聚(*N*-异丙基丙烯酰胺)可直接包裹磁性纳米颗粒和药物,从而发展磁控药物释放体系[63]。聚(*N*-异丙基丙烯酰胺)也可在磁性纳米材料表面原位聚合来实现药物控制释放[64]。此外,泊洛沙姆聚合物(泊洛沙姆 F127 和泊洛沙姆 F68)[65]、羟丙基纤维素[66]等 LCST 型聚合物也常用于构建温敏聚合物相转变控制药物释放体系[67]。

除此之外,温敏性脂质体具有磁热可控药物释放的特性。脂质体具有相变温度(phase transition temperature,T_m),当环境温度低于 T_m 时,脂质体呈凝胶态;磁热升温使环境温度高于 T_m 时,脂质体呈液晶态,此时脂质双分子层流动性和通透性增加,从而使药物释放[68]。脂质体的 T_m 主要由脂质双分子层的组分决定。为避免负载药物在到达靶点前被动释放,脂质体的 T_m 须超过生理温度(37℃)。脂质体 T_m 较高时,其在生理温度下的药物释放速率较慢。在这种情况下,需要高的磁性颗粒负载量或热转换效率高的磁性颗粒来产生足够的热,进而引起脂质体相转变,加快药物释放。根据磁性颗粒的尺寸或表面特性,可将磁性颗粒负载于脂质体不同的位置,包括负载于内核、嵌入磷脂双分子层间及修饰于表面。对于负载于内核的磁性颗粒,其尺寸须小于脂质体内核的尺寸,同时须为亲水性颗粒;对于嵌入磷脂双分子层间的磁性颗粒,须为疏水性颗粒且尺寸小于磷脂双分子层的厚度(<6.5nm);对于修饰于表面的磁性颗粒,其应为亲水性颗粒且尺寸不超过 20nm,否则会破坏脂质体结构,在磁性颗粒表面形成磷脂双分子层。与负载于内核的磁性颗粒相比,嵌入磷脂双分子层间或修饰于表面的磁性颗粒可更高效地将磁性颗粒产生的热传递给磷脂双分子层,可更高效地控制药物释放。磁性脂质体已被广泛应用于恶性肿瘤治疗[69]、神经磁调控[22]等领域。

2. 磁力可控药物释放

磁力可控药物释放体系通常是磁性水凝胶。磁性水凝胶,即在水凝胶网络中掺杂了磁性纳米颗粒的一类水凝胶。磁性纳米颗粒既可以相对游离的方式分散在水凝胶网络中,也可作为交联剂形成水凝胶网络。该类水凝胶具有快速的磁响应特性、精准的时空可控性及非侵入式远程操控性能。磁性水凝胶的药物释放机制是磁性纳米颗粒响应外磁场产生机械力,诱导水凝胶发生大的形变而释放负载的药物[70]。

Zhao 等[71]提出了一种大孔径的磁性水凝胶,并通过磁场远程操控其释药行为。将 10nm 的氧化铁纳米颗粒与海藻酸盐、交联剂己二酸二酰肼(adipic acid dihydrazide,AAD)、细胞黏附基团(RGD)和催化剂共混,经交联、冻干和再水化过程得到磁性水凝胶[图 5.8(a)]。磁性水凝胶的孔径可通过控制冻干温度进行调节。研究发现,在磁场梯度为 38A/m² 的磁场下,大孔径水凝胶产生的形变(体积变化超过 70%)[图 5.8(c)]要远大于小孔径的水凝胶(体积变化 5%)[图 5.8(b)]。随后，利用大孔径水凝胶负载了不同的客体，包括米托蒽醌[图 5.8(d)]、质粒 DNA(pDNA)[图 5.8(e)]、趋化因子 SDF-1α[图 5.8(f)]和细胞，均实现了磁场可控释放。在小鼠体内实验中也证实，该磁性水凝胶在磁场刺激下可实现对负载干细胞的可控释放。

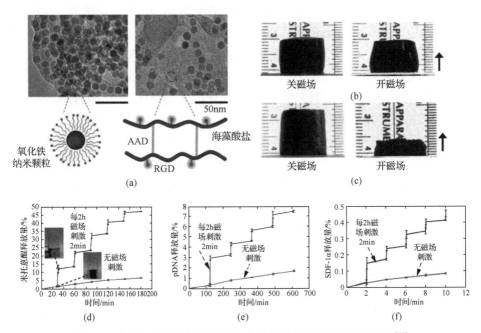

图 5.8　大孔径磁性水凝胶通过外磁场实现多种客体的可控释放[71]

(a) 磁性水凝胶的透射电子显微镜照片及结构示意图；(b) 外磁场处理前后小孔径磁性水凝胶的形变，
箭头方向为磁场方向；(c) 外磁场处理前后大孔径磁性水凝胶的形变；(d)~(f) 负载米托蒽醌(d)、
pDNA(e)和 SDF-1α(f)的磁性水凝胶在外磁场刺激下的释放量

思　考　题

1. 磁导靶向纳米药物递送系统的基本结构单元有哪些？它们各自的作用是什么？

2. 对于磁导靶向纳米药物递送，常见的外磁场类型有哪些？并简述各自的磁场发生装置。

3. 简述磁导靶向纳米药物递送系统可控释放药物的方法，并总结各自的优缺点。

4. 请展望磁导靶向纳米药物递送体系在疾病治疗中的应用前景。

参 考 文 献

[1] POON W, KINGSTON B R, OUYANG B, et al. A framework for designing delivery systems[J]. Nature Nanotechnology, 2020, 15: 819-829.

[2] WILHELM S, TAVARES A J, DAI Q, et al. Analysis of nanoparticle delivery to tumours[J]. Nature Reviews Materials, 2016, 1(5): 16014.

[3] LOW L E, LIM H P, ONG Y S, et al. Stimuli-controllable iron oxide nanoparticle assemblies: Design, manipulation and bio-applications[J]. Journal of Controlled Release, 2022, 345: 231-274.

[4] ARMENIA I, AYLLON C C, HERRERO B T, et al. Photonic and magnetic materials for on-demand local drug delivery[J]. Advanced Drug Delivery Reviews, 2022, 191: 114584.

[5] ZHANG C, YAN L, WANG X, et al. Progress, challenges, and future of nanomedicine[J]. Nano Today, 2020, 35: 101008.

[6] SHI J, KANTOFF P W, WOOSTER R, et al. Cancer nanomedicine: Progress, challenges and opportunities[J]. Nature Reviews Cancer, 2017, 17(1): 20-37.

[7] NANCE E. Careers in nanomedicine and drug delivery[J]. Advanced Drug Delivery Reviews, 2019, 144: 180-189.

[8] YOO J, PARK C, YI G, et al. Active targeting strategies using biological ligands for nanoparticle drug delivery systems[J]. Cancers, 2019, 11(5): 640.

[9] VAN DER MEEL R, SULHEIM E, SHI Y, et al. Smart cancer nanomedicine[J]. Nature Nanotechnology, 2019, 14(11): 1007-1017.

[10] WANG S, XU J, LI W, et al. Magnetic nanostructures: Rational design and fabrication strategies toward diverse applications[J]. Chemical Reviews, 2022, 122(6): 5411-5475.

[11] 高飞, 张欢, 张艺凡. 磁场响应的纳米材料与磁热效应生物医学应用[J]. 生命的化学, 2019, 39(5): 903-916.

[12] 孙剑飞, 杨芳, 马明. 医药磁性氧化铁纳米材料的研究和发展[J]. 科学通报, 2019, 64(8): 111-122.

[13] FREEMAN M, ARROTT A, WATSON J. Magnetism in medicine[J]. Journal of Applied Physics, 1960, 31(5): 404-405.

[14] WIDDER K J, SENYEI A E, SCARPELLI D G. Magnetic microspheres: A model system for site specific drug delivery *in vivo*[J]. Proceedings of the Society for Experimental Biology and Medicine, 1978, 158(2): 141-146.

[15] AS L, BERGEMANN C, RIESS H, et al. Clinical experiences with magnetic drug targeting: A phase I study with 4'-epidoxorubicin in 14 patients with advanced solid tumors[J]. Cancer Research, 1996, 56(20): 4686-4693.

[16] JANG J T, NAH H, LEE J H, et al. Critical enhancements of mri contrast and hyperthermic effects by dopant-controlled magnetic nanoparticles[J]. Angewandte Chemie International Edition, 2009, 48(7): 1234-1238.

[17] XU Q, ZHANG T, WANG Q, et al. Uniformly sized iron oxide nanoparticles for efficient gene delivery to mesenchymal stem cells[J]. International Journal of Pharmaceutics, 2018, 552(1): 443-452.

[18] TOMITAKA A, ARAMI H, RAYMOND A, et al. Development of magneto-plasmonic nanoparticles for multimodal image-guided therapy to the brain[J]. Nanoscale, 2017, 9(2): 764-773.

[19] ISRAEL L L, GALSTYAN A, HOLLER E, et al. Magnetic iron oxide nanoparticles for imaging, targeting and treatment of primary and metastatic tumors of the brain[J]. Journal of Controlled Release, 2020, 320: 45-62.

[20] CHAO Y, CHEN G, LIANG C, et al. Iron nanoparticles for low-power local magnetic hyperthermia in combination with immune checkpoint blockade for systemic antitumor therapy[J]. Nano Letters, 2019, 19(7): 4287-4296.

[21] GUIBERT C, DUPUIS V, PEYRE V, et al. Hyperthermia of magnetic nanoparticles: Experimental study of the role of aggregation[J]. The Journal of Physical Chemistry C, 2015, 119(50): 28148-28154.

[22] RAO S, CHEN R, LAROCCA A A, et al. Remotely controlled chemomagnetic modulation of targeted neural circuits[J]. Nature Nanotechnology, 2019, 14(10): 1-7.

[23] MA K, XU S, TAO T, et al. Magnetosome-inspired synthesis of soft ferrimagnetic nanoparticles for magnetic tumor targeting[J]. Proceedings of the National Academy of Sciences, 2022, 119(45): e2211228119.

[24] YAN L, LUO L, AMIRSHAGHAGHI A, et al. Dextran-benzoporphyrin derivative (BPD) coated superparamagnetic iron oxide nanoparticle (SPION) micelles for T_2-weighted magnetic resonance imaging and photodynamic therapy[J]. Bioconjugate Chemistry, 2019, 30(11): 2974-2981.

[25] BARKHORDARI S, ALIZADEH A, YADOLLAHI M, et al. One-pot synthesis of magnetic chitosan/iron oxide bio-nanocomposite hydrogel beads as drug delivery systems[J]. Soft Materials, 2021, 19(4): 373-381.

[26] LI Z, LI Y, CHEN C, et al. Magnetic-responsive hydrogels: From strategic design to biomedical applications[J]. Journal of Controlled Release, 2021, 335: 541-556.

[27] XIAO Y, DU J. Superparamagnetic nanoparticles for biomedical applications[J]. Journal of Materials Chemistry B, 2020, 8(3): 354-367.

[28] ROSENFELDT S, MICKOLEIT F, J RKE C, et al. Towards standardized purification of bacterial magnetic nanoparticles for future *in vivo* applications[J]. Acta biomaterialia, 2021, 120: 293-303.

[29] UEBE R, SCH LER D. Magnetosome biogenesis in magnetotactic bacteria[J]. Nature Reviews Microbiology, 2016, 14(10): 621-637.

[30] FAIVRE D, SCH LER D. Magnetotactic bacteria and magnetosomes[J]. Chemical Reviews, 2008, 108(11): 4875-4898.

[31] LÜBBE A S, ALEXIOU C, BERGEMANN C. Clinical applications of magnetic drug targeting[J]. Journal of Surgical Research, 2001, 95(2): 200-206.

[32] LIU J F, LAN Z, FERRARI C, et al. Use of oppositely polarized external magnets to improve the accumulation and penetration of magnetic nanocarriers into solid tumors[J]. ACS Nano, 2020, 14(1): 142-152.

[33] ZHOU Z, SHEN Z, CHEN X. Tale of two magnets: An advanced magnetic targeting system[J]. ACS Nano, 2020, 14(1): 7-11.

[34] HAJIAGHAJANI A, HASHEMI S, ABDOLALI A. Adaptable setups for magnetic drug targeting in human muscular arteries: Design and implementation[J]. Journal of Magnetism and Magnetic Materials, 2017, 438: 173-180.

[35] HOKE I, DAHMANI C, WEYH T. Design of a high field gradient electromagnet for magnetic drug delivery to a mouse brain[C]. Hannover: Proceedings of the COMSOL Conference, 2008.

[36] KARPOV A, KOZIREVA S, AVOTIŅA D, et al. Investigation of nanoparticle distribution formed by the rotation of the magnetic system[J]. Journal of Magnetism and Magnetic Materials, 2014, 369: 86-91.

[37] LALANDE V, GOSSELIN F P, VONTHRON M, et al. *In vivo* demonstration of magnetic guidewire steerability in a MRI system with additional gradient coils[J]. Medical Physics, 2015, 42(2): 969-976.

[38] LATULIPPE M, MARTEL S. Evaluation of the potential of dipole field navigation for the targeted delivery of therapeutic agents in a human vascular network[J]. IEEE transactions on magnetics, 2018, 54(2): 1-12.

[39] AMIN F U, HOSHIAR A K, DO T D, et al. Osmotin-loaded magnetic nanoparticles with electromagnetic guidance for the treatment of Alzheimer's disease[J]. Nanoscale, 2017, 9(30): 10619-10632.

[40] HOSHIAR A K, LE T A, AMIN F U, et al. Studies of aggregated nanoparticles steering during magnetic-guided drug delivery in the blood vessels[J]. Journal of Magnetism and Magnetic Materials, 2017, 427: 181-187.

[41] KUBO T, SUGITA T, SHIMOSE S, et al. Targeted delivery of anticancer drugs with intravenously administered magnetic liposomes in osteosarcoma-bearing hamsters[J]. International Journal of Oncology, 2000, 17(2): 309-324.

[42] COLE A J, DAVID A E, WANG J, et al. Magnetic brain tumor targeting and biodistribution of long-circulating PEG-modified, cross-linked starch-coated iron oxide nanoparticles[J]. Biomaterials, 2011, 32(26): 6291-6301.

[43] NI D, FERREIRA C A, BARNHART T E, et al. magnetic targeting of nanotheranostics enhances cerenkov radiation-induced photodynamic therapy[J]. Journal of the American Chemical Society, 2018, 140(44): 14971-14979.

[44] XUAN M, SHAO J, ZHAO J, et al. Magnetic mesoporous silica nanoparticles cloaked by red blood cell membranes: Applications in cancer therapy[J]. Angewandte Chemie International Edition, 2018, 57(21): 6049-6053.

[45] SIZIKOV A A, NIKITIN P I, NIKITIN M P. Magnetofection *in vivo* by nanomagnetic carriers systemically administered into the bloodstream[J]. Pharmaceutics, 2021, 13(11): 1927.

[46] ZHANG T, XU Q, HUANG T, et al. New insights into biocompatible iron oxide nanoparticles: A potential booster of gene delivery to stem cells[J]. Small, 2020, 16(37): 2001588.

[47] KADIRI V M, BUSSI C, HOLLE A W, et al. Biocompatible magnetic micro- and nanodevices: Fabrication of FePt nanopropellers and cell transfection[J]. Advanced Materials, 2020, 32(25): 2001114.

[48] MONNIER C A, BURNAND D, ROTHEN-RUTISHAUSER B, et al. Magnetoliposomes: Opportunities and challenges[J]. European Journal of Nanomedicine, 2014, 6(4): 201-215.

[49] YIN H, KANASTY R L, ELTOUKHY A A, et al. Non-viral vectors for gene-based therapy[J]. Nature Reviews Genetics, 2014, 15(8): 541-555.

[50] SOLEYMANI J, HASANZADEH M, SOMI M H, et al. Targeting and sensing of some cancer cells using folate bioreceptor functionalized nitrogen-doped graphene quantum dots[J]. International journal of biological macromolecules, 2018, 118: 1021-1034.

[51] DISTASIO N, SALMON H, DIERICK F, et al. VCAM-1-Targeted gene delivery nanoparticles localize to inflamed endothelial cells and atherosclerotic plaques[J]. Advanced Therapeutics, 2021, 4(2): 2000196.

[52] ZHANG W, YU Z L, WU M, et al. Magnetic and folate functionalization enables rapid isolation and enhanced tumor-targeting of cell-derived microvesicles[J]. ACS Nano, 2017, 11(1): 277-290.

[53] LU J, SUN J, LI F, et al. Highly sensitive diagnosis of small hepatocellular carcinoma using pH-responsive iron oxide nanocluster assemblies[J]. Journal of the American Chemical Society, 2018, 140(32): 10071-10074.

[54] WU J, LI F, HU X, et al. Responsive assembly of silver nanoclusters with a biofilm locally amplified bactericidal effect to enhance treatments against multi-drug-resistant bacterial infections[J]. ACS Central Science, 2019, 5(8): 1366-1376.

[55] FENG L, XIE R, WANG C, et al. magnetic targeting, tumor microenvironment-responsive intelligent nanocatalysts for enhanced tumor ablation[J]. ACS Nano, 2018, 12(11): 11000-11012.

[56] LI Y, LI Y, JI W, et al. Positively charged polyprodrug amphiphiles with enhanced drug loading and reactive oxygen species-responsive release ability for traceable synergistic therapy[J]. Journal of the American Chemical Society, 2018, 140(11): 4164-4171.

[57] LOW L E, WU J, LEE J, et al. Tumor-responsive dynamic nanoassemblies for targeted imaging, therapy and microenvironment manipulation[J]. Journal of Controlled Release, 2020, 324: 69-103.

[58] CHEN A, LU H, CAO R, et al. A novel MMP-responsive nanoplatform with transformable magnetic resonance property for quantitative tumor bioimaging and synergetic chemo-photothermal therapy[J]. Nano Today, 2022, 45: 101524.

[59] YAO Q, KOU L, TU Y, et al. MMP-Responsive 'Smart' drug delivery and tumor targeting[J]. Trends in Pharmacological Sciences, 2018, 39(8): 766-781.

[60] CHEN W, CHENG C A, ZINK J I. Spatial, temporal, and dose control of drug delivery using noninvasive magnetic stimulation[J]. ACS Nano, 2019, 13(2): 1292-1308.

[61] LIU J F, JANG B, ISSADORE D, et al. Use of magnetic fields and nanoparticles to trigger drug release and improve tumor targeting[J]. WIREs Nanomedicine and Nanobiotechnology, 2019, 11(6): e1571.

[62] RIEDINGER A, GUARDIA P, CURCIO A, et al. Subnanometer local temperature probing and remotely controlled drug release based on azo-functionalized iron oxide nanoparticles[J]. Nano Letters, 2013, 13(6): 2399-2406.

[63] TANG L, WANG L, YANG X, et al. Poly(N-isopropylacrylamide)-based smart hydrogels: Design, properties and applications[J]. Progress in Materials Science, 2021, 115: 100702.

[64] KAKWERE H, LEAL M P, MATERIA M E, et al. Functionalization of strongly interacting magnetic nanocubes with (thermo) responsive coating and their application in hyperthermia and heat-triggered drug delivery[J]. ACS Applied Materials & Interfaces, 2015, 7(19): 10132-10145.

[65] JAQUILIN P J R, OLUWAFEMI O S, THOMAS S, et al. Recent advances in drug delivery nanocarriers incorporated in temperature-sensitive Pluronic F-127–A critical review[J]. Journal of Drug Delivery Science and Technology, 2022, 72: 103390.

[66] ZHANG L, GUAN X, XIAO X, et al. Dual-phase injectable thermosensitive hydrogel incorporating Fe_3O_4@PDA with pH and NIR triggered drug release for synergistic tumor therapy[J]. European Polymer Journal, 2022, 176: 111424.

[67] MAI B T, FERNANDES S, BALAKRISHNAN P B, et al. Nanosystems based on magnetic nanoparticles and thermo- or pH-responsive polymers: An update and future perspectives[J]. Accounts of Chemical Research, 2018, 51(5): 999-1013.

[68] MOROS M, IDIAGO-LÓPEZ J, ASÍN L, et al. Triggering antitumoural drug release and gene expression by magnetic hyperthermia[J]. Advanced Drug Delivery Reviews, 2019, 138: 326-343.

[69] 马秋燕, 林华庆, 张静. 磁靶向热敏脂质体在抗肿瘤靶向治疗中的新进展[J]. 中国医药工业杂志, 2019, 50(12): 1405-1412.

[70] CEZAR C A, KENNEDY S M, MEHTA M, et al. Biphasic ferrogels for triggered drug and cell delivery[J]. Advanced Healthcare Materials, 2014, 3(11): 1869-1876.

[71] ZHAO X, KIM J, CEZAR C A, et al. Active scaffolds for on-demand drug and cell delivery[J]. Proceedings of the National Academy of Sciences, 2011, 108(1): 67-72.

第6章 磁性微泡材料

现代医学影像技术在疾病的早期诊断、治疗效果评价等方面发挥着至关重要的作用。磁共振成像是一种非侵入性无损伤的影像诊断技术，在提供形态学和功能信息方面具有空间分辨率高和软组织对比度出色的优势，并且能进行多方位、多参数、多序列成像，但缺点在于无法实现实时成像。磁性纳米颗粒作为磁共振成像对比剂，不仅具有粒径小、比表面积大和偶联活性物质效率高等特点，而且具有较好的磁响应性和超顺磁性，可应用于磁共振成像及药物载体等领域[1]，具备构建多功能纳米颗粒的广阔应用前景。例如，以氧化铁纳米颗粒为代表的磁性纳米颗粒可以用作磁共振成像对比剂，并且由于其本身具有细胞毒性、基因毒性和热效应等作用，也可以成为潜在的抗肿瘤药物[2]。

在所有影像诊断技术中，超声成像具有低成本、实时成像、安全无辐射等优点，得到了广泛的临床应用。但是，超声成像的组织分辨率和图像清晰度相对较低，微泡超声造影剂的使用能大大提高临床超声成像的分辨率和灵敏度。

微泡超声造影剂是目前应用最为广泛的一类超声造影剂，也是FDA批准使用的一类超声造影。微泡超声造影剂的发展历史可追溯到1968年，美国罗切斯特(Rochester)大学Gramiak等[3]发现手动振摇生理盐水经心导管注入心腔时产生"云雾状"的回声，超声回波信号得到了显著的增强，标志着超声造影技术研究与应用的开端。微泡(microbubble，MB)是一种具有稳定封装膜壳、直径为微米级或纳米级的气泡，其内核以高分子量惰性气体为主(如氟碳气体、氟硫气体等)，膜壳成分多为脂质、蛋白质、高分子聚合物、表面活性剂等，可以通过肺循环进入体内，也可以通过静脉注射在血液中循环，通过在超声波作用下产生压缩和膨胀的"超声空化"效应，增强反射与散射的回波信号，以此来提高超声图像对比度和清晰度。另外，微泡还可以与其他纳米颗粒、治疗药物、基因等进行相互融合，构建多模态、多功能微泡，为疾病的早期发现、诊断与治疗打下坚实基础。

将超声成像与磁共振成像两种医学成像技术相结合，实现超声/磁共振双模态成像，可获取更丰富、更完整、更准确的影像信息，提高疾病的检出率。因此，超声/磁共振双模态成像成为现代医学影像学的一大发展趋势，可同时满足超声/磁共振影像学检查需求的双模态造影剂研制引起了国内外学者的广泛关注。磁性微泡材料是由包膜微泡与磁性纳米颗粒相结合的一种新型复合材料，兼具微泡与磁性纳米颗粒各自优良的声学特性和磁学特性，并且具备超强的扩展性能，可用作超声/磁共振双模态成像造影剂，弥补单一成像模式的不足，为临床诊断提供更清晰、更准确的图像。同时，磁性微泡材料可以在外加磁场或偶联特异性靶向物质的引导下，高效靶向聚集到特定病灶部位，再借助"超声空化效应"及"声孔效应"等，实现超声场/磁场介导下药物或基因的精准递送，在疾病诊断和治疗方面发挥着重要作用，具有巨大的应用潜力。具体而言，磁性微泡的发展是伴随超声/磁共振双模态成像的研究而发展起来的。2008 年，Yang 等[4]首先将磁性微泡用于超声/磁共振双模态成像的研究。此后，越来越多的研究者对磁性微泡的成像机理、成像效果、影响因素等进行了长期且深入的探讨，不同种类、不同结构、不同尺寸的磁性微泡被制备出来，在体内外各层次进行了广泛研究。此外，基于磁性微泡在不同强度超声场下出现的各种生物效应，以及在不同类型磁场下表现出的磁靶向、升温等特性，研究者用其进行药物、基因和其他活性物质的递送。总的来说，磁性微泡材料目前在生物医学的相关研究主要集中在以下三个方面：①多模态成像；②超声场、磁场介导下的药物、基因递送；③多功能靶向分子成像。

综上所述，随着纳米生物材料学的不断发展，磁性纳米颗粒与微泡已分别发展成为安全、有效的造影剂和药物递送载体系统。融合两者优点设计构建的携带磁性纳米颗粒的磁性微泡材料，兼具优良的声学特性和磁学特性，并且可进一步结合靶向物质、治疗性药物、基因及其他造影剂，构建集早期诊断与精确靶向治疗为一体的多模态、多功能微纳米载体，有可能在未来疾病的多模态诊断和诊疗一体化应用中发挥积极作用。

6.1 磁性纳米颗粒与磁性微泡的设计与制备

6.1.1 磁性纳米颗粒与微泡的基本特性和制备方法

当磁性纳米颗粒的尺寸小于临界值(通常在 10～20nm)时，每个磁性纳米颗粒都具有较大的恒定磁矩，表现得像一个巨大的顺磁原子，对施加的磁场有快速的响应，剩磁和矫顽力可以忽略不计，并且其在室温下团聚的风险微乎其微，这些特性使得磁性纳米颗粒具有重要的生物医学应用价值[5]。为了获得性质可靠的用于生物医学的磁性纳米颗粒，必须要考虑增强其磁矩和超顺磁性，而且还要具有最佳的成分组成，适宜的尺寸、形状、表面电荷，以及在生物环境中的胶体稳定性、生物相容性和特定的靶向能力[6]。

近年来，生物医用磁性纳米颗粒(如 Fe_3O_4、γ-Fe_2O_3 等)的制备方法有了很大进步。为了获得形状可控、高度稳定、单分散好的生物医用磁性纳米颗粒，现已开发出多种合成方法。这些合成方法可以分为两大类：一类是从溶液或气相中制备磁性纳米颗粒；另一类是从分散在纳米级或微米级的有机或无机球形基质的磁性纳米颗粒复合材料中制备磁性纳米颗粒。

　　从溶液中制备磁性纳米颗粒的方法主要包括共沉淀法、热分解法、微乳液法、水热合成法等。共沉淀法可以用简单的方式制备尺寸和形状可控的磁性纳米颗粒，因此非常适合生物医学应用。使用均匀沉淀法可制备出尺寸均一的纳米颗粒，这个过程主要涉及核的成核与分离[7]。具体而言，在均匀沉淀反应中，当组成物质的浓度达到临界浓度时，会发生短暂的单次成核爆发，然后通过溶质从溶液扩散到其表面，使核均匀生长，直到形成最终尺寸。为了实现单分散性，上述两个阶段必须分开，在生长过程中避免成核反应[8]。

　　使用气相途径制备磁性纳米颗粒的方法主要有喷雾热解法和激光热解法，这两种方法已被证明能直接、连续制备出产量高、品质好的磁性纳米颗粒。一般来说，喷雾热解法制备的超细颗粒通常会聚集成较大的颗粒；使用激光热解法时，由于反应时间较短，超细颗粒团聚程度较低[9]。

　　一些纯物质或较小尺寸的颗粒会在空气中氧化而不稳定，当用上述方法制备磁性纳米颗粒时，一个重要的问题是要保持这些颗粒的稳定性，使其不会团聚或沉淀。因此，有必要开发有效的策略来提高磁性纳米颗粒的化学稳定性，其中最直接的方法是通过表面修饰或组装磁性纳米颗粒来保护它们。所有这些保护方法都是利用裸露的磁性纳米颗粒作为核心，在其表面包裹一层外壳。涂层外壳大致可分为两大类：①用表面活性剂或聚合物等作为涂层的有机外壳；②用二氧化硅、碳、贵金属(如金、银等)、氧化物等作为涂层的无机外壳。所有这些外壳材料均可修饰在磁性纳米颗粒的表面。层层(layer-by-layer，LBL)自组装技术是制备超顺磁性复合材料的所有方法中极具潜力的一种，使用该技术，磁性纳米颗粒的表面可以被聚电解质、纳米颗粒和蛋白质交替涂覆。另外，对于磁铁矿纳米颗粒而言，可通过微乳液种子聚合反应来进行聚合物包覆，通过改变单体浓度和水/表面活性剂的比例来控制磁性纳米颗粒的尺寸[10]。

　　总之，小尺寸特性与表面可修饰特性使得磁性纳米颗粒有望在体内应用中发挥重要作用。磁性纳米颗粒的制备流程主要包括以下三个步骤：①制备无机磁芯；②在磁性纳米颗粒表面涂覆一层稳定的生物相容性层；③通过结合靶向分子或药物/基因来实现分子水平上的应用。

　　最初研究发现，注射染料或生理盐水时形成的自由气泡对超声造影具有明显的增强效果。由于气体-空气界面的表面张力大，气泡溶解速度非常快，寿命极短，很难稳定存在。相关研究表明，一个直径 $10\mu m$ 的未封装气泡在脱气溶液和饱和空气溶液中溶解时间分别为 1.17s 和 6.63s[11]。为进一步提高气泡在气-液界面的稳定性，延长气泡在体内的循环时间，后续优化改进的微泡采用了脂质、表面活性剂、蛋白质及可生物降解的聚合物等作为膜壳材料，来包裹低溶解度和低弥散性气体。微泡膜壳结构的存在可以降低其表面张力，使微泡在血液循环中能保持稳定。如今，微泡已被广泛用于超声造影和药物、基因、气体递送等多种生物医学应用中。

微泡的制备方法主要包括以下四种类型：①用流动的液体制备微泡；②向液体中鼓入气体来生成微泡；③制备聚合物包裹的微泡，包括乳液溶剂蒸发法、交联聚合法等；④使用流动聚焦、微通道等来制备微泡。声空化法和高剪切乳化法等传统微泡制备方法具有产量高、生产成本低等优点，但对制备微泡尺寸与均一性的控制较差，很难满足临床诊断与治疗中微泡单分散性好、粒度分布较窄的需求。因此，新型微泡的制备方法朝着对尺寸和均一性有效控制的方向发展，近年来陆续出现了喷墨印迹法、微流控法等新方法。制备得到膜壳包裹的微泡后，可进一步通过静电吸附作用或者化学反应将纳米颗粒、多肽、抗体、配体等在微泡表面进行功能化修饰，扩展微泡的后续应用前景[12]。图 6.1 为微泡的结构及其超声响应特性[13]。在较低的超声强度下，微泡能产生很好的非线性振动且不会破裂，可用来增强超声成像。随着超声强度的增加，微泡变得不稳定，最终会导致气泡破裂，破裂后局部释放的能量可造成细胞的可逆性损伤，增强细胞膜的通透性，这对于超声介导的靶向药物递送和基因治疗具有重要意义。

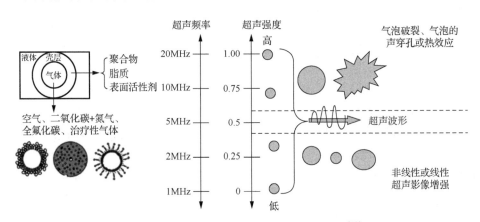

图 6.1　微泡的结构及其超声响应特性示意图[13]

6.1.2　磁性微泡的设计与制备方法

磁性微泡是由磁性纳米颗粒与微泡进行复合组装后构建得到的新型微纳米材料，磁性纳米颗粒可以结合在微泡膜壳的外部或内部。根据磁性纳米颗粒与微泡不同的组装结合方式，可大致将磁性微泡分为如图 6.2 所示的 3 个大类[14]：①磁性纳米颗粒通过某种螯合剂或静电吸附作用偶联在微泡膜壳表面的结构；②磁性纳米颗粒嵌入微泡膜壳中的结构；③磁性纳米颗粒嵌入微泡内油相层中的结构。

磁性纳米颗粒与微泡的结合方法主要分为物理结合法和化学结合法。其中，物理结合法主要通过静电吸附作用将磁性纳米颗粒吸附在微泡表面，化学结合法则是通过相似相溶或化学键偶联的方式进行结合[1]。

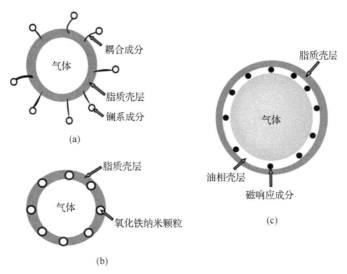

图 6.2　不同结构的磁性微泡示意图[14]

(a) 磁性纳米颗粒偶联在微泡膜壳表面；(b) 磁性纳米颗粒嵌入微泡膜壳中；
(c) 磁性纳米颗粒嵌入微泡内油相层中

1. 静电吸附作用法

在物质粒子之间的相互作用中，静电吸附作用是指阴、阳离子间通过静电作用形成的强烈相互作用，是各种物质粒子间相互作用中最强的一种，粒子之间的结合非常紧密[2]。因此，可通过不同的修饰方法，使磁性纳米颗粒与微泡界面带上相应的电荷，再利用静电吸附作用来构建磁性微泡复合体。

带电磁性纳米颗粒与带电微泡之间主要有两种结合方式。①如果两者电性相反，则可以直接通过静电吸附作用将二者连接。Park 等[15]将负电性的 Fe_3O_4 纳米颗粒、溶菌酶和海藻酸钠混合到水溶液中，连同 CO_2 一起通过一个三通道的微流道，形成初级包裹 CO_2 的单分散性磁性微泡悬液。这时的微泡不稳定，微泡中的 CO_2 会持续溶解到悬液中，使得微泡收缩变小，同时导致悬液酸度增加，使得原先带负电荷的溶菌酶带上正电荷，就能通过静电吸附作用，牢牢地结合上负电性的 Fe_3O_4 纳米颗粒；负电性的海藻酸盐与带正电荷的溶菌酶通过静电吸附作用，使得整个微泡结构更加稳定。②如果两者电性相同，则可以通过偶联与两者电性不同的化学偶联剂进行连接。Soetanto 等[16]用阴离子型表面活性剂修饰磁性纳米颗粒使其带上负电荷，用 Ca^{2+} 作为偶联剂，将负电性的磁性纳米颗粒装载到负电性的表面活性剂微泡表面[图 6.3(a)]。

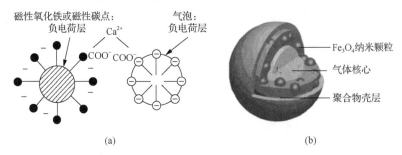

图 6.3 两种不同方法制备的磁性微泡示意图[16-17]

(a) 静电吸附作用法制备磁性微泡；(b) 相似相溶法制备磁性微泡

2. 相似相溶法

相似相溶原理，是指由于极性分子间的电性作用，极性分子组成的溶质易溶于极性分子组成的溶剂，难溶于非极性分子组成的溶剂；非极性分子组成的溶质易溶于非极性分子组成的溶剂，难溶于极性分子组成的溶剂。磁性纳米颗粒经过一定的化学修饰之后会呈现不同溶解性。例如，油酸包裹的 Fe_3O_4 纳米颗粒为油溶性，可以均匀分散于同样属于油溶性的有机膜材中，这样在制备微泡时，纳米颗粒就自然地嵌入膜材中，成为磁性微泡的一部分。用双亲性分子修饰过的磁性纳米颗粒，能均匀分散于脂溶性物质中，这是制备磁性脂质体微泡的一个主要方法[2]。

Yang 等[17]将油酸包裹的 Fe_3O_4 纳米颗粒，溶解到聚乳酸(polylactic acid，PLA)中，采用声空化法制备出含有 Fe_3O_4 纳米颗粒的初级 PLA 微泡。然后在其表面包裹上一层聚乙烯醇(polyvinyl alcohol，PVA)，形成 PLA-PVA 双层聚合物微泡，此时 Fe_3O_4 纳米颗粒均匀地镶嵌在微泡的内油相层[图 6.3(b)]。类似地，Chow 等[18]制备了内部装载单晶铁氧体纳米颗粒的聚合物微泡。Vlaskou 等[19]用吐温 60(一种非离子型的表面活性剂)修饰磁性纳米颗粒，使其成为双亲性的颗粒溶于脂质分子中，采用机械振荡的方法，纳米颗粒就均匀地分布到脂质体微泡的膜壳中，形成磁性脂质体微泡。

3. 化学偶联法

化学偶联法是指采用化学偶联剂将两个分子通过化学反应连接到一起的方法[2]。He 等[20]制备了空白 PLA-PVA 双层微囊，制备过程中 PVA 被高碘酸钠和亚氯酸钠氧化后表面带有羧基，使用的磁性纳米颗粒为氨丙基三乙氧基硅烷修饰

的 γ-Fe₂O₃ 纳米颗粒，表面带有多个氨基。PLA-PVA 双层微囊经 EDC-NHS 活化后，与氨丙基三乙氧基硅烷修饰的 γ-Fe₂O₃ 纳米颗粒发生氨基与羧基的交联反应，最终得到表面装载 γ-Fe₂O₃ 纳米颗粒的磁性微泡。

综上所述，静电吸附作用法和化学偶联法主要用于制备表面装载磁性纳米颗粒的磁性微泡，相对比较复杂，因为要对微泡和磁性纳米颗粒分别进行修饰，使其带上相应的电荷或化学键。这种方式下，微泡与磁性纳米颗粒的结合十分紧密，结构十分稳定。使用相似相溶法制备磁性微泡的过程相对比较简单，只须用一定的溶剂来修饰磁性纳米颗粒，再溶入相应的膜材中，通过原先制备空白微泡的方式便可将磁性纳米颗粒均匀地镶嵌入微泡中，形成磁性微泡[2]。Poehlmann 等[21]深入研究了物理结合法与化学结合法对磁性微泡性质的影响，指出用化学结合法制备的磁性微泡膜壳黏弹性比采用物理结合法要小得多，即膜壳较软，但物理结合法制备的磁性微泡具有更好的磁学性质。此外，磁性微泡不会因为偶联了磁性纳米颗粒而降低其超声回波信号，偶联后的磁性微泡依然是优良的超声造影剂。除了上述几种主要的结合方法外，还可以通过生物素-亲和素的方法实现磁性纳米颗粒与微泡的偶联[22]。总的来说，磁性纳米颗粒和微泡的结合方式不同，其潜在的应用方向会有所不同，不同结合方式制备的磁性微泡功能扩展也有所差异，均由磁性微泡的应用需求决定。

6.2 磁性微泡的声学特性与磁学特性

6.2.1 磁性微泡的声学特性

在表面没有结合磁性纳米颗粒的情况下，微泡会响应低强度超声场作用进行对称的径向振荡。由于磁性纳米颗粒在压缩过程中堆积密度增加，对于磁性微泡而言，微泡膜壳中存在的磁性纳米颗粒会影响气泡的等幅膨胀与收缩。因此，必须考虑当磁性纳米颗粒被修饰到微泡表面时会降低微泡高回声特性的可能。为深入研究该挑战性问题，Yang 等[17]详细探究了在微泡膜壳中嵌入磁性纳米颗粒对于微泡散射特性的影响。基于气泡动力学理论[23]，研究人员使用优化方法模拟了在平均半径为 2μm 的壳层中装载不同含量 Fe₃O₄ 纳米颗粒的磁性微泡壳层性能。在 3.5MHz 的固定激励频率下，使用估算的壳体黏弹性参数(壳体的弹性参数 κ_s 和黏度参数 ω_s)计算了微泡的散射截面。声散射定义为每单位入射强度在各个方向上散射的声功率，散射截面 $\sigma_s(\omega)$ 可以由式(6.1)进行估算[24]：

$$\sigma_s(\omega) = 4\pi R_0{}^2 \frac{\Omega^4}{(\Omega^2 - 1)^2 + \Omega^2 \delta^2} \tag{6.1}$$

式中，$\Omega = \omega/\omega_0$，ω 为激励频率，ω_0 为共振频率；R_0 为初始半径；δ 为阻尼系数。

根据式(6.1)，当气泡的初始半径 R_0 和激励频率 ω 固定时，散射截面 $\sigma_s(\omega)$ 由共振频率 ω_0 和阻尼系数 δ 决定。共振频率 ω_0 与壳体弹性参数 κ_s 有关，阻尼系数 δ 与壳体黏度参数 ω_s 有关。因此，通过计算壳体的黏弹性质，可以得到壳体对声散射影响的信息。微泡浓度、微泡大小、超声激励频率及壳体黏弹性等参数共同影响散射性能。磁性微泡与不含磁性纳米颗粒的纯微泡相比，除了壳层的性质外，其余的散射性质均相同。研究发现，当磁性纳米颗粒装载浓度增加时，磁性微泡的散射截面先增大后减小[图 6.4(a)]。因此，控制微泡膜壳中磁性纳米颗粒的适宜浓度有助于更好地发挥其在生物医学成像方面的作用。

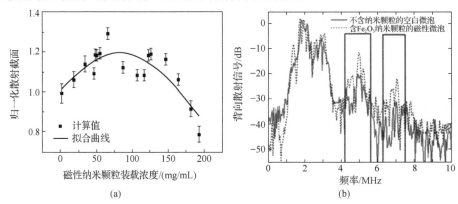

图 6.4 磁性微泡的声学特性

(a) 不同磁性纳米颗粒装载浓度下磁性微泡归一化散射截面的计算结果；
(b) 空白微泡与含 Fe_2O_3 纳米颗粒的磁性微泡背向散射信号

图 6.4(b)显示，含 Fe_2O_3 纳米颗粒的磁性微泡二次谐波、三次谐波振幅较大，其原因可能是微泡表面装载磁性纳米颗粒会改变壳层的黏弹性，影响微泡的声学响应行为，分布不均匀的纳米颗粒会以不对称振荡响应，从而导致磁性微泡非线性响应行为的增加。此外，纳米颗粒会改变微泡的振动特性，增强非线性背向散射信号，在医学超声谐波成像中具有应用价值。因此，具有较高非线性度的磁性微泡有利于提高超声谐波成像的对比效果。

6.2.2 磁性微泡的磁学特性

当微泡置于存在外部均匀磁场 H_0 具有磁导率的流体中时，微泡周围的磁场会受到干扰。改变介质中微泡磁化率的方法之一是改变填充气体的磁化率。如果填充在微泡中气体的磁化率与周围介质的磁化率不同，微泡会在磁场中产生局域扰动，从而起到"磁化率对比剂"的作用，缩短横向弛豫时间 T_2 和 T_2^*。这种影响依赖于磁场强度，且在较高磁场强度时表现更为明显[25]。相关研究表明，微泡可用作 2T 和 4.7T 强度核磁共振扫描仪上的磁共振成像对比剂[26]。

　　根据包含球体溶液的磁共振信号弛豫率常数(r_2)与球体大小有关的原理，当可膨胀的微泡存在于压力变化的介质中时，压力(P)改变引起的微泡尺寸变化会导致信号衰减率常数(弛豫效能)$1/T_2$(或 r_2)和 $1/T_2^*$(或 r_2^*)发生变化。纯微泡的敏感性是通过横向弛豫率(r_2^*)来测量的，可以通过式(6.2)计算横向弛豫率 $r_2^*(t)$的时间过程[27]：

$$r_2^*(t) = -\ln(S(t)/S_f)/TE \tag{6.2}$$

式中，S_f 是最终的信号强度；TE 是回波时间；r_2^*与微泡的体积分数成正比，因此振荡引起的微泡体积变化可以改变横向弛豫率。如图 6.5(a)所示，微泡体积增加相当于增加了微泡与其所处环境之间的磁化率差异。尽管上述研究表明微泡具有良好的磁响应特性，但由于微泡的磁化率效应相对较弱，所有的研究都是使用高场磁共振系统来进行的。在实际应用中，在含有气体的微泡壳层上修饰或嵌入具有高磁偶极矩的磁性纳米颗粒可以提高磁化率，通过在微泡膜壳上嵌入数以千计的磁性纳米颗粒可以显著提高磁化率[17,28]。在这种情况下，磁性纳米颗粒具有较大的磁化率。在体外测量时，样品的横向弛豫率(r_2)可以用式(6.3)来描述：

$$r_2^{\text{Total}} = r_2^{\text{MBs}} + r_2^{\text{MNPs}} \tag{6.3}$$

式中，r_2^{Total} 是磁性微泡的横向弛豫率；r_2^{MBs} 是微泡的横向弛豫率；r_2^{MNPs} 是磁性纳米颗粒的横向弛豫率。

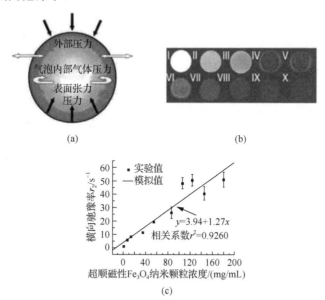

(a)　　　　　　　　　　　　　(b)

(c)

图 6.5　磁性微泡的磁学特性研究

(a) 微泡尺寸随压力变化的示意图；(b) 使用 7T 核磁共振扫描仪得到的体外磁共振图像[17]，Ⅰ 为去离子水，Ⅱ 为不含超顺磁性氧化铁纳米颗粒的微泡，Ⅲ～Ⅹ分别为超顺磁性氧化铁纳米颗粒浓度为 5.73mg/mL、12.06mg/mL、33.14mg/mL、54.23mg/mL、86.47mg/mL、105.69mg/mL、122.85mg/mL、145.24mg/mL、180.23mg/mL 的磁性微泡；(c) 横向弛豫率(r_2)与超顺磁性氧化铁纳米颗粒浓度的关系[17]

Yang 等[17]研究了将不同浓度的 12nm Fe_3O_4 纳米颗粒嵌入聚合物微泡膜壳中对于微泡横向弛豫率的影响[图 6.5(c)]。总的横向弛豫率 r_2^{Total} 会受到微泡、r_2^{MBs} 和 r_2^{MNPs} 三者的共同影响。一般来说，当微泡的体积分数大于 60%时，包裹在微泡中的超顺磁性 Fe_3O_4 纳米颗粒对 r_2^{MNPs} 的贡献大于相同浓度下游离超顺磁性 Fe_3O_4 纳米颗粒对 r_2^{MNPs} 的贡献。由于微泡可以将磁性纳米颗粒固定在壳层中，并使大量的磁性纳米颗粒在壳层内局部聚集，从而使得单位体积内的磁性纳米颗粒数量远高于游离的磁性纳米颗粒。在这种情况下，由于高浓度磁性纳米颗粒带来的影响占主导地位，适用于磁性纳米颗粒均匀分布微泡的磁化率线性关系不再成立。事实上，增加单位体积的超顺磁性氧化铁纳米颗粒数量产生的影响与磁性纳米颗粒的种类、尺寸、磁饱和度、总磁化率及在微泡壳层中的分布有很强的相关性[29]。

6.3　磁性微泡的生物医学应用

近年来，随着医学诊疗技术和材料工程学的快速发展，融合了微泡对比剂和磁性纳米材料的磁性微泡成为一种新型的生物医用材料，在生物医学领域发挥着越来越重要的作用。磁性微泡的生物医学应用主要集中在疾病诊断(多模态造影和靶向分子成像)和疾病诊疗(多模态造影、药物递送、基因转染中两者或三者交叉)领域[1]。在疾病诊断方面，磁性微泡除了能作为超声造影剂，还能利用磁性纳米颗粒作为磁共振对比剂，从而实现了一种造影剂下的超声/磁共振双模态造影。不仅如此，以磁性微泡为基础，还可以再结合其他造影材料(如 CT 造影剂、核素、荧光分子、光声造影剂等)，进一步实现多模态造影。除此之外，磁性微泡还能通过偶联特异性靶向物质(如抗体、多肽、多糖、核酸适配体等)进行靶向分子显影，实现疾病的早期诊断。在疾病治疗方面，磁性微泡除了具有良好的造影功能外，还可作为纳米载体实现药物递送和基因转染。将药物或基因与磁性微泡进行整合，在超声场和外磁场的介导下，使携载药物或基因的磁性微泡聚集在靶组织或器官，通过控制超声参数或施加交变磁场使磁性微泡在病灶部位爆破，产生的"声空化效应"能使释放的药物或基因进入病灶组织或细胞内，从而达到高效治疗的目的。综上所述，磁性微泡不仅在疾病诊断方面发挥着极其重要的作用，而且在诊疗一体化领域有着广泛的应用前景。

6.3.1　基于磁性微泡的成像造影剂

1. 多模态成像

医学影像技术是临床诊断的重要辅助工具，多年来为了应对疾病的早期检测与诊断，发展出了一些医学影像新方法。其中，将多种医学影像手段联合使用的多模态成像技术，可以综合不同影像学成像方式的优点，更全面和准确地获取疾病信息，显示出极大的优势。实现多模态成像的一种可行方法是在一种造影剂载体平台上，集合多种成像造影剂，可通过使用一种造影剂实现多种模式的成像诊断。微泡和磁性纳米颗粒分别是超声成像与磁共振成像的有效造影剂(对比剂)，将两者结合起来构建兼具声学特性和磁学特性的复合多功能磁性微泡材料，可实现超声与磁共振共同增强的双模态造影。

Yang 等[17]将 Fe_3O_4 磁性纳米颗粒装载到聚合物膜壳中，首次制备得到了兼具超声和磁共振双重造影效果的磁性微泡造影剂。研究结果发现，当一定量的 Fe_3O_4 磁性纳米颗粒加入微泡膜壳中后，会显著增强超声成像的图像效果。另外，微泡膜壳特殊的气/液界面及 Fe_3O_4 磁性纳米颗粒在膜壳中的分布会直接影响微泡在磁场中的磁化率敏感度，通过精细调控膜壳中 Fe_3O_4 磁性纳米颗粒的含量和组装方式，能够在保持微泡具有超声波回波信号反射特性的同时，具有磁共振成像效果。体内外实验结果均表明，装载了磁性纳米颗粒的微泡相较于纯微泡而言，磁共振成像效果得到了显著增强，并且兼具良好的超声造影效果。随后，Liu 等[30]使用聚氰基丙烯酸丁酯(poly(butyl cyanoacrylate)，PBCA)聚合物包裹的超小超顺磁性氧化铁(ultrasmall superparamagnetic iron-oxide，USPIO)纳米颗粒构建了磁性微泡，同样具有优异的超声/磁共振双模态成像性能。Liao 等[31]采用白蛋白制备了包裹 Gd-DTPA 的超声/磁共振双模态造影剂，通过体内外实验证实了构建的白蛋白包载 Gd-DTPA 微泡能够显著增强超声回声信号和 MRI T1 信号，同时探讨了在聚焦超声的作用下，利用微泡的空化效应可促进血脑屏障的开放。Huang 等[32]将超顺磁性氧化铁纳米颗粒包裹于超声微泡内，通过体内外实验证实其不仅可以明显增强超声回声信号，还能增强 MRI T2 加权成像。Sciallero 等[33]将超顺磁性氧化铁纳米颗粒采用化学共价连接和物理包裹的方法分别结合在微泡膜壳上和膜壳内，并对其声学特性和超声显像效果进行系统研究，发现两种结合方式的微泡均能明显增强超声回波信号和成像灵敏度。通过化学键将超顺磁性氧化铁纳米颗粒与微泡膜壳相连的超声显影效果，明显优于单纯物理包裹法，分析原因可能是超顺磁性氧化铁纳米颗粒包载于膜壳内，增加了微泡壳的硬度，不利于微泡的弹性膨胀。因此，磁性纳米颗粒与微泡结合组装方式的不同将影响其成像效果。

此外，还有其他基于磁性微泡的多模态成像研究。Luo 等[34]将超顺磁性氧化铁纳米颗粒与近红外荧光染料 DiR 共同装载在聚乙二醇-聚乳酸-羟基乙酸共聚物(PEG-PLGA)纳米气泡中，成功构建了集超声/磁共振/荧光为一体的多模态成像造影剂。Ke 等[35]报道了基于纳米金壳胶囊包裹全氟溴辛烷和超顺磁性氧化铁纳米颗粒的复合纳米微囊，可作为 CT/磁共振/超声三模态成像造影剂，全氟溴辛烷和超顺磁性氧化铁纳米颗粒可分别增强超声成像和 T2 加权的磁共振成像，外层金纳米壳可明显增强 CT 对比成像,同时实现良好的光热治疗。Song 等[36]将超小超顺磁性氧化铁纳米颗粒与抗肿瘤药物紫杉醇(paclitaxel,PTX)装载到 PEG-PLGA 纳米气泡的膜壳中,并进一步通过化学偶联的方法在磁性纳米微泡表面连接曲妥珠单抗(herceptin)(图 6.6)。实验结果表明,该磁性微泡复合体不仅可实现集超声/磁共振/光声为一体的多模态成像,而且还能高效靶向乳腺癌细胞,在低频超声调控下促进化疗药物紫杉醇的快速释放。

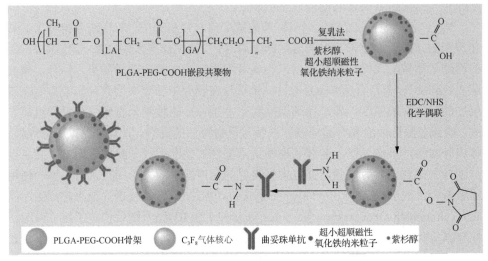

图 6.6 超小超顺磁性氧化铁纳米颗粒、紫杉醇、曲妥珠单抗修饰的纳米气泡示意图[36]

LA 为乳酸;GA 为羟基乙酸

2. 靶向分子成像

随着分子影像学的发展,出现了许多新型分子影像探针,这些探针与影像学方法结合,可实现对活体状态下的生物过程中某些特定目标进行细胞和分子水平的定性和定量研究。磁性微泡的靶向分子显影是指在超声成像/磁共振成像基础上,在磁性微泡表面偶联靶向分子(抗体、多肽、多糖、核酸适配体等),由血液循环或者透过血管壁到达特定的病变部位,通过靶向分子与受体特异性结合实现精准定位,并进行局部靶向分子显影,从而更深入探究疾病在细胞或分子水平的情况,了解多种疾病病变的核心过程[1]。

尽管传统影像手段可以在小微血管的粥样硬化、血管生成及炎症检测上发挥出色作用,但其对大血管(如主动脉)的成像效果不尽如人意,这是因为体内大血管(如主动脉)具有血流速度快、血流剪切力大等特点,造影剂不能有效地结合在这些大血管的内表面。借助磁性微泡的靶向分子显影则可以有效地解决这个问题。在外磁场的引导下,磁性微泡可以在感兴趣区域聚集,微泡表面的靶向分子特异性地与相应的受体相结合。在磁力及配体-受体结合力协同作用下，即使存在相对较大的血流剪切力，磁性微泡也可以牢牢地黏附在血管病灶部位，实现靶向分子造影[2]。

Wu 等[37]使用血管细胞黏附分子-1 抗体连接到磁性微泡表面，用来提高动脉粥样硬化的分子显影效果(图 6.7)。实验结果表明，即使在高血流剪切力存在的情况下，携载血管细胞黏附分子-1 抗体的磁性微泡也可以在外磁场的引导及抗原-抗体的高特异性相互作用下高效黏附到病灶部位，并具有良好的超声显影效果，从而有助于实现对动脉粥样硬化疾病的早期诊断。除此之外，Bin 等[38]也使用类似的方法构建了 P-选择素靶向的磁性微泡，通过体内外实验验证了该磁性微泡可在高血流剪应力下用于外磁场引导的血管炎症分子成像。

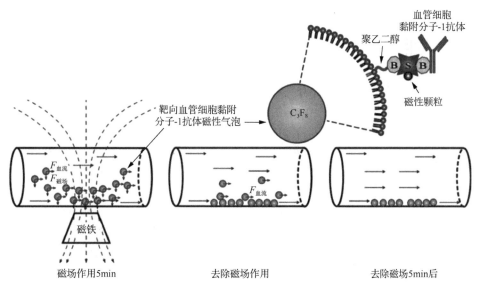

图 6.7　外磁性引导下磁性微泡靶向黏附病灶区域的示意图[37]

Duan 等[39]将超顺磁性氧化铁纳米颗粒在聚合物微泡表面进行了可控组装，然后将一种兼具靶向与治疗功能的 RGD-L-TRAIL 蛋白与之结合，构建了 RGD-L-TRAIL 蛋白标记的多梯度连续靶向型磁性微泡分子探针，用于结肠癌的诊疗。该磁性微泡分子探针具有复杂而精细的多层结构：用于增强超声成像的气体内核，膜壳上用于磁靶向及增强磁共振成像的超顺磁性氧化铁纳米颗粒，以及最外层具有特异性结合肿瘤新生血管内皮细胞并诱导其凋亡能力的 RGD-L-TRIAL。在体内实验过程中，微泡膜壳表面的超顺磁性氧化铁纳米颗粒可以发挥磁靶向功能，超顺磁性氧化铁纳米颗粒上修饰的 RGD-L-TRIAL 可以发挥分子靶向的作用，双重靶向作用下微米级的靶向型磁性微泡分子探针可迅速通过血液循环，聚集于肿瘤部位，此时可以进行实时的超声/磁共振双模态造影，提高诊断的准确性，这是一种微米尺度的靶向与诊断。在微泡破裂之后，其表面装载的超顺磁性氧化铁纳米颗粒被释放，在其纳米级尺寸带来的 EPR 效应和其上修饰的 RGD-L-TRIAL 主动靶向作用下，超顺磁性氧化铁纳米颗粒可以通过血管壁到达肿瘤组织，再次发挥磁共振成像甚至是热疗的功能。同时，RGD-L-TRIAL 将被癌细胞通过整合素 $\alpha_V\beta_3$ 的黏附作用有效地内吞，继而诱导癌细胞凋亡，从而提高癌症治疗的效果，这是一种纳米尺度的靶向与诊疗[40]。

6.3.2　基于磁性微泡的药物递送系统

1. 超声/磁场辅助的药物递送

磁性微泡可以作为一种有效的药物递送系统。一方面，它能够介导细胞产生"声致穿孔现象"[39]，当一定强度的超声辐射作用于细胞，超声作用产生的能量能改变细胞膜通透性，细胞膜通透性发生短时增强，形成纳米级孔洞，这些孔洞在撤去超声场后会重新修复，此过程即"可修复声穿孔效应"[2]。因此，可以利用声穿孔的形成和重新修复过程，通过控制超声激励信号频率将目标药物截留在细胞内部，从而发挥治疗作用。另一方面，在超声场与磁场双重介导下，磁性微泡还能产生升温、超声空化、磁靶向等各种可利用的效应促进药物递送。当装载药物的磁性微泡通过血液循环进入人体后，可由磁共振成像进行示踪，并且在外加磁场引导下富集到病灶部位，通过超声调控使磁性微泡有规律振荡或破裂，进而释放药物到相应靶细胞或组织，发挥治疗作用。

Fan 等[41]在微泡膜壳上同时装载了超顺磁性氧化铁纳米颗粒和抗肿瘤药物，这样的载药系统不仅具备了超声/磁共振双模态成像能力，还具有外加磁场引导下的靶向功能及高强度聚焦超声介导下透过血脑屏障的药物可控释放作用。Lammers 等[42]也开展了相似的研究，证实在高强度聚焦超声作用下载药磁性微泡携带的药物及磁性材料可以通过血脑屏障，有利于脑部肿瘤的治疗与磁共振成像。Niu 等[43]将磁性纳米颗粒嵌入聚合物微泡膜壳内，将药物装载于微泡气体核中，在超声场介导下用于淋巴结转移的诊疗。

以上这些研究中，药物在靶区的聚集和释放，主要依赖于超声场和磁场的调控，并不是针对靶标的特异性主动靶向。因此，如果在载药磁性微泡表面进一步偶联特异性靶向物质(如抗体、多肽、多糖、核酸适配体等)，使其成为诊疗一体化多模态分子探针，在超声场和磁场的协同作用下，主动靶向至病灶部位实现细胞及分子水平的诊疗，将会有更好的效果。Jin 等[44]将超顺磁性氧化铁纳米颗粒和化疗药物阿霉素共同包裹到聚乳酸-乙交酯-聚乙二醇-叶酸聚合物纳米泡中，制备了用于乳腺癌靶向诊疗的多功能磁性纳米泡。实验结果表明，叶酸偶联增强了其肿瘤的靶向性，结合靶向超声成像/磁共振成像及聚焦超声触发的药物递送显著提高了肿瘤的治疗效果。对于血栓，传统的治疗方法主要是通过服药缓解或溶解血栓，然而长期服药带来的毒副作用和对身体健康组织细胞的损害是不可避免的。载药磁性微泡可以很好地解决以上问题。具体步骤如下：首先将溶栓药物装载在磁性微泡内，微泡表面偶联配体，从而使其与血栓部位特异性结合以提高磁性微泡的靶向性[1]。当装载药物的磁性微泡通过血液循环进入人体后，可利用磁共振成像进行示踪，并且在外加磁场引导下富集到病灶区域，当微泡结合到血栓块进而被血块深层吸收时，使用高强度聚焦超声使其爆破，释放药物以达到治疗目的。研究表明[45]，超声控制下定向释放药物，不仅可改变药物在机体内的分布和浓度，增加血栓部位药物局部浓度，减少毒副作用，而且治疗效果明显好于单独使用药物。

2. 刺激响应型智能药物递送

刺激响应型智能药物递送系统能够通过对时间、空间和剂量的精确调控实现药物或造影剂成分在疾病部位的高效准确递送，已成为极具前景的疾病诊治平台之一[46]。针对智能药物载体的刺激信号主要包括内源性刺激(pH、氧化还原物质和酶浓度等)和外源性刺激(光、力、温度、磁场、超声和电压等)，磁性微泡兼具良好的超声/磁场响应特性，并且可以进一步对载体结构进行精巧设计，构建由疾病环境触发的智能型磁性微泡药物递送系统，有助于实现时空可控的精准药物递送[47]，在生物医学领域具有广阔的应用前景[48]。

Yang 等[49]构建了一种内部装载 L-精氨酸、膜壳结合超顺磁性氧化铁纳米颗粒、表面修饰葡萄糖氧化酶的复合磁性微囊。它是一种葡萄糖和外磁场双响应的微囊递送系统，微囊表面的葡萄糖氧化酶可与糖尿病人体内的葡萄糖特异性反应，降低葡萄糖浓度的同时生成 H_2O_2 和葡萄糖酸。微囊膜壳中的磁性纳米颗粒在外磁场的作用下运动，使膜壳产生空隙，内部装载的 L-精氨酸与 H_2O_2 接触，进一步发生特异性反应生成 NO。通过微囊结构对葡萄糖和磁场的双响应，一方面有效降低高糖水平下的葡萄糖浓度，另一方面生成的 NO 气体可发挥其超声成像和相应的疾病治疗功能。系统中的超顺磁性氧化铁纳米颗粒除了响应外磁场，还有 MRI 成像的功能[40]。此系统可作为有效调控血糖的多功能载体平台(图 6.8)。

磁性微泡的稳定性是其应用的主要因素之一。Liu 等[50]设计了一种磁性纳米脂质体药物递送系统，这种装载治疗性气体前体药物茴三硫和磁性纳米颗粒的复合结构通过 EPR 效应，在外磁场的靶向控制下高效率聚集在肿瘤位置，随后在肿瘤内胱硫醚-β-合成酶、胱硫醚-γ-裂解酶等生物酶的催化下，生成具有抗肿瘤性质的气体 H_2S。一方面，脂质体装载的磁性纳米颗粒特异性响应外磁场，可以磁共振成像时空监控和调控脂质体的瘤内靶向聚集；另一方面，酶催化产生的 H_2S 微泡增强了肿瘤内超声造影效果，更高声强的超声能量可进一步刺激微泡破裂，超

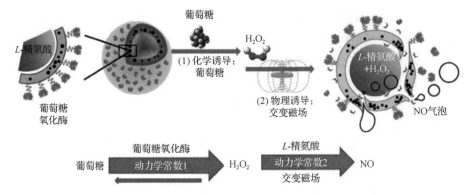

图 6.8　葡萄糖-磁场双响应 NO 气泡控制释放示意图[49]

声空化物理肿瘤消融和 H_2S 本身的抗肿瘤性质使原本致密的肿瘤内组织坏死溶解,为纳米载体进入肿瘤内部创造了有利条件。类似地,Li 等[51]利用血小板膜装载 L-精氨酸(人体内源性 NO 供体)和 γ-Fe_2O_3 磁性纳米颗粒,构建了一种磁性血小板膜气体前体药物的靶向递送系统。实验结果表明,该纳米载体具有良好的体外稳定性与生物安全性,可诱导内皮细胞产生 NO,并且可以抑制凝血酶、二磷酸腺苷、花生四烯酸三种血小板诱聚剂诱导的血小板聚集。体内实验结果表明,该纳米载体可通过仿生载体天然靶向和磁响应双重靶向功能,快速靶向递送到缺血性脑卒中模型小鼠的脑血管受损病灶部位。由于该纳米载体包裹了磁性纳米颗粒,其具有良好的磁共振 T2 显影增强效果,并且随着 L-精氨酸的释放与 NO 的原位产生,脑卒中缺血区域的血管出现了明显的扩张与血供恢复,实现了缺血性脑卒中早期磁共振 T2 诊断增强与血管再通治疗一体化,延长了卒中的治疗时间窗。研究开发的纳米载体递送系统有望成为血管受损相关疾病早期诊治的新技术手段和方法。

6.3.3　基于磁性微泡的基因递送系统

基因治疗是磁性微泡诊疗应用的另一研究方向。基因治疗成功与否的关键在于是否将目的基因安全、有效地导入宿主细胞。以往的基因转染技术未能很好地满足基因治疗的临床需要,随着基于磁性微泡基因递送系统的深入研究,将磁性微泡用于基因转染不仅能显著提高转染率,而且靶向性和安全性将大大改善。因此,磁性微泡介导的基因转染在肿瘤、心血管等多种疾病的治疗中都将发挥十分重要的作用[1]。

基因治疗是指通过载体将外源性遗传物质导入受体细胞并且使之表达的治疗方法,对于很多疑难杂症,如癌症和多种遗传病,基因治疗具有很大的潜力[52]。基因治疗的效果取决于外源基因的转染效果。基因转染是将具生物功能的核酸转移或运送到细胞内,并使核酸在细胞内维持其生物功能。基因转染的方法有很多,主要可分为病毒转染法和非病毒转染法。虽然病毒载体转染率比较高且表达时间较长，但是不能递送大尺寸的基因，而且它的安全性一直受到关注；非病毒转染法虽然转染率低于病毒转染法，但是相对安全，且靶向性强[53]。

微泡主要是通过超声能量介导下产生的热效应和空化效应实现基因转染[54]。热效应是指超声能量被组织吸收以后产生热量，使得蛋白质变性并驱使转染[55]。超声空化效应是指存在于液态物质中的微小气泡(空化核)受声波辐射后共振破裂[56]。空化核在急剧收缩到崩溃爆裂的过程中，吸收了大量的声能，并将能量集中释放在极小的区域，因而核内产生了局部高温、高压现象，还伴随强大冲击波、高速微射流、液体中自由基的产生，这些自由基可使细胞膜通透性增加[57]。微泡作为一种人为的空化核，可增加体内空化核的浓度，增强空化效应，并减少产生空化效应所需的超声能量。靶区附近极端的物理条件和化学基团的形成，使得微泡周围组织细胞壁和质膜被击穿，产生可逆性或不可逆性小孔，造成局部毛细血管和邻近组织细胞膜的通透性增高，使目的基因或药物进入组织细胞内或靶器官，实现基因转染和表达。

超声场-磁场联合介导的磁性微泡基因递送受到越来越多的关注[58]。磁性纳米颗粒本身作为一种基因转染的载体已经被广泛应用，而且当其尺寸小于 25nm 时展现出超顺磁性，对外加磁场有良好的响应性[59]。若将微泡与磁性纳米颗粒相结合构建磁性微泡，可以进一步提高转染率和转染精度，是一种理想、安全的基因载体。基因可以偶联或包裹在磁性微泡上，利用超声/磁共振成像，可以使基因递送过程变得可视化[30]。因此，基于磁性微泡的基因递送系统具有广阔的应用前景。

磁性微泡的体外转染方式是混合施加磁场和超声场，磁性微泡在转染时加上磁场可以显著提高转染率[54]。Mannell 等[60]将携带慢病毒的磁性微泡载体在超声破裂后进行血管内皮基因定向传递，实验结果表明，在磁场和超声场的共同作用下磁性脂质体微泡转染绿色荧光蛋白基因的效率是 53.0%±0.6%，而没有磁场作用时此转染效率仅为 39.0%±0.5%。这可能是因为在超声场和磁场的联合介导下，细胞膜的通透性进一步增加，使得进入细胞的基因增多，从而提高了转染效率。Anton 等[61]发现，在体外流动系统中磁性微泡可利用超声增强腺病毒的转导。此外，Owen 等[62]的实验证明了磁性微泡可以作为基因转染的载体，如果把磁性纳米颗粒附着在微泡的表面，可使得携带基因的微泡在声场和磁场的共同作用下进行高效基因转染。

Vlaskou 等[19]通过脂质、磁性纳米颗粒和核酸进行自组装形成磁性微泡(图 6.9)，研究了外加磁场作用下磁性微泡对基因转染的影响。他们使用了三种不同类型的核酸(小鼠胚胎成纤维细胞 NIH 3T3 中的萤光素酶报告基因，人肺腺癌细胞 H441 中的萤光素酶报告基因和萤光素酶 siRNA)来研究在培养的贴壁细胞中的递送效率。实验结果表明，当施加磁场时，核酸的递送效率得到了有效提升，其效果与商用转染试剂相当，转染效率明显高于使用 SonoVue 微泡(一种市售脂质微泡)联合超声的转染效率。在小鼠体内进行动物实验，当在小鼠胸腔引入外部磁场时，质粒 DNA 在靶部位的集聚是肺内非靶部位的 2～3 倍。他们使用类似的方法将报告基因转移到人宫颈癌 HeLa 细胞中，用微泡和超声波处理的细胞表现出剂量依赖性的细胞毒性。因此，该磁性微泡是一种很有前途的基因递送载体和肿瘤基因治疗制剂。

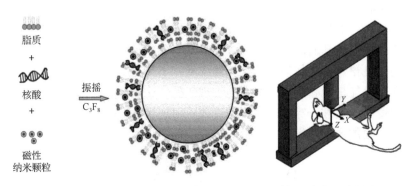

图 6.9　脂质、磁性纳米颗粒和核酸自组装形成磁性微泡的示意图和动物实验环境[19]

综上所述，磁性微泡是磁性纳米颗粒与包膜微泡复合组装后构建得到的一种新型生物医学材料，它兼具微泡与磁性纳米颗粒优良的声学特性和磁学特性，可用作超声/磁共振双模态成像造影剂。同时，磁性微泡材料可在外加磁场、偶联特异性靶向物质和超声作用下，实现超声场/磁场介导下药物或基因的精准递送。目前，针对磁性微泡的研究多数仍局限于模拟研究、细胞层面研究和动物层面研究，距离真正的临床应用还有一定的距离。磁性微泡的未来研究工作将集中在多模态、多功能成像造影剂的开发、药物/基因递送系统的精确给药和临床转化等方面，相信随着磁性纳米生物材料领域的不断创新与发展，磁性微泡能在未来生物医学诊疗领域展现极为广阔的应用前景。

思　考　题

1. 在设计构建磁性微泡时，对于其结构设计方面应该重点考虑哪些因素？
2. 简述影响磁性微泡声学特性与磁学特性的主要因素。
3. 简述磁性微泡作为一种新型生物诊疗学材料的独特优势。
4. 简述磁性微泡在生物医学中的主要应用与现存局限性。
5. 展望磁性微泡今后在疾病诊疗领域中的应用前景。

参 考 文 献

[1]　张方圆, 邱小红, 刘绍锴. 磁性微泡在诊疗一体化方面的研究进展[J]. 中国医学工程, 2016, 24(8): 32-35.

[2]　蔡晓巍, 阮晓博, 房坤. 生物医学诊疗用磁纳米材料[J]. 中国材料进展, 2012, 31(6): 1-6, 55.

[3]　GRAMIAK R, SHAH P M. Echocardiography of the aortic root[J]. Investigative Radiology, 1968, 3(5): 356-366.

[4]　YANG F, GU A, CHEN Z, et al. Multiple emulsion microbubbles for ultrasound imaging[J]. Materials Letters, 2008, 62(1): 121-124.

[5]　GAO J, GU H, XU B. Multifunctional magnetic nanoparticles: Design, synthesis, and biomedical applications[J]. Accounts of Chemical Research, 2009, 42(8): 1097-1107.

[6]　SUN C, LEE J S H, ZHANG M. Magnetic nanoparticles in MR imaging and drug delivery[J]. Advanced Drug Delivery Reviews, 2008, 60(11): 1252-1265.

[7]　TARTAJ P, DEL PUERTO MORALES M, VEINTEMILLAS-VERDAGUER S, et al. The preparation of magnetic nanoparticles for applications in biomedicine[J]. Journal of Physics D: Applied Physics, 2003, 36(13): 182-197.

[8]　WILLIS A L, TURRO N J, O'BRIEN S. Spectroscopic characterization of the surface of iron oxide nanocrystals[J]. Chemistry of Materials, 2005, 17(24): 5970-5975.

[9]　XIA B, LENGGORO I W, OKUYAMA K. Novel route to nanoparticle synthesis by salt-assisted aerosol decomposition[J]. Advanced Materials, 2001, 13(20): 1579-1582.

[10]　LIU J, ZHANG Y, YAN C, et al. Synthesis of magnetic/luminescent alginate-templated composite microparticles with temperature-dependent photoluminescence under high-frequency magnetic field[J]. Langmuir, 2010, 26(24): 19066-19072.

[11]　STRIDE E, EDIRISINGHE M. Novel microbubble preparation technologies[J]. Soft Matter, 2008, 4(12): 2350-2359.

[12]　DE JONG N, CORNET R, LANCÉE C T. Higher harmonics of vibrating gas-filled microspheres. Part one: Simulations[J]. Ultrasonics, 1994, 32(6): 447-453.

[13]　PARMAR R, MAJUMDER S K. Microbubble generation and microbubble-aided transport process intensification—A state-of-the-art report[J]. Chemical Engineering and Processing: Process Intensification, 2013, 64: 79-97.

[14]　CAI X, YANG F, GU N. Applications of magnetic microbubbles for theranostics[J]. Theranostics, 2012, 2(1): 103-112.

[15]　PARK J I, JAGADEESAN D, WILLIAMS R, et al. Microbubbles loaded with nanoparticles: A route to multiple imaging modalities[J]. ACS Nano, 2010, 4(11): 6579-6586.

[16]　SOETANTO K, WATARAI H. Development of magnetic microbubbles for drug delivery system (DDS)[J]. Japanese Journal of Applied Physics, 2000, 39: 3230-3232.

[17]　YANG F, LI Y, CHEN Z, et al. Superparamagnetic iron oxide nanoparticle-embedded encapsulated microbubbles as dual contrast agents of magnetic resonance and ultrasound imaging[J]. Biomaterials, 2009, 30(23-24): 3882-3890.

[18]　CHOW A M, CHAN K W Y, CHEUNG J S, et al. Enhancement of gas-filled microbubble R_2^* by iron oxide nanoparticles for MRI[J]. Magnetic Resonance in Medicine, 2010, 63(1): 224-229.

[19]　VLASKOU D, MYKHAYLYK O, KRÖTZ F, et al. Magnetic and acoustically active lipospheres for magnetically targeted nucleic acid delivery[J]. Advanced Functional Materials, 2010, 20(22): 3881-3894.

[20] HE W, YANG F, WU Y, et al. Microbubbles with surface coated by superparamagnetic iron oxide nanoparticles[J]. Materials Letters, 2012, 68: 64-67.

[21] POEHLMANN M, GRISHENKOV D, KOTHAPALLI S V V N, et al. On the interplay of shell structure with low-and high-frequency mechanics of multifunctional magnetic microbubbles[J]. Soft Matter, 2014, 10(1): 214-226.

[22] LENTACKER I, GEERS B, DEMEESTER J, et al. Design and evaluation of doxorubicin-containing microbubbles for ultrasound-triggered doxorubicin delivery: Cytotoxicity and mechanisms involved[J]. Molecular Therapy, 2010, 18(1): 101-108.

[23] ALEXANDER A L, MCCREERY T T, BARRETTE T R, et al. Microbubbles as novel pressure-sensitive MR contrast agents[J]. Magnetic Resonance in Medicine, 1996, 35(6): 801-806.

[24] PISANI E, TSAPIS N, GALAZ B, et al. Perfluorooctyl bromide polymeric capsules as dual contrast agents for ultrasonography and magnetic resonance imaging[J]. Advanced Functional Materials, 2008, 18(19): 2963-2971.

[25] DHARMAKUMAR R, DB PLEWES, WRIGHT G A. A novel microbubble construct for intracardiac or intravascular MR manometry: A theoretical study[J]. Physics in Medicine & Biology, 2012, 50(20): 4745-4762.

[26] ZHAO L, ALBERT M S. Biomedical imaging using hyperpolarized noble gas MRI: Pulse sequence considerations[J]. Nuclear Instruments and Methods in Physics Research Section A: Accelerators, Spectrometers, Detectors and Associated Equipment, 1998, 402(2-3): 454-460.

[27] WONG K K, HUANG I, KIM Y R, et al. *In vivo* study of microbubbles as an MR susceptibility contrast agent[J]. Magnetic Resonance in Medicine, 2004, 52(3): 445-452.

[28] UEGUCHI T, TANAKA Y, HAMADA S, et al. Air microbubbles as MR susceptibility contrast agent at 1.5 Tesla[J]. Magnetic Resonance in Medical Sciences, 2006, 5(3): 147-150.

[29] VAN BEEK E J R, WILD J M, KAUCZOR H U, et al. Functional MRI of the lung using hyperpolarized 3-helium gas[J]. Journal of Magnetic Resonance Imaging, 2004, 20(4): 540-554.

[30] LIU Z, LAMMERS T, EHLING J, et al. Iron oxide nanoparticle-containing microbubble composites as contrast agents for MR and ultrasound dual-modality imaging[J]. Biomaterials, 2011, 32(26): 6155-6163.

[31] LIAO A H, LIU H L, SU C H, et al. Paramagnetic perfluorocarbon-filled albumin-(Gd-DTPA) microbubbles for the induction of focused-ultrasound-induced blood-brain barrier opening and concurrent MR and ultrasound imaging[J]. Physics in Medicine & Biology, 2012, 57(9): 2787-2802.

[32] HUANG H Y, HU S H, HUNG S Y, et al. SPIO nanoparticle-stabilized PAA-F127 thermosensitive nanobubbles with MR/US dual-modality imaging and HIFU-triggered drug release for magnetically guided *in vivo* tumor therapy[J]. Journal of Controlled Release, 2013, 172(1): 118-127.

[33] SCIALLERO C, TRUCCO A. Ultrasound assessment of polymer-shelled magnetic microbubbles used as dual contrast agents[J]. The Journal of the Acoustical Society of America, 2013, 133(6): 478-484.

[34] LUO B, ZHANG H, LIU X, et al. Novel DiR and SPIO nanoparticles embedded PEG-PLGA nanobubbles as a multimodalimaging contrast agent[J]. Bio-medical Materials and Engineering, 2015, 26(s1): 911-916.

[35] KE H, YUE X, WANG J, et al. Gold nanoshelled liquid perfluorocarbon nanocapsules for combined dual modal ultrasound/CT imaging and photothermal therapy of cancer[J]. Small, 2014, 10(6): 1220-1227.

[36] SONG W, LUO Y, ZHAO Y, et al. Magnetic nanobubbles with potential for targeted drug delivery and trimodal imaging in breast cancer: An *in vitro* study[J]. Nanomedicine, 2017, 12(9): 991-1009.

[37] WU J, LEONG-POI H, BIN J, et al. Efficacy of contrast-enhanced US and magnetic microbubbles targeted to vascular cell adhesion molecule-1 for molecular imaging of atherosclerosis[J]. Radiology, 2011, 260(2): 463-471.

[38] BIN J, WU J, YANG L, et al. *In vivo* assessment of novel magnetic microbubbles targeted to P-selectin for inflammatory molecular imaging in high-shear flow[J]. Circulation, 2009, 120: S327.

[39] DUAN L, YANG F, HE W, et al. A multi-gradient targeting drug delivery system based on RGD-l-TRAIL-labeled magnetic microbubbles for cancer theranostics[J]. Advanced Functional Materials, 2016, 26(45): 8313-8324.

[40] 段磊, 张宇璠, 顾宁. 基于微泡的超声分子影像探针及其研究进展[J]. 南京医科大学学报(自然科学版), 2017, 37(2): 129-138.

[41] FAN C H, TING C Y, LIN H J, et al. SPIO-conjugated, doxorubicin-loaded microbubbles for concurrent MRI and focused-ultrasound enhanced brain-tumor drug delivery[J]. Biomaterials, 2013, 34(14): 3706-3715.

[42] LAMMERS T, KOCZERA P, FOKONG S, et al. Theranostic USPIO-loaded microbubbles for mediating and monitoring blood-brain barrier permeation[J]. Advanced Functional Materials, 2015, 25(1): 36-43.

[43] NIU C, WANG Z, LU G, et al. Doxorubicin loaded superparamagnetic PLGA-iron oxide multifunctional microbubbles for dual-mode US/MR imaging and therapy of metastasis in lymph nodes[J]. Biomaterials, 2013, 34(9): 2307-2317.

[44] JIN Z, CHANG J L, DOU P, et al. Tumor targeted multifunctional magnetic nanobubbles for MR/US dual imaging and focused ultrasound triggered drug delivery[J]. Frontiers in Bioengineering and Biotechnology, 2020, 8: 586874.

[45] PALEKAR-SHANBHAG P, CHOGALE M M, JOG V, et al. Microbubbles and their applications in pharmaceutical targeting[J]. Current Drug Delivery, 2013, 10(4): 363-373.

[46] LIU D, YANG F, XIONG F, et al. The smart drug delivery system and its clinical potential[J]. Theranostics, 2016, 6(9): 1306-1323.

[47] ZAHIRI M, TAGHAVI S, ABNOUS K, et al. Theranostic nanobubbles towards smart nanomedicines[J]. Journal of Controlled Release, 2021, 339: 164-194.

[48] XIONG R, XU R X, HUANG C, et al. Stimuli-responsive nanobubbles for biomedical applications[J]. Chemical Society Reviews, 2021, 50(9): 5746-5776.

[49] YANG F, LI M, LIU Y, et al. Glucose and magnetic-responsive approach toward in situ nitric oxide bubbles controlled generation for hyperglycemia theranostics[J]. Journal of Controlled Release, 2016, 228: 87-95.

[50] LIU Y, YANG F, YUAN C, et al. Magnetic nanoliposomes as in situ microbubble bombers for multimodality image-guided cancer theranostics[J]. ACS Nano, 2017, 11(2): 1509-1519.

[51] LI M, LI J, CHEN J, et al. Platelet membrane biomimetic magnetic nanocarriers for targeted delivery and *in situ* generation of nitric oxide in early ischemic stroke[J]. ACS Nano, 2020, 14(2): 2024-2035.

[52] ORTIZ R, MELGUIZO C, PRADOS J, et al. New gene therapy strategies for cancer treatment: A review of recent patents[J]. Recent Patents on Anti-Cancer Drug Discovery, 2012, 7(3): 297-312.

[53] WANG W, LI W, MA N, et al. Non-viral gene delivery methods[J]. Current Pharmaceutical Biotechnology, 2013, 14(1): 46-60.

[54] 陈中达, 段磊. 超声-微气泡介导的基因转染研究进展[J]. 北京生物医学工程, 2015, 34(5): 538-543.

[55] OWEN J, PANKHURST Q, STRIDE E. Magnetic targeting and ultrasound mediated drug delivery: Benefits, limitations and combination[J]. International Journal of Hyperthermia, 2012, 28(4): 362-373.

[56] LIU J, LEWIS T N, PRAUSNITZ M R. Non-invasive assessment and control of ultrasound-mediated membrane permeabilization[J]. Pharmaceutical Research, 1998, 15(6): 918-924.

[57] WEI W, ZHENG Z B, YONG J W, et al. Bioeffects of low-frequency ultrasonic gene delivery and safety on cell membrane permeability control[J]. Journal of Ultrasound in Medicine, 2004, 23(12): 1569-1582.

[58] SUZUKI R, ODA Y, UTOGUCHI N, et al. Progress in the development of ultrasound-mediated gene delivery systems utilizing nano- and microbubbles[J]. Journal of Controlled Release, 2011, 149(1): 36-41.

[59] CHERTOK B, DAVID A E, YANG V C. Magnetically-enabled and MR-monitored selective brain tumor protein delivery in rats via magnetic nanocarriers[J]. Biomaterials, 2011, 32(26): 6245-6253.

[60] MANNELL H, PIRCHER J, FOCHLER F, et al. Site directed vascular gene delivery *in vivo* by ultrasonic destruction of magnetic nanoparticle coated microbubbles[J]. Nanomedicine: Nanotechnology, Biology and Medicine, 2012, 8(8): 1309-1318.

[61] ANTON M, WOLF A, MYKHAYLYK O, et al. Optimizing adenoviral transduction of endothelial cells under flow conditions[J]. Pharmaceutical Research, 2012, 29(5): 1219-1231.

[62] OWEN J W, RADEMEYER P, STRIDE E. Magnetic targeting of microbubbles at physiologically relevant flow rates[J]. The Journal of the Acoustical Society of America, 2013, 134(5): 3992.

第 7 章　磁性纳米酶

2007 年，阎锡蕴团队首先发现铁磁性 Fe_3O_4 纳米颗粒表现出类辣根过氧化物酶(horseradish peroxidase，HRP)活性[1]。这些具有类酶活性的纳米材料被统称为"纳米酶"。具有纳米酶活性的功能纳米材料包括金属氧化物、贵金属纳米材料、碳基纳米材料等，已报道的具有催化活性的酶从过氧化物酶(POD)拓展到过氧化氢酶(CAT)、氧化酶(OXD)、超氧化物歧化酶(SOD)等(图 7.1)[2]。与天然酶相比，纳米酶不仅具有稳定性好、制备成本低、活性可调的优势，而且许多纳米材料具有响应的外源刺激性能。基于这些独特的性质，纳米酶已开始用于疾病诊断、抗菌、癌症治疗等多个领域，成为纳米生物学领域一个新兴研究方向。

铁基纳米酶是研究最广泛的一类磁性纳米酶。本章以铁基纳米酶为主，介绍磁性纳米酶(过氧化物酶、氧化酶、过氧化氢酶、超氧化物歧化酶)的研究现状、影响磁性纳米酶活性的主要因素及磁场对磁性纳米酶活性的调控作用，最后对磁性纳米酶的发展前景进行展望，以期为未来磁性纳米酶的设计及应用提供思路。

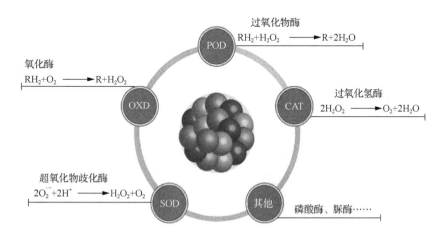

图 7.1　磁性纳米酶的活性分类

包括过氧化物酶(POD)、氧化酶(OXD)、过氧化氢酶(CAT)、超氧化物歧化酶(SOD)等

7.1　具有过氧化物酶活性的磁性纳米酶

7.1.1　概念与特点

过氧化物酶(peroxidase，POD)是第一种被发现的纳米酶，也是目前种类最多、研究及应用最为广泛的一种。过氧化物酶属于氧化还原酶，能与过氧化氢及其类似分子反应，催化各种有机和无机底物的氧化，反应过程可表示为 $RH_2+H_2O_2 \longrightarrow R+2H_2O$。最常见的天然过氧化物酶是 HRP，其催化活性中心具有卟啉铁辅基结构，即 Fe 与卟啉环平面上的 4 个 N 配位，通过铁原子的氧化还原实现酶的高效催化[图 7.2(a)]。与天然 HRP 类似，Fe_3O_4 纳米酶表面同样含有 Fe^{2+}/ Fe^{3+}[图 7.2(b)]，在催化过程中 Fe^{2+} 触发类芬顿反应转化成 Fe^{3+}，同时 H_2O_2 接受颗粒表面 Fe^{2+} 的电子，解离成高活性的·OH 来氧化底物；之后，颗粒内部相邻的 Fe^{2+} 通过 Fe^{2+}-O-Fe^{3+} 链不断向外传递电子，为反应的持续进行提供动力；随着内部 Fe^{2+} 的原位氧化，为了保持电中性，晶格中多余的 Fe^{3+} 向表面迁移，留下阳离子空位，有利于 Fe_3O_4 纳米酶的类 POD 反应[3]。

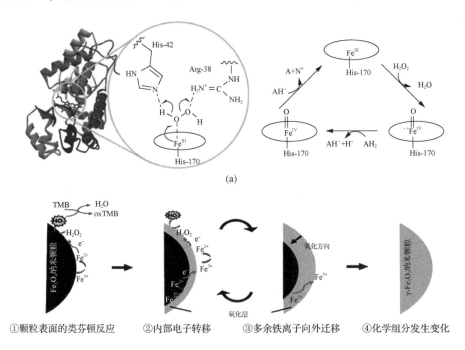

(a)

①颗粒表面的类芬顿反应　②内部电子转移　③多余铁离子向外迁移　④化学组分发生变化

(b)

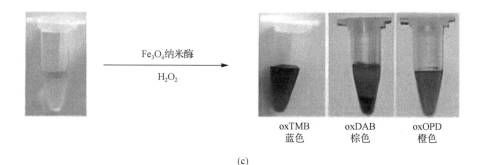

(c)

图 7.2 磁性 POD 纳米酶的催化机理及显色反应

(a) 天然 HRP 酶的活性中心及其催化反应机理[4];(b) Fe₃O₄ 纳米酶的类 POD 催化机理[3];

(c) POD 纳米酶介导的显色反应[1], TMB 为 3, 3′, 5,5′-四甲基联苯胺,

DAB 为 3, 3′-二氨基联苯胺, OPD 为邻苯二胺, ox 表示氧化态

目前已知的具有 POD 活性的磁性纳米材料种类非常丰富, 其中最常见的是铁基磁性纳米材料, 包括四氧化三铁、三氧化二铁、掺杂其他金属的铁氧体, 如 MFe_2O_4(M=Co、Mn、Zn)等。除此之外还有一些金属氧化物(如氧化铈)和铁基或其他金属基复合物(如 FeSe、MnSe 等)(表 7.1)。

表 7.1 代表性磁性 POD 纳米酶及其应用

磁性材料		应用
铁氧体	Fe_3O_4	酶联免疫分析[1]
	Fe_3O_4[5]	—
	$\gamma\text{-}Fe_2O_3$,Fe_3O_4[6]	—
	Fe_3O_4	抗菌(沙门氏菌)[7]
	$Fe_{1-x}Mn_xFe_2O_4$	抗体检测[8]
	$CoFe_2O_4$	葡萄糖检测[9]
	$ZnFe_2O_4$	葡萄糖检测[10]
其他金属氧化物	CeO_2	H_2O_2 和葡萄糖检测[11]
	V_2O_3-OMC	葡萄糖检测[12]
	Co_3O_4	H_2O_2 和葡萄糖检测[13]
铁基复合物	$FePO_4$	细胞中超氧阴离子检测[14]
	$FeVO_4$	H_2O_2 检测[15]
	$FeSe$	H_2O_2 检测[16]
	$Ag_2S@Fe_2C$	肿瘤治疗、MRI 成像[17]

磁性材料		应用
	MnSe	葡萄糖检测[18]
其他金属复合物	WSe$_2$	葡萄糖检测[19]
	MoS$_2$	抗菌(大肠杆菌和枯草芽孢杆菌)[20]

磁性 POD 纳米酶作用底物广泛,不仅可以催化人工底物,也可以催化天然生物分子(如蛋白质、核酸、多糖和脂质等)发生过氧化反应[21-22]。磁性 POD 纳米酶的活性表征大多使用人工底物,常见的有 TMB(3, 3′, 5, 5′-四甲基联苯胺)、ABTS(2, 2′-氮基-双(3-乙基苯并噻唑啉-6-磺酸))、OPD(邻苯二胺)、DAB(3, 3′-二氨基联苯胺)等[图 7.2(c)]。在含有 H$_2$O$_2$ 和磁性 POD 纳米酶的溶液中,上述底物被氧化后可表现出明显的颜色变化,最大吸收峰分别在 652nm(oxTMB)、417nm(oxABTS)和 450nm(oxOPD)处,因此可以通过紫外可见光谱进行磁性 POD 纳米酶活力的测定。还有一些底物被氧化后可以表现出荧光变化,如聚多巴胺、对苯二甲酸、鲁米诺和苯甲酸等,可通过荧光光谱来表征酶促反应。除此之外,还可以借助电化学工作站、电子顺磁共振(electron paramagnetic resonance,EPR)仪等设备表征磁性 POD 纳米酶活性。

类似天然酶,磁性 POD 纳米酶的酶促反应动力学也符合米氏(Michaelis-Menten)动力学模型,采用该模型对反应初速率-底物浓度数据进行拟合,可以获得动力学参数 K_M(米氏常数)和 k_{cat}(催化常数)。其中,K_M 表示纳米酶反应初速率达到最大反应速率一半时的底物浓度,其数值大小与酶和底物的亲和力反相关;k_{cat} 表示在单位时间内一个酶分子将底物转变成产物的分子数,也称为转换数。实验结果表明[23],Fe$_3$O$_4$ 纳米粒子对底物 H$_2$O$_2$ 的表观 K_M 高于辣根过氧化物酶(HRP),说明 Fe$_3$O$_4$ 纳米粒子与 H$_2$O$_2$ 的亲和力更低。相反,Fe$_3$O$_4$ 纳米粒子对供氢底物(TMB)的 K_M 远低于 HRP,说明 Fe$_3$O$_4$ 纳米粒子与 TMB 的亲和力高于天然酶。如果用纳米粒子的摩尔浓度来计算,以 TMB 为底物时,直径为 300nm 的 Fe$_3$O$_4$ 纳米粒子 POD 活性为天然 HRP 的 40 倍,这可能是因为 HRP 分子只有一个铁离子,而磁性纳米酶表面有丰富的活性离子参与催化反应。

7.1.2　磁性 POD 纳米酶的生物医学应用

随着多种磁性 POD 纳米酶的开发,它们已经成功应用于分析检测、抗肿瘤、抗菌等研究领域(图 7.3)。

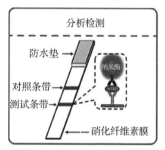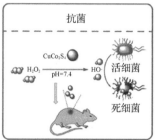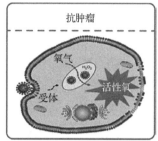

图 7.3　磁性 POD 纳米酶的应用[24-26]

磁性 POD 纳米酶被发现后的首次应用就是作为酶联免疫吸附测定(ELISA)中天然 HRP 的替代品,用于检测心肌肌钙蛋白 I (cTn I)[1]。目前,该技术已用于多种抗原或病原体的体外检测,包括癌胚抗原(CEA)、IgG、肝细胞癌生物标志物高尔基体跨膜糖蛋白 73(GP73)[27]、人绒毛膜促性腺激素(hCG)[28]、肺炎支原体[29]、霍乱弧菌(Vibrio cholerae)、轮状病毒及癌细胞等[30-31]。Duan 等通过偶联埃博拉病毒糖蛋白抗体与纳米酶,实现了埃博拉病毒的定量检测。与传统胶体金试纸条相比,基于氧化铁颗粒的纳米酶试纸条能够在 30min 内通过条带颜色深浅检测到浓度低至 1ng/mL 的埃博拉病毒[32]。除了以上基于抗原抗体识别的免疫检测,铁蛋白、适配体也可以作为识别分子与纳米酶联用。阎锡蕴团队 Fan 等将具有 POD 活性的氧化铁纳米颗粒封装在重组人重链铁蛋白(HFn)内,制备磁铁蛋白纳米颗粒(M-HFn),其中 HFn 外壳可以靶向癌细胞,铁蛋白腔中的氧化铁核与 H_2O_2 和显色底物 DAB 反应,产生不溶性有色沉淀,从而实现肿瘤组织的可视化检测[33]。Zhang 等将凝血酶适配体组装到壳聚糖修饰的 Fe_3O_4 磁性纳米颗粒上,适配体将纳米颗粒靶向到凝血酶上,纳米颗粒的 POD 纳米酶氧化 TMB 发生显色变化,从而实现牛血浆中凝血酶的特异性检测[34]。Zhang 等以表面修饰了李斯特菌适配体的 Fe_3O_4 磁性纳米颗粒团簇(Fe_3O_4 NPC)为探针,采用比色法对牛奶中李斯特菌进行特异性检测[35]。值得一提的是,这些应用除了利用了 Fe_3O_4 磁性纳米颗粒的 POD 纳米酶活性,其磁分离特性也有助于实现目标分析物的快速分离与富集。

此外,还有报道利用 DNA-DNA 相互作用或酶-底物相互作用,偶联 POD 纳米酶介导的显色反应,实现目标分子的特异性检测。例如,Thiramanas 等耦合了聚合酶链反应(PCR)与纳米颗粒(MPNP)的催化活性,实现了霍乱弧菌的高灵敏检测。该方法先在 MPNP 表面通过 PCR 扩增霍乱弧菌 DNA,然后利用 MPNP 固有的 POD 催化活性,在含有 H_2O_2 和 ABTS 的溶液中反应生成有色产物,通过比色分析定量目标基因含量。该技术具有高灵敏度和高特异性,可用于自来水和饮用水中多种细菌的特异性检测[36]。磁性 POD 纳米酶偶联天然酶检测溶液中小分子化合物的例子越来越多，已报道的天然酶包括葡萄糖氧化酶、胆固醇氧化酶[37]、半乳糖氧化酶[38]、酒精氧化酶[39]、胆碱氧化酶[40]等。

许多分子(如 DNA)或离子对磁性 POD 纳米酶活性有抑制作用，这种抑制作用可用于开发针对特定分子或离子的特异性检测方法。例如，Park 等利用 DNA 适配体对磁性纳米颗粒 POD 活性的抑制作用，建立了一种基于比色法快速检测鼠伤寒沙门氏菌的实验方法。在不含目标病原菌时，DNA 适配体通过静电相互作用被吸附到磁性纳米颗粒表面，阻断磁性纳米颗粒与底物 TMB 结合并降低其酶活性。当含有目标病原菌时，该 DNA 适配体与鼠伤寒沙门氏菌表面外膜蛋白发生相互作用从而脱离磁性纳米颗粒，使得磁性纳米颗粒表面催化位点重新暴露，氧化 TMB 产生蓝色产物[41]。同样的原理已用于检测尿液中的乳头瘤病毒、沙眼衣原体等[42]。

磁性 POD 纳米酶可以响应肿瘤微酸、高 H_2O_2 而发生催化反应，生成有毒的羟基自由基(·OH)，因此可用于肿瘤催化治疗[43]。Huo 等制备了一种装载葡萄糖氧化酶(GOx)和超小 Fe_3O_4 纳米颗粒的介孔 SiO_2 复合纳米材料(GOx-Fe_3O_4@DMSNs)，其中 GOx 催化肿瘤中的葡萄糖生成大量 H_2O_2，随后 Fe_3O_4 纳米颗粒与 H_2O_2 反应产生大量羟基自由基，诱导肿瘤细胞凋亡[44]。Wang 等发现钴掺杂的 Co@Fe_3O_4 纳米酶具有很强的过氧化物酶活性及高 H_2O_2 亲和力，在低剂量 H_2O_2 下即可产生大量 ROS，表现出优异的抗肿瘤活性，可用于肾脏肿瘤的催化治疗[45]。磁性 POD 纳米酶反应生成的·OH 也可以攻击细菌细胞膜、蛋白质和核酸，具有抗菌和清除生物膜的能力。Gao 等报道 Fe_3O_4 纳米颗粒联合 H_2O_2 可以有效降解牙齿生物膜胞外多糖基质，快速杀灭细菌，有望用于口腔疾病的治疗[46]。Zhang 等发现微量的氧化铁纳米颗粒在低浓度 H_2O_2(13.5mg/L)条件下就可以产生大量的活性氧自由基，使大肠杆菌抑制率接近 100%[43]。Pan 等开发了一种可注射的石墨烯(rGO)-氧化铁纳米颗粒(IONP)复合材料，在近红外(NIR)激光照射下，该 rGO-IONP 可产生局部热效应和大量羟基自由基，使耐甲氧西林金黄色葡萄球菌(MRSA)快速失活，加速了模型小鼠脓肿消退和伤口愈合[47]。

7.2　具有氧化酶活性的磁性纳米酶

7.2.1　概念与特点

氧化酶(oxidase, OXD)属于氧化还原酶的一类，催化底物(电子供体)在氧气(电子受体)条件下氧化为相应的产物，同时产生 H_2O 或 H_2O_2，目前在制药、食品、生物技术等行业有着广泛的应用[48-49]。许多无机纳米材料也可以在 O_2 存在下，催化底物的快速氧化，表现出类似氧化酶的活性[50-51]。这种具有氧化酶活性的纳米材料被称为 OXD 纳米酶。2009 年，有发现纳米氧化铈具有类 OXD 活性以来，已经报道了一百余种磁性 OXD 纳米酶，如 $MnFe_2O_4$ 纳米颗粒、$NiCo_2O_4$ 纳米颗粒、$CoFe_2O_4$ 纳米颗粒等[52](表 7.2)。在 O_2 参与下，磁性 OXD 纳米酶可以氧化 TMB、ABTS、OPD 等分子生成蓝色、绿色或橙色的产物。因此，可以通过可见光谱测定产物的生成速率，绘制反应速率与底物浓度曲线，拟合数据得到磁性 OXD 纳米酶的米氏动力学参数。此外，一些磁性 OXD 纳米酶也可以氧化尿酸、葡萄糖等天然生物分子。

表 7.2　代表性磁性 OXD 纳米酶及其应用

磁性材料		应用
铁氧体	$MnFe_2O_4$	氧化应激生物标记物检测[53]
	$CoFe_2O_4$	白葡萄酒中亚硫酸盐的检测[54]
	$Fe_3O_4@MnO_2$	苯酚的检测[55]
其他金属氧化物	CeO_2	免疫分析[56]
	Co_3O_4/CuO-HNC	多巴胺的检测[57]
	$NiCo_2O_4$	环境中氢醌的检测[58]
	$CNF/MnCo_2O_{4.5}$	亚硫酸盐和抗坏血酸的检测[59]
	$NiMn_2O_4/C$	抗坏血酸(AA) 检测[60]
	$NiMnO_3$	水中对苯二酚的检测[61]
铁基复合物	Co-Fe-LDH	生物传感器和医学诊断[62]
	Fe-N/C	碱性磷酸酶的检测[63]
其他金属复合物	PtCo	癌细胞的分离与检测[64]
	NiPd	葡萄糖检测[65]

目前普遍认为磁性 OXD 纳米酶的催化途径涉及两个过程：经活性氧中间体(如 $O_2^{\cdot-}$)的氧化过程和基于电子转移的氧化过程。一种途径是溶解氧吸附在纳米酶表面，O_2 经单电子转移活化，裂解产生过氧化氢或超氧化物自由基，最终氧化底物[图 7.4(a)]。另一种途径是通过磁性纳米酶表面上的电子转移直接氧化底物[图 7.4(b)]。这里以 MnO_2 纳米酶为例，纳米颗粒表面 Mn^{2+}氧化为 Mn^{4+}的过程中，O_2 被还原为 H_2O。伴随着 TMB 氧化为 TMBox，Mn^{2+}得到再生[53]。类似该反应过程，一些含有两个氧化还原离子对的双金属 OXD 纳米酶，如 $NiCo_2O_4$ 微球[图 7.4(c)]，多个价态之间的循环(Ni^{2+}/Ni^{3+}、Co^{2+}/Co^{3+})可以加速电子从金属离子转移到 O_2，从而表现出更高的 OXD 活性[58]。

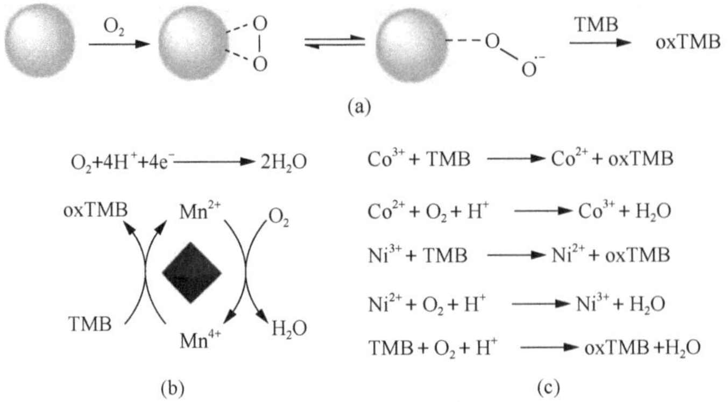
O2
TMB
oxTMB
(a)
$O_2+4H^++4e^- \longrightarrow 2H_2O$
oxTMB
Mn2+
O2
TMB
Mn4+
H2O
(b)
$Co^{3+} + TMB \longrightarrow Co^{2+} + oxTMB$
$Co^{2+} + O_2 + H^+ \longrightarrow Co^{3+} + H_2O$
$Ni^{3+} + TMB \longrightarrow Ni^{2+} + oxTMB$
$Ni^{2+} + O_2 + H^+ \longrightarrow Ni^{3+} + H_2O$
$TMB + O_2 + H^+ \longrightarrow oxTMB + H_2O$
(c)

图 7.4　OXD 纳米酶催化机制

(a) 通过生成 $O_2^{\cdot-}$ 中间体氧化 TMB[61]；(b) 通过 Mn^{2+}/Mn^{4+}电子转移过程氧化 TMB[53]；(c) $NiCo_2O_4$ 氧化 TMB 机制[58]

7.2.2　磁性 OXD 纳米酶的应用

在生物分析领域，基于磁性 OXD 纳米酶的比色法、电化学法、酶联免疫法等技术已被用于检测重金属离子、生物标志物、病原体微生物、抗体等目标物质。此外，科学家利用一些化合物可以增强或抑制磁性OXD纳米酶催化活性的特性，实现了生物样品中目标物质的检测。例如，肝素(Hep)依附在纳米氧化铈表面可以显著抑制其 OXD 活性，并且随着 Hep 浓度的增加抑制效果增强。该特性已用于医用注射液和血清样品中 Hep 的快速检测[66]。利用类似原理的检测还有基于 Co_3O_4/CuO 纳米笼的多巴胺(DA)检测[57]、基于 $NiMn_2O_4/C$ 的抗坏血酸(AA)检测等[60]。

除了应用在生物分析中，磁性 OXD 纳米酶在农副食品检测方面同样有广泛的应用。总抗氧化能力(TAC)是评估抗氧化食品质量的重要指标。Han 等设计了一种基于葡聚糖修饰铁锰双金属 OXD 纳米酶的比色传感器，基于各种抗氧化剂对反应体系吸光度的影响规律，实现了水果和蔬菜中 TAC 的测定[67]。不仅如此，磁性 OXD 纳米酶还被用来检测马拉硫磷、氰戊菊酯、西维因等农药残留，具有操作便捷、快速响应和成本低的优势[68]。

由于磁性 OXD 纳米酶可以诱导活性氧(ROS)的产生，其也被用于疾病治疗研究。例如，Chen 等设计并合成了一种表现出 NADH 氧化酶样活性的 Co/C 催化剂。Co/C 可以消耗癌细胞内的 NADH，进而通过“多米诺效应”(ROS 增加、ATP 产量减少)抑制呼吸链复合物 I 的功能，最终导致癌细胞凋亡[69]。Tao 等将纳米金(AuNPs)固定在双功能介孔二氧化硅(MSN)上，形成的 MSN-AuNPs 同时具有类过氧化物酶和类氧化酶活性，催化产生的 ROS 对大肠杆菌和金黄色葡萄球菌均表现出显著的抗菌性能[70]。Hsu 等开发了掺杂金的碘氧化铋(Au/BiOI)纳米复合材料。该纳米复合材料具有优异的 OXD 活性，对包括耐甲氧西林金黄色葡萄球菌(MRSA)在内的多种细菌显示出广谱抗菌活性[71]。Bhattacharyya 等合成了一种具有 OXD 活性的 $Pd_{12}L_6$ 超分子配位纳米笼，显示出抗 MRSA 细菌活性[72]。

7.3　具有过氧化氢酶活性的磁性纳米酶

7.3.1　概念与特点

过氧化氢酶(catalase，CAT)能催化过氧化氢并使其转化为 H_2O 和 O_2，是生物防御体系中的一种关键酶，总反应方程式如下：

$$2H_2O_2 \xrightarrow{\text{CAT}} 2H_2O + O_2$$

磁性 CAT 纳米酶是指一类具有类 CAT 酶催化活性的磁性纳米材料。Fe_3O_4、Co_3O_4、CuO、FeS、V_2O_5、CeO_2、MnO_2 等磁性纳米材料已被证明具有 CAT 活性，代表性磁性 CAT 纳米酶及其应用见表 7.3。

表 7.3　代表性磁性 CAT 纳米酶及其应用

磁性材料		应用
铁氧体	Fe_3O_4	保护细胞避免过氧化[6]
	$Fe_5HO_8 \cdot 4H_2O$	增强肿瘤放疗[73]
其他金属氧化物	Co_3O_4	超氧阴离子清除剂；保护细胞避免过氧化[74]
	CeO_2	过氧化氢检测[13]
	Mn_3O_4	抗炎症[75]
其他金属复合物	CP-Au/Pt	超氧阴离子清除剂；延缓氧化应激性疾病和衰老的发生[76]
	NiPd hNPs[65]	—

Fe_3O_4 纳米颗粒在中性或碱性条件下具有 CAT 纳米酶活性。研究表明，Fe_3O_4 纳米颗粒与 H_2O_2 结合后，产生过量的过氧化氢自由基($HO_2\cdot$)和超氧阴离子自由基($O_2^{-\cdot}$)，$HO_2\cdot/O_2^{-\cdot}$ 形成后会立即与反应体系里由芬顿反应产生的·OH 作用形成氧气，从而表现出 CAT 活性[6]。纳米氧化铈模拟过氧化氢酶活性的机制为一 H_2O_2 分子与纳米氧化铈的 Ce^{4+} 反应，将其还原为 Ce^{3+}，随后释放质子和氧气；另一 H_2O_2 分子与纳米氧化铈的 Ce^{3+} 反应，将其氧化成 Ce^{4+} 并释放水分子[77]。CAT 纳米酶活性目前主要通过以下两种方法进行测定：①使用紫外-可见分光光度计在 240nm 处检测反应物 H_2O_2 的减少[74, 78]；②通过溶氧仪检测反应液中溶解氧的增加。此外，也有通过分子探针测定 CAT 纳米酶活性的实验方法[79]。

7.3.2 磁性 CAT 纳米酶的生物医学应用

迄今为止，磁性 CAT 纳米酶已被用于 H_2O_2 含量检测[80]和改善肿瘤乏氧[81]。Wang 等开发了一种自组装的仿生 MnO_2@PtCo 纳米花，其中 PtCo 具有氧化酶活性，MnO_2 具有类过氧化氢酶活性，该纳米花既能通过产生 O_2 缓解肿瘤乏氧，还能通过 ROS 诱导肿瘤细胞凋亡，从而显著抑制肿瘤生长[82]。Zhang 等发现 CAT 纳米酶可保护细胞免受 H_2O_2 诱导的氧化应激和细胞凋亡，有望用于帕金森病(PD)和阿尔茨海默病(AD)等神经退行性疾病的治疗[83]。Xiong 等报道了一种具有 CAT 纳米酶活性的 Fe_2O_3@DMSANPs 纳米粒子，通过抑制细胞内 ROS 的生成，减少机体氧化损伤，在体外和体内实验中表现出心脏保护活性[84]。

7.4　具有超氧化物歧化酶活性的磁性纳米酶

7.4.1　概念与特点

超氧化物歧化酶(superoxide dismutase，SOD)是生物体内普遍存在的一种氧化还原酶，能够将超氧阴离子自由基($O_2^{·-}$)分解成分子氧气和过氧化氢[85]，总反应方程式如下：

$$2O_2^{·-} + 2H^+ \xrightarrow{\text{SOD}} H_2O_2 + O_2$$

超氧阴离子自由基是生物体多种生理反应的中间产物，具有很强的氧化能力，易造成细胞膜损伤、脂质过氧化、引发炎症等。因此，SOD 在机体抗氧化、抗衰老等方面发挥着重要作用。已报道的磁性 SOD 纳米酶包括 CeO_2 纳米颗粒、Mn_3O_4 纳米颗粒、Co_3O_4 纳米颗粒等(表 7.4)。Korsvik 等报道了 CeO_2 纳米颗粒具有 SOD 活性，纳米颗粒表面 Ce^{3+} 含量越多，SOD 纳米酶活性越高[86]。

表 7.4　代表性磁性 SOD 纳米酶及其应用

磁性材料		应用
铁基氧化物	$FePO_4$	细胞释放超氧阴离子的实时检测[14]
其他金属氧化物	Mn_3O_4	抗耳部炎症[75]
	Co_3O_4	清除超氧化物[87]
	CeO_2	延缓细胞衰老和相关退行性疾病的治疗[86, 88]
其他金属复合物	CP-Au/Pt	相关退行性疾病的治疗[76]

由于 SOD 的底物 $O_2^{\cdot-}$ 稳定性差，SOD 纳米酶活性的测定相对困难，目前主要通过间接方法测定。其中一种方法是邻苯三酚自氧化法，其原理是邻苯三酚在碱性条件下通过自氧化产生 $O_2^{\cdot-}$，进一步产生有色产物；在 SOD 存在下，该显色反应受到抑制，可以由抑制率反映 SOD 酶活性。另一种方法是基于黄嘌呤氧化酶的检测方法，黄嘌呤氧化酶催化次黄嘌呤产生 $O_2^{\cdot-}$，然后 $O_2^{\cdot-}$ 氧化细胞色素 C，产物在 550nm 处具有吸收峰；当加入 SOD 纳米酶时，它与细胞色素 C 竞争 $O_2^{\cdot-}$，吸光度降低。

7.4.2　磁性 SOD 纳米酶的应用

超氧化物歧化酶的主要功能是催化 $O_2^{\cdot-}$ 产生 O_2 和 H_2O_2，因此 SOD 纳米酶可用于清除 ROS、减轻氧化应激，从而进行各类抗氧化治疗[84, 89-90]。Gu 等在氧化铁纳米颗粒上修饰维生素 B_2(VB$_2$)制备 VB$_2$-IONzymes，其中 VB$_2$ 增强了氧化铁纳米颗粒的 SOD 活性，加速了口腔溃疡的愈合[91]。Ren 等构建了兼具 CAT 和 SOD 活性的二硫化钼纳米酶 TPP-MoS$_2$ QD，通过清除 ROS 实现阿尔茨海默病治疗[92]。Cheng 等报道了一种磷脂包被的 Mn_3O_4 纳米酶，兼具 SOD 和 CAT 活性，其中 SOD 活性能将 $O_2^{\cdot-}$ 转化为 H_2O_2，CAT 活性可进一步清除 H_2O_2，有效消除两种活性氧对细胞的影响，在小鼠溃疡性结肠炎(UC)和克罗恩病(CD)模型中有很好的治疗效果[93]。Kim 等报道的二氧化铈纳米颗粒可用于预防缺血性中风[94]。

7.5　影响磁性纳米酶活性的主要因素

因为纳米材料的类酶活性来源于其纳米结构，所以可以通过改变纳米颗粒的尺寸、形貌、组分、表面修饰等对纳米酶活性进行调节。除此之外，与天然酶一样，纳米酶活性也会受到环境因素(如 pH、温度、抑制剂或激活剂等)的影响。下面对影响磁性纳米酶活性的主要因素进行介绍。

1. 尺寸

尺寸作为纳米材料最重要的参数之一，可以影响纳米酶活性。例如，Fe_3O_4 纳米颗粒的 POD 纳米酶活性大小顺序为 30nm>150nm>300nm[1]，CeO_2 纳米颗粒的多种类酶活性也随着粒径的减小而增加[56]。主要原因在于小尺寸的纳米材料具有更大的比表面积，单位质量或单位体积有更多的活性位点，与底物作用的概率也会增加。

2. 结构与形貌

即使在尺寸一致时，不同形貌与结构的纳米颗粒表现出的酶活性也具有很大的差异。Vernekar 等发现，八面体 $MnFe_2O_4$ 磁性纳米酶的类氧化酶活性高于纳米片和纳米线[53]。Liu 等研究了三种结构的 Fe_3O_4 纳米颗粒，发现其 POD 活性顺序为团簇>板状三角形>八面体[95]。Zhang 等发现不同形貌钴铁氧体($CoFe_2O_4$)POD 纳米酶表现的活性顺序为球形>有尖角的立方体>星状>近立方体>多面体[96]，这可能是因为不同的结构暴露出的晶面不同。

3. 组分

磁性纳米酶的催化活性与纳米颗粒的组分密切相关。例如，改变 Cu 和 Co 的质量可改变 Co_3O_4/CuO 空心纳米笼的类氧化酶活性。随着 Cu/Co 质量比从 1∶10 到 1∶2，纳米酶活性逐渐增加，但是比例过大时活性又会下降[57]。在纳米酶中掺杂其他元素或者与其他纳米材料结合是调控活性的一种有效途径。对于 Fe_3O_4 纳米颗粒，掺杂不同金属得到的 MFe_2O_4(M = Co、Mn、Ni、Cu)纳米酶往往表现出不同的催化活性，特别是掺杂 Mn^{2+} 后的纳米材料不仅显著增强了 POD 活性，而且饱和磁化强度提高[8]。将 Fe_3O_4 包被在 Ag 纳米线(Ag@Fe_3O_4 nanowire)上使其具有了更强的 POD 活性[97]。在 Fe_3O_4@Pt 纳米颗粒中，Pt 掺杂增加了 Fe_3O_4 磁性纳米颗粒与底物的亲和力，从而获得了更高的催化活性[98]。与单一纳米颗粒相比，磁性纳米材料与碳基材料复合得到的复合纳米材料，往往表现出更高的 POD 活性和更好的水溶性。掺杂其他元素或复合其他材料不仅可以提高纳米酶的活性，还可以弥补纳米酶的缺陷，使其具有更广泛的应用[99]。例如，Fe_3O_4 与多壁碳纳米管 (Fe_3O_4-MWCNT) 杂化后可以克服酸性 pH 对 POD 纳米酶的限制[100]。Fe_3O_4@Carbon 纳米颗粒由于部分石墨化碳的存在而过氧化物酶活性增强，Fe_3O_4 与石墨化碳的复合更有利于 H_2O_2 催化分解过程中的电子转移，从而促进羟基自由基的产生[101]。

掺杂其他元素对磁性 OXD 纳米酶的影响与磁性 POD 纳米酶类似。例如，Wu 等将不同的金属原子(镍、锰、铜和锌)均匀组装到 Co_3O_4HNC 中，制备出不同的双金属 C-CoM-HNC，对比氧化酶催化活性发现，C-CoCu-HNC 在氧化 TMB 时表现出最好的活性[102]。Nelson 等通过逐步掺杂 Sm^{3+} 研究了纳米氧化铈的抗氧化作用和生物抗氧化机制[103]。

4. 表面修饰

表面修饰可以通过改变纳米颗粒的表面电性、提供底物识别基团等方式调节磁性纳米酶的活性[1]。当底物为 TMB 时，表面带负电荷的氧化铁纳米颗粒(肝素修饰)比带正电荷的氧化铁纳米颗粒(乙烯亚胺修饰)具有更高的过氧化物酶活性。当底物为 ABTS 时结果却相反，带有正电荷的纳米颗粒比带负电荷的纳米颗粒催化活性更高。与葡聚糖修饰的纳米氧化铈相比，聚丙烯酸包覆的纳米氧化铈显示出更高的氧化酶活性[56]，这是因为聚丙烯酸包覆更有利于底物转移到纳米颗粒表面的活性中心[104]。DNA 封端的氧化铁纳米颗粒比无修饰的颗粒 POD 纳米酶活性高近 10 倍，并且随着 DNA 链长的增加活性不断提高[105]；酪蛋白修饰后的 POD 纳米酶表现出对底物 TMB 和 H_2O_2 更好的亲和力[106]。卟啉衍生物[107]和 β 环糊精(β-CD)[108]修饰的 Fe_3O_4 纳米酶对 H_2O_2 具有更高的亲和力。值得注意的是，也可能因为表面修饰覆盖纳米颗粒表面的活性位点而催化活性下降。例如，在肝素或 DNA 存在时，纳米氧化铈表面的活性位点被屏蔽，使得纳米氧化铈与 TMB 的反应活性受到抑制[66]。

5. 环境因素

温度、pH 及激活剂等环境因素也会影响纳米酶活性。与天然酶相比，纳米酶在较宽的温度范围内具有酶活性，尤其是在极高或极低温度下，比天然酶表现出更优异的催化活性。氧化铁纳米颗粒在不同 pH 下表现出不同的催化活性，通常在酸性条件下具有 POD 活性，在中性和碱性条件具有 CAT 活性。对纳米氧化铈而言，在酸性缓冲液(如磷酸盐、柠檬酸盐、乙酸盐)中的 OXD 活性更高[56, 109]。

许多无机离子或小分子有机化合物可以影响纳米酶活性。引入 Fe^{2+} 后，纳米合金与 TMB 的催化反应会受到抑制，而其他金属离子(Mn^{2+}、Ni^{2+}、Co^{2+}等)对其氧化活性的影响可以忽略不计[110]。碳量子点/Mn_3O_4 纳米复合材料催化 TMB 氧化活性被 Fe^{2+} 抑制，并且抑制效果与 Fe^{2+} 的浓度呈正相关[111]。单链 DNA 吸附在 Fe_3O_4 纳米颗粒上后可以将其 POD 活性提高约 10 倍[105]。ATP 可以参与反应中的电子转移，在与 Fe_3O_4 纳米颗粒络合后可增强其 POD 活性，并使颗粒在较大 pH 范围(2~11)内具有活性[112]。另外，多种自由基淬灭剂也可以作为 POD 纳米酶抑制剂，如叠氮化钠、抗坏血酸、次牛磺酸和儿茶酚胺等[113]。

7.6　磁控纳米酶催化

以 Fe_3O_4 纳米颗粒为代表的磁性纳米酶既具有生物催化活性，又具有外磁场响应性，为通过外磁场调控其生物催化活性(磁控纳米酶催化)提供了可能。磁性纳米颗粒可以在施加交变磁场(AMF)时产生磁热效应，进而通过温度变化调节自身纳米酶活性及附近天然酶的活性。本书作者前期构建了一系列具有不同磁热转换能力的氧化铁纳米酶，采用原位磁热–光谱测量系统研究了磁刺激对氧化铁

POD 活性的影响，证明了交变磁场可以调控磁性纳米颗粒 POD 活性，并且酶活增强程度与材料自身的磁热转换效率正相关[114][图 7.5(a)]。进一步将 β 半乳糖苷酶、葡萄糖氧化酶等天然酶负载于 Fe_3O_4 纳米环表面，证明了纳米环介导的磁热效应可用来特异性调控颗粒附近天然酶分子的催化活性[115][图 7.5(b)]。2021 年，又将葡萄糖氧化酶(GOx)锚定在聚乙二醇修饰的 Fe_3O_4 纳米环上，构建了 Fe_3O_4 纳米环@GOx 杂化酶。该杂化酶偶联了 GOx 和 POD 纳米酶活性，并且在交变磁场(AMF)作用下，Fe_3O_4 纳米环介导的磁热效应可精准调控天然酶-纳米酶的级联反应动力学，产生更多的·OH，有效改善了纳米杂化酶对 4T1 乳腺癌小鼠的催化治疗效果[116][图 7.5(c)]。顾宁课题组构建了一种磁性超分子水凝胶，修饰的 Fe_3O_4 纳米颗粒既可以作为热源又具有 POD 活性。当磁性水凝胶注射于肿瘤组织，施加交变磁场使 Fe_3O_4 纳米颗粒产热进行磁热疗，同时生成的热量能增强 Fe_3O_4 纳米颗粒的 POD 活性，产生更多·OH，损伤热休克蛋白 HSP70 等，纳米酶协同磁热疗在小鼠乳腺癌皮下瘤模型中显示出显著的治疗效果[117]。Shen 等开发了一种具有线粒体靶向性的 $Ir@MnFe_2O_4$ 纳米酶，当施加 AMF 后，$Ir@MnFe_2O_4$ 会引起局部温度升高，加速 Fe(Ⅲ) 还原为 Fe(Ⅱ) 的同时增强其 POD 活性，产生大量·OH，促进了单一肿瘤磁热疗的治疗效果[118]。

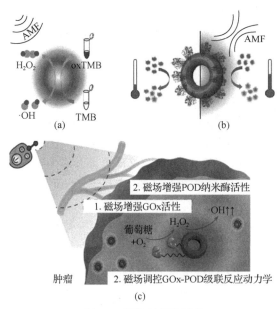

图 7.5 磁控纳米酶催化

(a) 磁场调控纳米酶活性[114]；(b)磁场调控天然酶活性[115]；
(c) 磁场调控天然酶-纳米酶级反应用于肿瘤治疗[116]

从磁性四氧化三铁纳米颗粒发展到多种无机或有机纳米粒子，从生物检测到重大疾病治疗，纳米酶已迅速发展成为纳米生物材料领域的重要研究方向。除了本书介绍的四种氧化还原酶类型，一些纳米材料还具有水解酶、裂合酶等多重酶活性[119-120]。未来，更多纳米酶反应类型将被发现。磁性纳米酶可以响应外磁场精准调控体内催化活性，有望在提高纳米药物体内疗效、降低毒副作用等方面发挥重要的作用。鉴于磁性纳米颗粒的多功能性，磁性纳米酶也有望与磁靶向[121]、磁热疗[122]、磁共振成像[123]等生物医学应用相结合，发展出新的纳米诊疗体系，助力医疗发展和国民健康。

思　考　题

1. 磁性纳米酶的定义是什么？按照催化活性可以分为哪几类？
2. 磁性 POD 纳米酶的生物医学应用有哪些？
3. 影响磁性纳米酶活性的因素有哪些？

参 考 文 献

[1] GAO L, ZHUANG J, NIE L, et al. Intrinsic peroxidase-like activity of ferromagnetic nanoparticles[J]. Nature Nanotechnology, 2007, 2(9): 577-583.

[2] RAGG R, TAHIR M N, TREMEL W, et al. Solids go bio: Inorganic nanoparticles as enzyme mimics[J]. European Journal of Inorganic Chemistry, 2016, (13-14): 1906-1915.

[3] DONG H, DU W, DONG J, et al. Depletable peroxidase-like activity of Fe_3O_4 nanozymes accompanied with separate migration of electrons and iron ions[J]. Nature Nanotechnology, 2022, 13(1): 1-11.

[4] YUAN B, CHOU H L, PENG Y K. Disclosing the origin of transition metal oxides as peroxidase (and catalase) mimetics[J]. ACS Applied Materials & Interfaces, 2021, 14(20): 22728-22736.

[5] ZHANG Z, ZHANG X, LIU B, et al. Molecular imprinting on inorganic nanozymes for hundred-fold enzyme specificity[J]. Journal of the American Chemical Society, 2017, 139(15): 5412-5419.

[6] CHEN Z, YIN J J, ZHOU Y T, et al. Dual enzyme-like activities of iron oxide nanoparticles and their implication for diminishing cytotoxicity[J]. American Chemical Society, 2012, 6(5): 4001-4012.

[7] SHI S, WU S, SHEN Y, et al. Iron oxide nanozyme suppresses intracellular *Salmonella* Enteritidis growth and alleviates infection *in vivo*[J]. Theranostics, 2018, 8(22): 6149-6162.

[8] BHATTACHARYA D, BAKSI A, BANERJEE I, et al. Development of phosphonate modified $Fe_{1-x}Mn_xFe_2O_4$ mixed ferrite nanoparticles: Novel peroxidase mimetics in enzyme linked immunosorbent assay[J]. Talanta, 2011, 86: 337-348.

[9] SHI W, ZHANG X, HE S, et al. $CoFe_2O_4$ magnetic nanoparticles as a peroxidase mimic mediated chemiluminescence for hydrogen peroxide and glucose[J]. Chemical Communications, 2011, 47(38): 10785-10787.

[10] SU L, FENG J, ZHOU X, et al. Colorimetric detection of urine glucose based $ZnFe_2O_4$ magnetic nanoparticles[J]. Analytical Chemistry, 2012, 84(13): 5753-5758.

[11]　JIAO X, SONG H, ZHAO H, et al. Well-redispersed ceria nanoparticles: Promising peroxidase mimetics for H_2O_2 and glucose detection[J]. Analytical Methods, 2012, 4(10): 3261-3267.

[12]　HAN L, ZENG L, WEI M, et al. A V_2O_3-ordered mesoporous carbon composite with novel peroxidase-like activity towards the glucose colorimetric assay[J]. Nanoscale, 2015, 7(27): 11678-11685.

[13]　MU J, WANG Y, ZHAO M, et al. Intrinsic peroxidase-like activity and catalase-like activity of Co_3O_4 nanoparticles[J]. Chemical Communications, 2012, 48(19): 2540-2542.

[14]　WANG Y, WANG M Q, LEI L L, et al. $FePO_4$ embedded in nanofibers consisting of amorphous carbon and reduced graphene oxide as an enzyme mimetic for monitoring superoxide anions released by living cells[J]. Microchimica Acta, 2018, 185(2): 1-9.

[15]　YU Y, JU P, ZHANG D, et al. Peroxidase-like activity of $FeVO_4$ nanobelts and its analytical application for optical detection of hydrogen peroxide[J]. Sensors and Actuators B: Chemical, 2016, 233: 162-172.

[16]　DUTTA A K, MAJI S K, SRIVASTAVA D N, et al. Synthesis of FeS and FeSe nanoparticles from a single source precursor: A study of their photocatalytic activity, peroxidase-like behavior, and electrochemical sensing of H_2O_2[J]. American Chemical Society Applied Materials & Interfaces, 2012, 4(4): 1919-1927.

[17]　WANG Z, LI Z, SUN Z, et al. Visualization nanozyme based on tumor microenvironment "unlocking" for intensive combination therapy of breast cancer[J]. Science Advances, 2020, 6(48): eabc8733.

[18]　QIAO F, CHEN L, LI X, et al. Peroxidase-like activity of manganese selenide nanoparticles and its analytical application for visual detection of hydrogen peroxide and glucose[J]. Sensors and Actuators B: Chemical, 2014, 193: 255-262.

[19]　CHEN T M, WU X J, WANG J X, et al. WSe_2 few layers with enzyme mimic activity for high-sensitive and high-selective visual detection of glucose[J]. Nanoscale, 2017, 9(32): 11806-11813.

[20]　YIN W, YU J, LV F, et al. Functionalized Nano-MoS_2 with peroxidase catalytic and near-infrared photothermal activities for safe and synergetic wound antibacterial applications[J]. American Chemical Society, 2016, 10(12): 11000-11011.

[21]　GAO L, GIGLIO K M, NELSON J L, et al. Ferromagnetic nanoparticles with peroxidase-like activity enhance the cleavage of biological macromolecules for biofilm elimination[J]. Nanoscale, 2014, 6(5): 2588-2593.

[22]　WANG L, MIN Y, XU D, et al. Membrane lipid peroxidation by the peroxidase-like activity of magnetite nanoparticles[J]. Chemical Communications, 2014, 50(76): 11147-11150.

[23]　GAO L, FAN K, YAN X. Iron oxide nanozyme: A multifunctional enzyme mimetic for biomedical applications[J]. Theranostics, 2017, 7(13): 3207-3227.

[24]　JIANG B, DUAN D, GAO L, et al. Standardized assays for determining the catalytic activity and kinetics of peroxidase-like nanozymes[J]. Nature Protocols, 2018, 13(7): 1506-1520.

[25]　LI D, GUO Q, DING L, et al. Bimetallic $CuCo_2S_4$ nanozymes with enhanced peroxidase activity at neutral pH for combating burn infections[J]. Chemistry Europe, 2020, 21(18): 2620-2627.

[26]　FAN K, XI J, FAN L, et al. *In vivo* guiding nitrogen-doped carbon nanozyme for tumor catalytic therapy[J]. Nature communications, 2018, 9(1): 1440.

[27]　YANG M, GUAN Y, YANG Y, et al. Immunological detection of hepatocellular carcinoma biomarker GP73 based on dissolved magnetic nanoparticles[J]. Colloids and Surfaces A: Physicochemical and Engineering Aspects, 2014, 443: 280-285.

[28]　YANG M, GUAN Y, YANG Y, et al. Peroxidase-like activity of amino-functionalized magnetic nanoparticles and their applications in immunoassay[J]. Journal of Colloid and Interface Science, 2013, 405: 291-295.

[29]　YANG M, GUAN Y, YANG Y, et al. A sensitive and rapid immunoassay for mycoplasma pneumonia based on Fe_3O_4 nanoparticles[J]. Materials Letters, 2014, 137: 113-116.

[30] WOO M A, KIM M I, JUNG J H, et al. A novel colorimetric immunoassay utilizing the peroxidase mimicking activity of magnetic nanoparticles[J]. International Journal of Molecular Sciences, 2013, 14(5): 9999-10014.

[31] WU Y, SONG M, XIN Z, et al. Ultra-small particles of iron oxide as peroxidase for immunohistochemical detection[J]. Nanotechnology, 2011, 22(22): 225703.

[32] DUAN D, FAN K, ZHANG D, et al. Nanozyme-strip for rapid local diagnosis of Ebola[J]. Biosens Bioelectron, 2015, 74: 134-141.

[33] FAN K, CAO C, PAN Y, et al. Magnetoferritin nanoparticles for targeting and visualizing tumour tissues[J]. Nature Nanotechnology, 2012, 7(7): 459-464.

[34] ZHANG Z, WANG Z, WANG X, et al. Magnetic nanoparticle-linked colorimetric aptasensor for the detection of thrombi [J]. Sensors and Actuators B: Chemical, 2010, 147(2): 428-433.

[35] ZHANG L, HUANG R, LIU W, et al. Rapid and visual detection of Listeria monocytogenes based on nanoparticle cluster catalyzed signal amplification[J]. Biosens Bioelectron, 2016, 86: 1-7.

[36] THIRAMANAS R, JANGPATARPONGSA K, TANGBORIBOONRAT P, et al. Detection of *Vibrio cholerae* using the intrinsic catalytic activity of a magnetic polymeric nanoparticle[J]. Analytical Chemistry, 2013, 85(12): 5996-6002.

[37] KIM M I, SHIM J, LI T, et al. Fabrication of nanoporous nanocomposites entrapping Fe_3O_4 magnetic nanoparticles and oxidases for colorimetric biosensing[J]. Chemistry, 2011, 17(38): 10700-10707.

[38] KIM M I, SHIM J, LI T, et al. Colorimetric quantification of galactose using a nanostructured multi-catalyst system entrapping galactose oxidase and magnetic nanoparticles as peroxidase mimetics[J]. Analyst, 2012, 137(5): 1137-1143.

[39] KIM M I, SHIM J, PARAB H J, et al. A convenient alcohol sensor using one-pot nanocomposite entrapping alcohol oxidase and magnetic nanoparticles as peroxidase mimetics[J]. Journal of Nanoscience and Nanotechnology, 2012, 12(7): 5914-5919.

[40] QIAN J, YANG X, JIANG L, et al. Facile preparation of Fe_3O_4 nanospheres/reduced graphene oxide nanocomposites with high peroxidase-like activity for sensitive and selective colorimetric detection of acetylcholine[J]. Sensors and Actuators B: Chemical, 2014, 201: 160-166.

[41] PARK J Y, JEONG H Y, KIM M I, et al. Colorimetric detection system for salmonella typhimurium based on peroxidase-like Activity of magnetic nanoparticles with DNA aptamers[J]. Journal of Nanomaterials, 2015, (6): 1-9.

[42] PARK K S, KIM M I, CHO D Y, et al. Label-free colorimetric detection of nucleic acids based on target-induced shielding against the peroxidase-mimicking activity of magnetic nanoparticles[J]. Small, 2011, 7(11): 1521-1525.

[43] ZHANG D, ZHAO Y X, GAO Y J, et al. Anti-bacterial and in vivo tumor treatment by reactive oxygen species generated by magnetic nanoparticles[J]. Journal of Materials Chemistry B, 2013, 1(38): 5100-5107.

[44] HUO M, WANG L, CHEN Y, et al. Tumor-selective catalytic nanomedicine by nanocatalyst delivery[J]. Nature Communications, 2017, 8(1): 357.

[45] WANG Y, LI H, GUO L, et al. A cobalt-doped iron oxide nanozyme as a highly active peroxidase for renal tumor catalytic therapy[J]. Royal Society of Chemistry Advances, 2019, 9(33): 18815-18822.

[46] GAO L, LIU Y, KIM D, et al. Nanocatalysts promote Streptococcus mutans biofilm matrix degradation and enhance bacterial killing to suppress dental caries *in vivo*[J]. Biomaterials, 2016, 101: 272-284.

[47] PAN W Y, HUANG C C, LIN T T, et al. Synergistic antibacterial effects of localized heat and oxidative stress caused by hydroxyl radicals mediated by graphene/iron oxide-based nanocomposites[J]. Nanomedicine, 2016, 12(2): 431-438.

[48] WONG C M, WONG K H, CHEN X D. Glucose oxidase: Natural occurrence, function, properties and industrial applications[J]. Applied microbiology and biotechnology, 2008, 78(6): 927-938.

[49] SENTHIVELAN T, KANAGARAJ J, PANDA R C. Recent trends in fungal laccase for various industrial applications: An eco-friendly approach—A review[J]. Biotechnology and Bioprocess Engineering, 2016, 21(1): 19-38.

[50] XIONG Y, CHEN S, YE F, et al. Synthesis of a mixed valence state Ce-MOF as an oxidase mimetic for the colorimetric detection of biothiols[J]. Chemical Communications, 2015, 51(22): 4635-4638.

[51] JIN T, LI Y, JING W, et al. Cobalt-based metal organic frameworks: A highly active oxidase-mimicking nanozyme for fluorescence "turn-on" assays of biothiol[J]. Chemical Communications, 2020, 56(4): 659-662.

[52] GAO L, CHEN L, ZHANG R, et al. Nanozymes: Next-generation artificial enzymes[J]. Scientia Sinica Chimica, 2022, 52(9): 1649-1663.

[53] VERNEKAR A A, DAS T, GHOSH S, et al. A remarkably efficient $MnFe_2O_4$-based oxidase nanozyme[J]. Chemistry: An Asian Journal, 2016, 11(1): 72-76.

[54] ZHAG X, HE S, CHEN Z, et al. $CoFe_2O_4$ nanoparticles as oxidase mimic-mediated chemiluminescence of aqueous luminol for sulfite in white wines[J]. Journal of Agricultural and Food Chemistry, 2013, 61(4): 840-847.

[55] XIONG Y, CHEN S, YE F, et al. Preparation of magnetic core-shell nanoflower Fe_3O_4@MnO_2 as reusable oxidase mimetics for colorimetric detection of phenol[J]. Analytical Methods, 2015, 7(4): 1300-1306.

[56] ASATI A, SANTRA S, KAITTANIS C, et al. Oxidase-like activity of polymer-coated cerium oxide nanoparticles[J]. Angewandte Chemie International Edition, 2009, 48(13): 2344-2348.

[57] ZHUANG Y, ZHANG X, CHEN Q, et al. Co_3O_4/CuO hollow nanocage hybrids with high oxidase-like activity for biosensing of dopamine[J]. Materials Science & Engineering C: Materials for Biological Applications, 2019, 94: 858-866.

[58] SONG Y, ZHAO M, LI H, et al. Facile preparation of urchin-like $NiCo_2O_4$ microspheres as oxidase mimetic for colormetric assay of hydroquinone[J]. Sensors and Actuators B: Chemical, 2018, 255: 1927-1936.

[59] GAO M, LU X, NIE G, et al. Hierarchical CNFs/$MnCo_2O_{4.5}$ nanofibers as a highly active oxidase mimetic and its application in biosensing[J]. Nanotechnology, 2017, 28(48): 485708.

[60] DING Y, ZHAO M, YU J, et al. Preparation of $NiMn_2O_4$/C necklace-like microspheres as oxidase mimetic for colorimetric determination of ascorbic acid[J]. Talanta, 2020, 219: 121299.

[61] ZHENG X, LIU Z, LIAN Q, et al. Preparation of flower-like $NiMnO_3$ as oxidase mimetics for colorimetric detection of hydroquinon [J]. American Chemical Society Sustainable Chemistry & Engineering, 2021, 9(38): 12766-12778.

[62] ZHAO J, XIE Y, YUAN W, et al. A hierarchical Co-Fe LDH rope-like nanostructure: Facile preparation from hexagonal lyotropic liquid crystals and intrinsic oxidase-like catalytic activity[J]. Journal of Materials Chemistry B, 2013, 1(9): 1263-1269.

[63] CHEN Q, LI S, LIU Y, et al. Size-controllable Fe-N/C single-atom nanozyme with exceptional oxidase-like activity for sensitive detection of alkaline phosphatase[J]. Sensors and Actuators B: Chemical, 2020, 305: 127511.

[64] CAI S, QI C, LI Y, et al. PtCo bimetallic nanoparticles with high oxidase-like catalytic activity and their applications for magnetic-enhanced colorimetric biosensin[J]. Journal of Materials Chemistry B, 2016, 4(10): 1869-1877.

[65] WANG Q, ZHANG L, SHANG C, et al. Triple-enzyme mimetic activity of nickel-palladium hollow nanoparticles and their application in colorimetric biosensing of glucose[J]. Chemical Communications, 2016, 52(31): 5410-5413.

[66] LIAO H, LIU Y, CHEN M, et al. A colorimetric heparin assay based on the inhibition of the oxidase mimicking activity of cerium oxide nanoparticles[J]. Mikrochim Acta, 2019, 186(5): 274.

[67] HAN X, LIU L, GONG H, et al. Dextran-stabilized Fe-Mn bimetallic oxidase-like nanozyme for total antioxidant capacity assay of fruit and vegetable food[J]. Food Chemistry, 2022, 371: 131115.

[68] LIU P, ZHAO M, ZHU H, et al. Dual-mode fluorescence and colorimetric detection of pesticides realized by integrating stimulus-responsive luminescence with oxidase-mimetic activity into cerium-based coordination polymer nanoparticles[J]. Journal of Hazardous Materials, 2022, 423: 127077.

[69] CHEN J, ZHENG X, ZHANG J, et al. Bubble-templated synthesis of nanocatalyst Co/C as NADH oxidase mimic[J]. National Science Review, 2022, 9(3): nwab186.

[70] TAO Y, JU E, REN J, et al. Bifunctionalized mesoporous silica-supported gold nanoparticles: Intrinsic oxidase and peroxidase catalytic activities for antibacterial applications[J]. Advanced Materials, 2015, 27(6): 1097-1104.

[71] HSU C L, LI Y J, JIAN H J, et al. Green synthesis of catalytic gold/bismuth oxyiodide nanocomposites with oxygen vacancies for treatment of bacterial infections[J]. Nanoscale, 2018, 10(25): 11808-11819.

[72] BHATTACHARYYA S, ALI S R, VENKATESWARULU M, et al. Self-assembled Pd_{12} coordination cage as photoregulated oxidase-like nanozyme[J]. Journal of the American Chemical Society, 2020, 142(44): 18981-18989.

[73] ZHANG R, CHEN L, LIANG Q, et al. Unveiling the active sites on ferrihydrite with apparent catalase-like activity for potentiating radiotherapy[J]. Nano Today, 2021, 41: 101317.

[74] PIRMOHAMED T, DOWDING J M, SINGH S, et al. Nanoceria exhibit redox state-dependent catalase mimetic activity[J]. Chemical Communications, 2010, 46(16): 2736-2738.

[75] YAO J, CHENG Y, ZHOU M, et al. ROS scavenging Mn_3O_4 nanozymes for in vivo anti-inflammation[J]. Chemical Science, 2018, 9(11): 2927-2933.

[76] GUPTA A, ERAL H B, HATTON T A, et al. Nanoemulsions: Formation, properties and applications[J]. Soft Matter, 2016, 12(11): 2826-2841.

[77] CELARDO I, PEDERSEN J Z, TRAVERSA E, et al. Pharmacological potential of cerium oxide nanoparticles[J]. Nanoscale, 2011, 3(4): 1411-1420.

[78] MU J, ZHANG L, ZHAO M, et al. Catalase mimic property of Co_3O_4 nanomaterials with different morphology and its application as a calcium sensor[J]. American Chemical Society Applied Materials & Interfaces, 2014, 6(10): 7090-7098.

[79] LIN A, LIU Q, ZHANG Y, et al. A dopamine-enabled universal assay for catalase and catalase-like nanozymes[J]. Analytical Chemistry, 2022, 94(30): 10636-10642.

[80] WEERATHUNGE P, SHARMA T K, RAMANATHAN R, et al. Nanozyme-based environmental monitoring[M]// HUSSAIN C M, KHARISOV B. Advanced Environmental Analysis: Applications of Nanomaterials, Volume 2. Lodon: Royal Society of Chemistry, 2017.

[81] ZHANG Y, WANG F, LIU C, et al. Nanozyme decorated metal-organic frameworks for enhanced photodynamic therapy[J]. American Chemical Society, 2018, 12(1): 651-661.

[82] WANG Z, ZHANG Y, JU E, et al. Biomimetic nanoflowers by self-assembly of nanozymes to induce intracellular oxidative damage against hypoxic tumors[J]. Nature Communications, 2018, 9(1): 3334.

[83] ZHANG Y, WANG Z, LI X, et al. Dietary iron oxide nanoparticles delay aging and ameliorate neurodegeneration in drosophila[J]. Advanced Materials, 2016, 28(7): 1387-1393.

[84] XIONG F, WANG H, FENG Y, et al. Cardioprotective activity of iron oxide nanoparticles[J]. Scientific Reports, 2015, 5: 8579.

[85] MCCORD J M, FRIDOVICH I. Superoxide dismutase: An enzymic function for erythrocuprein (hemocuprein)[J]. Journal of Biological Chemistry, 1969, 244(22): 6049-6055.

[86] KORSVIK C, PATIL S, SEAL S, et al. Superoxide dismutase mimetic properties exhibited by vacancy engineered ceria nanoparticles[J]. Chemical Communications, 2007, (10): 1056-1058.

[87] DONG J, SONG L, YIN J J, et al. Co_3O_4 nanoparticles with multi-enzyme activities and their application in immunohistochemical assay[J]. American Chemical Society Applied Materials & Interfaces, 2014, 6(3): 1959-1970.

[88] HECKERT E G, KARAKOTI A S, SEAL S, et al. The role of cerium redox state in the SOD mimetic activity of nanoceria[J]. Biomaterials, 2008, 29(18): 2705-2709.

[89] KOLLI M B, MANNE N, PARA R, et al. Cerium oxide nanoparticles attenuate monocrotaline induced right ventricular hypertrophy following pulmonary arterial hypertension[J]. Biomaterials, 2014, 35(37): 9951-9962.

[90] PAGLIARI F, MANDOLI C, FORTE G, et al. Cerium oxide nanoparticles protect cardiac progenitor cells from oxidative stress[J]. American Chemical Society, 2012, 6(5): 3767-3775.

[91] GU Y, HUANG Y, QIU Z, et al. Vitamin B_2 functionalized iron oxide nanozymes for mouth ulcer healing[J]. Science China-life Sciences, 2020, 63(1): 68-79.

[92] REN C, LI D, ZHOU Q, et al. Mitochondria-targeted TPP-MoS_2 with dual enzyme activity provides efficient neuroprotection through M1/M2 microglial polarization in an Alzheimer's disease model[J]. Biomaterials, 2020, 232: 119752.

[93] CHENG Y, CHENG C, YAO J, et al. Mn_3O_4 Nanozyme for inflammatory bowel disease therapy[J]. Advanced Therapeutics, 2021, 4(9): 2100081.

[94] KIM C K, KIM T, CHOI I Y, et al. Ceria nanoparticles that can protect against ischemic stroke[J]. Angewandte Chemie International Edition, 2012, 51(44): 11039-11043.

[95] LIU S, LU F, XING R, et al. Structural effects of Fe_3O_4 nanocrystals on peroxidase-like activity[J]. Chemistry, 2011, 17(2): 620-625.

[96] ZHANG K, ZUO W, WANG Z, et al. A simple route to $CoFe_2O_4$ nanoparticles with shape and size control and their tunable peroxidase-like activity[J]. Royal Society of Chemistry Advances, 2015, 5(14): 10632-10640.

[97] CHEN J, LIU Y, ZHU G, et al. Ag@Fe_3O_4nanowire: Fabrication, characterization and peroxidase-like activity[J]. Crystal Research and Technology, 2014, 49(5): 309-314.

[98] MA M, XIE J, ZHANG Y, et al. Fe_3O_4@Pt nanoparticles with enhanced peroxidase-like catalytic activity[J]. Materials Letters, 2013, 105: 36-39.

[99] LEE J W, JEON H J, SHIN H J, et al. Superparamagnetic Fe_3O_4 nanoparticles-carbon nitride nanotube hybrids for highly efficient peroxidase mimetic catalysts[J]. Chemical Communications, 2012, 48(3): 422-424.

[100] WANG H, JIANG H, WANG S, et al. Fe_3O_4-MWCNT magnetic nanocomposites as efficient peroxidase mimic catalysts in a Fenton-like reaction for water purification without pH limitation[J]. Royal Society of Chemistry Advances, 2014, 4(86): 45809-45815.

[101] AN Q, SUN C, LI D, et al. Peroxidase-like activity of Fe_3O_4@carbon nanoparticles enhances ascorbic acid-induced oxidative stress and selective damage to PC-3 prostate cancer cells[J]. American Chemical Society Applied Materials & Interfaces, 2013, 5(24): 13248-13257.

[102] WU Y, MENG H M, CHEN J, et al. Accelerated DNAzyme-based fluorescent nanoprobe for highly sensitive microRNA detection in live cells[J]. Chemical Communications, 2020, 56(3): 470-473.

[103] NELSON B C, JOHNSON M E, WALKER M L, et al. Antioxidant cerium oxide nanoparticles in biology and medicine[J]. Antioxidants (Basel), 2016, 5(2): 5020015.

[104] YU F, HUANG Y, COLE A J, et al. The artificial peroxidase activity of magnetic iron oxide nanoparticles and its application to glucose detection[J]. Biomaterials, 2009, 30(27): 4716-4722.

[105] LIU B, LIU J. Accelerating peroxidase mimicking nanozymes using DNA[J]. Nanoscale, 2015, 7(33): 13831-13835.

[106] LIU Y, YUAN M, QIAO L, et al. An efficient colorimetric biosensor for glucose based on peroxidase-like protein-Fe_3O_4 and glucose oxidase nanocomposites[J]. Biosens Bioelectron, 2014, 52: 391-396.

[107] LIU Q, LI H, ZHAO Q, et al. Glucose-sensitive colorimetric sensor based on peroxidase mimics activity of porphyrin-Fe_3O_4 nanocomposites[J]. Materials Science & Engineering C: Materials for Biological Applications, 2014, 41: 142-151.

[108] SHI Y, HUANG J, WANG J, et al. A magnetic nanoscale Fe$_3$O$_4$/P$_\beta$ -$_{CD}$ composite as an efficient peroxidase mimetic for glucose detection[J]. Talanta, 2015, 143: 457-463.

[109] PAUTLER R, KELLY E Y, HUANG P J, et al. Attaching DNA to nanoceria: Regulating oxidase activity and fluorescence quenching[J]. American Chemical Society Applied Materials & Interfaces, 2013, 5(15): 6820-6825.

[110] ZHANG K, HU X, LIU J, et al. Formation of PdPt alloy nanodots on gold nanorods: Tuning oxidase-like activities via composition[J]. Langmuir, 2011, 27(6): 2796-2803.

[111] HONARASA F, PEYRAVI F, AMIRIAN H. C-dots/Mn$_3$O$_4$ nanocomposite as an oxidase nanozyme for colorimetric determination of ferrous ion[J]. Journal of the Iranian Chemical Society, 2019, 17(3): 507-512.

[112] VALLABANI N V S, KARAKOTI A S, SINGH S. ATP-mediated intrinsic peroxidase-like activity of Fe$_3$O$_4$-based nanozyme: One step detection of blood glucose at physiological pH[J]. Colloids And Surfaces B: biointerfaces, 2017, 153: 52-60.

[113] LIU C H, YU C J, TSENG W L. Fluorescence assay of catecholamines based on the inhibition of peroxidase-like activity of magnetite nanoparticles[J]. Analytica Chimica Acta, 2012, 745: 143-148.

[114] HE Y, CHEN X, ZHANG Y, et al. Magnetoresponsive nanozyme: Magnetic stimulation on the nanozyme activity of iron oxide nanoparticles[J]. Science China: life Sciences, 2022, 65(1): 184-192.

[115] XIONG R, ZHANG W, ZHANG Y, et al. Remote and real time control of an FVIO-enzyme hybrid nanocatalyst using magnetic stimulation[J]. Nanoscale, 2019, 11(39): 18081-18089.

[116] ZHANG Y, WANG Y, ZHOU Q, et al. Precise regulation of enzyme-nanozyme cascade reaction kinetics by magnetic actuation toward efficient tumor therapy[J]. American Chemical Society Applied Materials & Interfaces, 2021, 13(44): 52395-52405.

[117] WU H, LIU L, SONG L, et al. Enhanced tumor synergistic therapy by injectable magnetic hydrogel mediated generation of hyperthermia and highly toxic reactive oxygen species[J]. American Chemical Society, 2019, 13(12): 14013-14023.

[118] SHEN J, REES T W, ZHOU Z, et al. A mitochondria-targeting magnetothermogenic nanozyme for magnet-induced synergistic cancer therapy[J]. Biomaterials, 2020, 251: 120079.

[119] KUCHMA M H, KOMANSKI C B, COLON J, et al. Phosphate ester hydrolysis of biologically relevant molecules by cerium oxide nanoparticles[J]. Nanomedicine, 2010, 6(6): 738-744.

[120] TIAN Z, YAO T, QU C, et al. Photolyase-like catalytic behavior of CeO$_2$[J]. Nano Letters, 2019, 19(11): 8270-8277.

[121] ULBRICH K, HOLA K, SUBR V, et al. Targeted drug delivery with polymers and magnetic nanoparticles: Covalent and noncovalent approaches, release control, and clinical studies[J]. Chemical Reviews, 2016, 116(9): 5338-5431.

[122] CONDE-LEBORAN I, BALDOMIR D, MARTINEZ-BOUBETA C, et al. A single picture explains diversity of hyperthermia response of magnetic nanoparticles[J]. The Journal of Physical Chemistry C, 2015, 119(27): 15698-15706.

[123] ANGELOVSKI G, TOTH E. Strategies for sensing neurotransmitters with responsive MRI contrast agents[J]. Royal Society of Chemistry Chemical Society Reviews, 2017, 46(2): 324-336.

第 8 章　磁力调控技术

磁场作为一种安全、无组织穿透深度限制的物理刺激，目前已广泛应用于疾病诊断、肿瘤治疗、再生医学研究等生物医学领域。磁性氧化铁纳米颗粒作为一种磁场响应的多功能材料而被广泛关注，具有独特的磁响应性。一方面，磁性纳米生物材料可通过磁场靶向作用提高材料在肿瘤部位的富集率，延长其滞留时间，以较低的材料剂量实现最优的治疗效果；另一方面，磁性纳米生物材料在高低频磁场下可分别产生热能或机械能，用于磁热治疗或磁力治疗。磁场与磁性纳米颗粒耦合产生的磁力是目前磁物理治疗的前沿研究热点。随着近年来磁力在生物医学领域研究的不断深入，磁力作用于细胞引发的系列生物学效应及力学转导机制逐渐为人们所认识。磁力作为一种新兴的物理调控手段，在肿瘤治疗及再生医学领域展示出了极大的应用潜力。

8.1　磁力产生的理论基础

8.1.1　磁力产生的物理基础

磁性纳米材料耦合超低频旋转磁场(0.1～100Hz)可产生 pN 级的机械力，产力机制是磁性纳米材料被磁化后，粒子之间存在偶极-偶极相互作用。其在均匀磁场下受到的磁力 $\vec{F}$ 及扭矩 $\vec{\tau}$ 可分别表示为

$$\vec{F} = (\vec{m} \times \nabla)\vec{B} \tag{8.1}$$

$$\vec{\tau} = \vec{m} \times \vec{B} \tag{8.2}$$

式中，$\vec{m}$ 为磁性纳米材料的磁矩；$\vec{B}$ 为磁感应强度。$\vec{m}$ 的与磁性纳米材料的体积、真空磁导率及单位饱和磁化强度相关[1]，即

$$\vec{m} = \frac{3V}{\mu_0}\left(\frac{\mu - \mu_0}{\mu + 2\mu_0}\right)M_S \tag{8.3}$$

式中，V 为磁性纳米材料的体积；μ 为材料的磁导率；μ_0 为材料的真空磁导率；M_S 为材料的单位饱和磁化强度。当颗粒尺寸减小时，磁矩 $\vec{m}$ 随体积减小，磁力缩

小了 3 倍。可见，磁性纳米材料自身的物理性质及外加磁场的强度、梯度、方向等影响磁力与扭矩的大小和方向。因此，优化磁性纳米材料的磁学性能(改变尺寸、形貌、成分及组装特性)或采用高磁场梯度的外加磁场，可对细胞进行有效磁力刺激。

8.1.2　磁力大小与磁性纳米材料磁学性质的关系

磁性纳米材料是指由磁性元素(铁、钴、镍、铬等)及其化合物组成的固态或液态纳米材料，材料尺度通常在 1～100nm。饱和磁化强度(M_S)、磁通密度矫顽力(H_c)、剩磁(M_r)和真空磁导率(μ_0)等磁学性能参数是磁性纳米材料特有的性质，这些特有的性质也是影响磁性纳米材料磁学性能的主要因素。磁性纳米材料的尺寸、成分和形貌均可影响其饱和磁化强度 M_S[图 8.1(a)]。

磁性纳米材料的 M_S 与其尺寸密切相关，存在以下关系：

$$M_S = M_B \left(\frac{r-d}{r} \right)^3 \tag{8.4}$$

式中，M_B 为宏观材料的饱和磁化强度；r 为磁性纳米材料的半径；d 为自旋斜面层的厚度。在临界磁畴范围内，M_S 会随着磁性纳米颗粒的尺寸增大而成比例地增大，但当尺寸减小至某一临界值(20nm 以下)时，磁性纳米颗粒就会由铁磁性转变为超顺磁性。例如，$\alpha\text{-}Fe_2O_3$ 和 Fe_3O_4 的超临界尺寸分别为 20nm 和 16nm，当到达超临界尺寸时，这两种颗粒就会变为超顺磁体，而当其尺寸突破单畴范围时，则会从超顺磁性向亚铁磁性或铁磁性转变。不同种类的纳米颗粒的超临界尺寸不同[图 8.1(b)]。

磁性纳米材料的形貌决定了其晶体结构及表面各向异性，其拓扑结构也会直接影响后续组装体的形状及稳定性。通过控制不同晶面的生长速率可调控磁性纳米材料的形貌，表面活性剂对晶面的选择性吸附会诱导颗粒形成不同的形貌。在相同组分和体积的条件下，18nm 具有立方体结构的磁性纳米颗粒比 22nm 球体结构的磁性纳米颗粒具有更高的饱和磁化强度。因为立方体结构的磁性纳米颗粒各个表面均一、平行或垂直排布，所以晶面的电子族能量较低，表面及核内的自旋态趋于一致，使得磁方块的磁矩无序度(4%)较小；而曲面拓扑结构包含许多面，其表面磁矩无序度(8%)较大。

通过调控磁性纳米材料的内部自旋有序结构，掺杂 Zn、Co、Ni、Mn 等元素可增强晶体内部的分子磁矩，也可提升颗粒的磁响应性。掺杂的元素类型及掺杂元素的比例不同，粒子的 M_S 也会有所差异。Mn、Zn、Fe、Co、Ni 掺杂的铁氧体纳米颗粒的 M_S 大小为 $Zn_{0.4}Fe_{2.6}O_4 > MnFe_2O_4 > Fe_3O_4 > CoFe_2O_4 > NiFe_2O_4$。

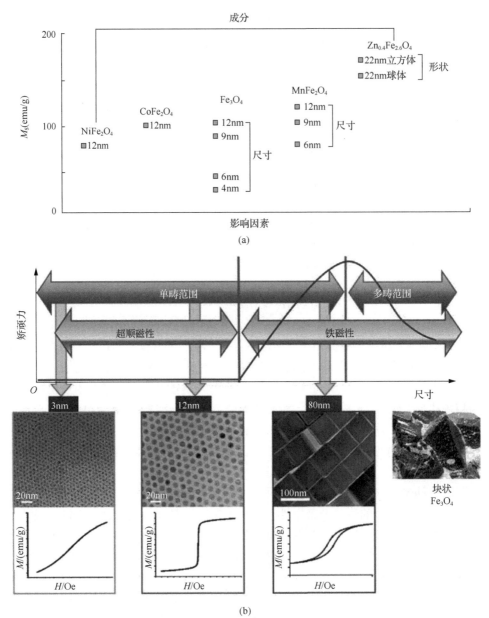

图 8.1　磁性纳米颗粒的尺寸、成分和形状与其饱和磁化强度的关系

(a) 调整磁性纳米颗粒的尺寸、成分和形状，可获得不同的饱和磁化强度[2]；
(b) 磁性纳米颗粒尺寸依赖的磁学特征[3]

　　分子、微米或纳米颗粒等可在基于分子间非共价键的相互作用下自发聚集形成高度有序、稳定、规则的特定结构。在外加磁场作用下，磁化的磁性纳米颗粒间可形成磁偶极矩，在偶级–偶级的相互作用下，磁性纳米颗粒可沿磁力线定向排列并形成自组装结构。磁性纳米颗粒的组装行为可增强自身的各向异性及结晶度,从而使其饱和磁化强度和矫顽力等磁学性能得到明显提高。

由此可见,尺寸、形貌、成分、组装均会影响磁性纳米颗粒的磁学性能参数,最终影响其在磁场下的磁力响应能力及后续的生物学效应。因此,需要根据生物应用场景合理设计磁性纳米颗粒,获得较优的磁力输出效果。

8.1.3 应用于磁力刺激的磁场类型

在梯度磁场中,磁性纳米颗粒受到磁力的作用,可以通过永磁体与颗粒之间的距离或通过应用于电磁线圈的电流来控制。与永磁系统相比,通过控制应用于系统中电磁线圈的电流,电磁系统可通过编程产生更复杂的磁场分布(如旋转磁场和时变磁场)。为了能够对磁性纳米颗粒进行精确控制,施加的外部磁场需要是均匀的、可控的。相比于永磁铁磁场,由亥姆霍兹线圈产生的旋转磁场可控性更强,均匀性也更好,较利于生物医学研究。Boroun 等[4]将三对由三相交流电供电的线圈环绕于圆柱形磁体外围,从而设计产生磁场方向垂直于中心孔轴的旋转磁场,其旋转频率取决于平衡交流电流的频率[图 8.2(a)]。

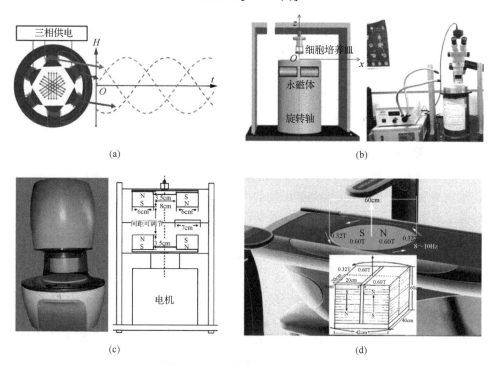

(a) (b)

(c) (d)

图 8.2 不同类型旋转磁场示意图

(a) 由电磁场产生的旋转磁场[4];(b) 由两个钕铁硼永磁体组装而成的旋转磁场,外接电机可使磁体发生旋转[5];(c) 由上下两对扇形的铁钴硼永磁体组成的旋转磁场[6];(d) 由两组 30 个钕铁硼永磁体反平行堆叠而成的旋转磁场[7]

　　由于电磁系统参数变化复杂，永磁铁的磁场强度较低，产热少，便于操纵，大部分旋转磁场由旋转的永磁铁产生，磁场强度大多在 1mT～1T，磁场频率＜20Hz，为超低频旋转磁场。由于钕铁硼永磁铁的磁能较高，磁性不易衰减，矫顽力大，质地坚硬，性能稳定，并且易加工，通过改变联动结构还可产生多样化旋转磁场，因此更容易满足小型化旋转磁场设备的需求。大部分旋转磁场的磁体为钕铁硼永磁体，如已报道的圆柱形旋转磁场，在外接电机的驱动下，由两个钕铁硼永磁体组装而成的磁体可以一定的频率发生旋转[图 8.2(b)]；还有上下两对扇形结构钕铁硼永磁体组成的旋转磁场装置，下部的磁体主要通过电动马达驱动，在下部磁体的耦合力作用下，上部磁体可发生同步旋转[图 8.2(c)]；另有由两组 30 个钕铁硼永磁体反向平行堆叠而成的旋转磁场，此类磁场磁体主要沿垂直轴旋转[图 8.2(d)]。

8.2　磁场与磁力的生物学效应

8.2.1　磁场的生物学效应

　　移动电话和家用电器等电磁产品的普及，核磁共振和磁医疗器械在临床上的广泛应用，使得磁场的生物学效应越来越受到人们的关注。构成生物体的分子或原子等物理单元大多具有磁性[8]，因此生物体可感应磁场产生相应的生物学效应。生物体内具有螺旋结构的蛋白质可产生与外加磁场方向相反的磁场，这种效应称为生物体的抗磁性，如微管蛋白组成的微管就具有较强的抗磁性[9-11]。血红蛋白在未与氧气结合时，可产生与外加磁场方向相同的磁场，即表现出顺磁性，而与氧气结合后为抗磁性。

　　磁场由电子(核)自旋产生，或因线圈内流动的电流发生变化而产生，在一定范围内的磁体或运动电荷会受到磁场的机械力作用。磁场强弱和方向一般用磁感应强度 $\bar{B}$ 表示，国际上的通用单位是特斯拉(T)。垂直于磁场方向长 1m 的导线，通过 1A 的电流，受到磁场的作用力为 1N 时，通电导线所在处的 $\bar{B}$ 就是 1T，即 $1T=1V\cdot s\cdot m^{-2}=1kg\cdot s^{-2}\cdot A^{-1}=1N\cdot A^{-1}\cdot m^{-1}$。此外，还可用磁场强度 H 表示磁场的物理量。磁场强度 H 的国际单位是 $A\cdot m^{-1}$。在真空中，H 表示为磁感应强度 $\bar{B}$ 与真空磁导率之商；当有磁介质存在时，H 为 $\bar{B}$ 与真空磁导率之商再减去磁化强度 M。磁场根据来源划分，可分为电流产生的电磁场和永磁铁产生的磁场。根据磁场强度及方向的不同，又可以划分为动态磁场和稳态磁场。接下来将分类讨论动态磁场和稳态磁场的生物学效应。

1. 动态磁场的生物学效应

　　磁场强度和方向时刻发生变化的磁场称为动态磁场。动态磁场可分为旋转磁场、脉冲磁场、脉动磁场、交变磁场、梯形波磁场、正弦波磁场等。根据磁场频率的不同,脉冲磁场和脉动磁场又可分为低频磁场和高频磁场。由于动态磁场参数变化复杂,并且对不同生物体产生的效应有所差异,因此目前关于各种动态磁场对人体的具体生物学效应尚未探明。

应用于生物学的旋转磁场大多由电磁场或者旋转的永磁铁产生。其中,低频旋转磁场(磁场强度 1mT～1T,磁场频率<20Hz)具有良好的医学应用前景。已有研究证明,在细胞水平上,0.4T、7.5Hz 低频旋转磁场连续处理 5 天后,可以引起小鼠黑色素瘤细胞 B16-F10 周期阻滞,细胞染色质分解受到抑制,从而抑制肿瘤的增殖[6]。研究发现低频旋转磁场(0.4T、7.5Hz)还可通过激活 P53-miR-34a-E2F1/E2F3 途径并抑制人类肺癌细胞 A549 及小鼠肺癌细胞(LLC)的铁代谢来抑制肿瘤生长[12]。低频旋转磁场对不同类型癌细胞产生的效应存在差异。多种人源肿瘤细胞,如胃癌(MKN-28、BGC-823)、大肠癌(LOVO)和肺癌(A549)等细胞系,经旋转磁场(0.4T、7.5Hz)连续刺激 4 天后,其细胞增殖受到显著抑制[13],而低频磁场处理对 MKN-45胃癌细胞系、SPC-A1 肺腺癌细胞系和 HepG2 肝癌细胞系的增殖无明显影响。

除了影响癌细胞的增殖外,动态磁场对免疫细胞产生的生物学效应也受到了广泛关注。其中,研究较多的是超低频交变电磁场对巨噬细胞、中性粒细胞和 T淋巴细胞等免疫细胞的生物学效应。低频电磁场可增强巨噬细胞的吞噬能力,促进巨噬细胞产生 ROS 提高胞内氧化应激水平,促使细胞因子分泌增加,从而改变巨噬细胞的极化状态与功能[14-15]。研究发现,60Hz 低频电磁场刺激可活化NF-κB(B 细胞的核因子 κappa-轻链增强子)信号通路和 calcium/NFAT(钙/活化 T 细胞核因子)信号通路,引起细胞内 ROS 水平升高及促炎性细胞因子(TNF-α、IL-6、IL-1β)表达升高,导致 RAW264.7 巨噬细胞趋于向 M1 型炎性状态极化[16]。除了影响巨噬细胞的极化状态外,低频电磁场也可影响细胞内的活性氧水平,从而促进中性粒细胞形成胞外诱捕网来捕获并消灭病原体,进一步增强人体中性粒细胞抗微生物和损伤周边细胞的能力[17-19]。近年来的研究发现,低频电磁场可影响CD4+T 细胞的分化与功能,从而改变机体适应性免疫能力。

除了抗肿瘤效应外,动态磁场还可影响骨密度,促进血管再生,以及影响动物和人体的内分泌、热分布和血液等。由于动态磁场可变参数较多,包括磁铁类型、磁场作用频率、磁场作用强度、磁场作用时间等,因此对不同的细胞类型产生的生物学效应也有所差异。稳态磁场的参数相对比较稳定,较利于从基础水平上探究磁场对生物体产生的具体效应。接下来主要介绍稳态磁场的生物学效应。

2. 稳态磁的生物学效应

磁场强度和方向不随时间变化的磁场称为稳态磁场。地磁场及永磁铁周围产生的不均匀磁场都是稳态磁场。根据强度不同,稳态磁场可分为弱磁场(5μT～

1mT)、中等磁场(1mT～1T)、强磁场(1～20T)和超强磁场(>20T)[20]。地磁场的磁场强度为 50～60μT，属于弱磁场。地球上的许多生物体可感应并利用地磁场进行定位、导航和测向，如趋磁菌、海龟、鲸、某些鸟类、某些鱼类和鼹鼠等。稳态磁场在细胞水平上产生的生物学效应，在表型上主要包括影响细胞的取向、形态、增殖和凋亡等，在机制上主要与胞内信号通路、离子通道相关。

关于稳态磁场的生物学效应，研究比较多的是磁场影响细胞取向的问题。稳态磁场对红细胞取向排列有影响是最早被发现的[21]。在 0.35T 的磁场中，镰刀型红细胞可垂直于磁场进行排列，当磁感应强度增高到 8T 时，则发现正常红细胞的圆饼平面平行于磁场排列[22]。进一步研究指出，红细胞在磁场中取向变化的主要原因与包括跨膜蛋白和脂质双分子层在内的细胞膜组分抗磁性密切相关[23]，并且血红蛋白的顺磁性对这一现象也有贡献[24]。稳态磁场还会使除了红细胞以外的其他细胞平行于磁场方向排列。8T 稳态强磁场可使成骨细胞、平滑肌细胞及施万细胞平行于磁场方向排列，而且使其沿着磁场的方向生长[25-27]。Iwasaka[28]等研究指出，14T 的强磁场会影响平滑肌细胞群落的形态，细胞集落沿着磁通量的方向延伸，推测可能是细胞骨架(在细胞分裂和迁移的过程中动态解聚和聚合)的抗磁性转矩力导致的。除了使细胞平行于磁场方向排列外，强磁场还可使公牛精子改变原本的排列方向，垂直于磁场方向排列[29]。人脑胶质瘤细胞、成骨细胞在外加抗磁性胶原纤维的影响下，可随着胶原纤维由平行排列转为垂直于强磁场排列[30]。稳态磁场如何改变细胞取向受多方面因素的影响，包括施加的磁场强度，以及细胞的形状、内部组成、外部环境等。

除了影响细胞取向外，稳态磁场还可以影响少数细胞生长阶段和贴壁阶段的形态。0.2T 的稳态磁场可使人正常神经细胞 FNC-B4、人皮肤成纤维细胞的形态发生改变并且呈现一定取向的排列，而未受磁场处理的细胞则维持正常形态并随机排列[31-32]。磁场除了影响生长中的细胞形态，还可以影响贴壁过程中的细胞形态。例如，稳态磁场可使 HeLa 细胞沿着磁场梯度的方向呈现流线型分布，或者影响悬浮细胞集落在培养瓶中的对流，且该定向作用可逆[33]。

根据细胞类型及磁场参数的不同，稳态磁场可对多数细胞的增殖、分化产生不同的影响。稳态强磁场对非肿瘤细胞的增殖几乎没有影响，却可显著抑制多种肿瘤细胞的增殖，但磁场对肿瘤细胞增殖的抑制作用仅在一定范围内随磁场强度增加而增加。除了细胞类型、磁场本身作用参数的影响外，磁场影响细胞增殖的效应与细胞密度也密切相关。在低密度情况下，磁场对细胞的增殖效应为抑制或者先抑制后促进，而对高密度细胞则表现出促进或是先促进后抑制的增殖效应，这可能是因为不同细胞密度下，与密度相关的基因表达存在差异或细胞间通讯不同。

除了磁场对细胞形态产生的影响，磁场在细胞内发挥生物学效应的具体位点也备受关注。目前，认为磁场主要通过影响胞内信号通路而引起相关效应，如影响细胞膜离子通道结构、膜表面蛋白受体及第二信使转导等(图 8.3)。研究证明，细胞膜上的钠/钾离子通道可对磁场产生响应。在磁场中，运动状态下的 Na^+、K^+

等离子会受到洛伦兹力的作用，从而运动轨迹受到影响，细胞膜电位发生变化，最终会使细胞膜的通透性发生改变。磁场的作用形式与参数不同，对离子通道的影响也不相同。另外，磁场可促使细胞表面带不同电荷集团的蛋白质分子发生电泳作用，改变膜表面的电荷分布，从而影响受配体结合，最终改变细胞的命运[34]。目前研究比较多的是高频和低频电磁场对膜表面蛋白质的影响，关于稳态磁场在这一方面的研究报道较少。Ca^{2+}作为胞内关键的第二信使，同样可对磁场产生响应。磁场可促进 Ca^{2+} 内流进而调节细胞的功能活性[35]。此外，细胞内其他含有顺磁性过渡金属元素(如 Mn、Fe、Co 等)的生物大分子，如纤维素酶、过氧化氢酶等，磁场同样可以对其产生作用从而导致其构象改变[36]。

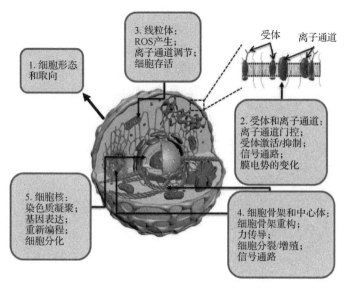

图 8.3　磁场的生物学效应[37]

8.2.2　磁力的生物学效应

由于偶极-偶极相互作用，在外加梯度磁场或旋转磁场(0.1～100Hz)的作用下，磁性纳米颗粒可产生 pN 级的磁力。磁力可作用于细胞膜、离子通道等，改变细胞结构及生化信号水平，进而调控细胞命运[2, 38-39]。磁性纳米颗粒在 1～100Hz 和<1Hz 旋转磁场下产生的磁力在肿瘤治疗及再生医学领域应用广泛。

1. 磁力作用于细胞亚结构

磁力对细胞亚结构的作用主要聚焦于细胞膜、溶酶体、细胞骨架等。

1) 细胞膜

细胞膜是由磷脂、糖蛋白、糖脂及蛋白质构成的磷脂双分子层，其中内层分布着大量带负电荷的磷脂酰乙醇胺、磷脂酰丝氨酸和磷脂酰肌醇，细胞膜外层主要分布着磷脂酰胆碱、糖脂及糖蛋白。细胞膜是磁性纳米生物材料与细胞相互作用的首要场所，也是外部磁力作用的最直接位点。2010 年，有研究报道，由铁镍合金组成的直径为 1μm 的涡旋磁盘经表面修饰白细胞介素-13 受体 α2 抗体(anti-IL13α2R)靶向结合至脑胶质瘤细胞表面，在 90Oe 交变磁场下以 10～50Hz 的频率扰动 10min，可破坏肿瘤细胞膜，同时机械振动信号会转化为离子电信号，进而启动肿瘤细胞凋亡[40-41]。有研究指出[42]，大于或等于 80mN/m 的剪切力足以破坏细胞膜，同时所需能量在 $6.3×10^{-2}J/m^2$ 以上。大尺寸的微米级粒子容易在肿瘤毛细血管处造成堵塞，导致其在肿瘤中的分布含量较少[43]。因此，开发纳米级的磁性颗粒，实现对细胞膜的精准打击越发重要。在频率为 50r/min 的旋转磁场刺激下，具 Janus 结构的纳米级磁性复合材料可输出机械力破坏细胞膜，引起 77% 的细胞死亡[44]。磁力对细胞膜的破坏效果与材料在细胞的定位和材料的结构密切相关。在旋转磁场下，定位于细胞内的磁性纳米颗粒较结合于细胞膜外的磁性纳米颗粒，会诱导更大程度的膜变形[45](图 8.4)。各向异性形状的纳米颗粒较对称结构的纳米颗粒，对细胞膜具备更高的破坏力，如 CoFeB/Pt 微米磁盘对癌细胞膜的破坏效果优于涡旋微米磁盘对癌细胞膜的破坏效果[46]。

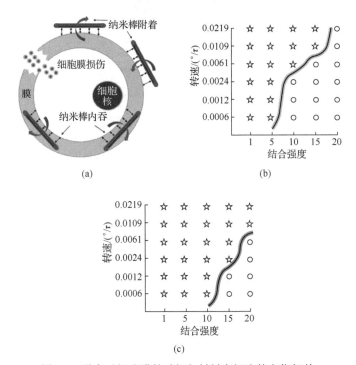

图 8.4　磁力对细胞膜的破坏与材料在细胞的定位相关

(a) 磁纳米棒附着于细胞膜表面或内吞入细胞，产生的磁力对细胞膜的破坏存在差异；
(b) 附着于细胞膜表面的磁纳米棒产生的膜损伤效应低于；(c) 内吞入细胞的磁纳米棒的膜损伤效应；☆表示细胞膜破裂，○表示细胞膜完整[45]

2) 细胞器

通过在磁性纳米生物材料表面修饰特异性靶向肿瘤细胞的分子，可提高肿瘤细胞摄取的效率，促使材料更多地进入肿瘤细胞，增强磁力在细胞内的杀伤效果。溶酶体是目前磁力在胞内作用的主要场所。磁性纳米生物材料在被细胞内吞后，绝大部分滞留在细胞溶酶体中，耦合磁场产生磁力可破坏溶酶体膜结构，促使溶酶体的内容物释放至细胞质中，如蛋白水解酶及一些酸性物质等，扰乱细胞内环境的稳态，影响细胞的命运。有学者在磁性纳米颗粒表面修饰溶酶体膜蛋白靶向分子，在 20Hz 交变磁场(30mT、20min)的作用下，该磁性纳米颗粒可旋转产生剪切力，直接破坏溶酶体膜导致其膜通透性增加，大量水解酶释放在胞质中，改变胞内的酸性环境，细胞内的 ROS 水平增加，从而诱发细胞凋亡[47]。单个磁性纳米生物材料产生的磁力效应往往受限。62nm $Zn_{0.4}Fe_{2.6}O_4$@EGF(EGF 为表皮生长因子受体靶向肽)磁方块可在低频旋转磁场(40mT、15Hz)下组装成微米级磁力刀进行旋转，产生几百皮牛的磁力，可直接破坏溶酶体膜和细胞膜结构，引起肿瘤细胞死亡，从而发挥强大的肿瘤杀伤效应[图 8.5(a)][5]。Yin 等设计的 Fe_3O_4@Au-HPG-Glc(HPG 为含硫醇的超支化聚甘油，Glc 为葡萄糖苷)纳米花探针，在 400mT 交变磁场产生的磁力同样可以杀伤肿瘤细胞[48]。这说明磁性纳米材料在低频磁场下产生的磁力足以破坏细胞或亚细胞结构，引起细胞凋亡或坏死。将材料靶向至关键细胞器，可放大磁力对肿瘤细胞的破坏作用。靶向至线粒体的 20nm 磁方块在 40mT、15Hz 的低频旋转磁场下可组装并旋转产生磁力，精准地对线粒体结构进行打击，从而引起细胞凋亡[图 8.5(b)][49]。

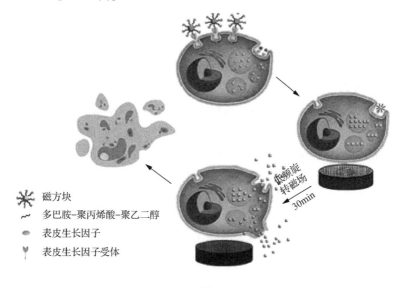

磁方块
多巴胺-聚丙烯酸-聚乙二醇
表皮生长因子
表皮生长因子受体

(a)

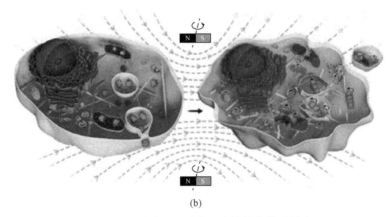

(b)

图 8.5　磁力对溶酶体及线粒体的作用效应

(a) 磁力直接破坏溶酶体膜和细胞膜结构引起细胞凋亡的示意图[5];
(b) 磁力破坏线粒体结构引起细胞凋亡的示意图[49]

3) 细胞骨架

磁力可直接作用于细胞骨架。细胞骨架狭义上是指真核生物中的蛋白纤维网状体系，主要包括微丝、微管、中间纤维三部分，以维持细胞形态，负责细胞器位置固定及细胞内物质传递与信息交流。微丝多与细胞膜表面受体交联，当磁性纳米生物材料与胞外受体结合后，在磁场作用下产生的磁力便会间接作用于细胞骨架，使其变形[43]。小尺寸的超顺磁性纳米颗粒在内吞至溶酶体聚集后，通过远程施加交变磁场使其旋转并带动溶酶体运动，产生的力矩和剪切力可影响溶酶体与微丝的连接位置，从而对微丝造成损伤，诱导细胞骨架变形，最终破坏癌细胞[50]。此外，磁力还可通过影响肌动蛋白和血管内皮钙黏蛋白之间的相互作用，使血管内皮黏附连接破坏，从而使血管内皮细胞的通透性增强(图 8.6)[51-52]。尺寸为 16nm 和 33nm 的铁氧体磁性纳米颗粒在约 500mT(5000Oe)的磁场下作用 1h，可促使随机分布于内皮细胞内的肌动蛋白纤维沿着磁场方向进行有序排列，通过模拟计算证明，内皮细胞受到的磁力大小与在血管内皮上受到的剪切力大小相当。在模拟体内血管动态环境的内皮细胞化微流体通道中，当施加外部磁场时，同样可以观察到吞噬了磁性纳米颗粒的内皮细胞中肌动蛋白排列被扰乱，同时血管内皮钙黏蛋白排列也会被扰乱，表明细胞间的黏附连接遭到了破坏，从而导致内皮细胞通透性增强。有趣的是，在撤去磁场 12h 后，胞内肌动蛋白和血管内皮钙黏蛋白会恢复至磁场处理前的状态。这说明内皮细胞可通过感知剪切力和内部的磁力，动态调节胞内肌动蛋白的排列。

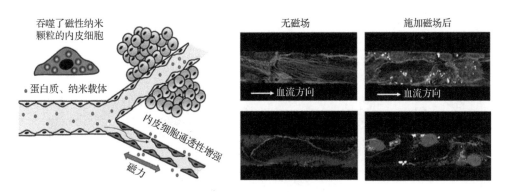

图 8.6　磁力可增强血管渗透性[52]

小分子药物可通过血管内皮细胞从血液进入组织，而大分子药物及装载药物的磁性纳米颗粒等往往无法穿
过血管内皮屏障；施加磁场后，血管内皮细胞对磁性纳米颗粒的内吞能力增强；肌动蛋白的动态变化可通
过磁力作用调控，通过改变肌动蛋白组装结构可以扰乱内皮细胞的黏附连接，从而使血管渗透性增强

2. 磁力影响胞内信号转导

在细胞的信号转导系统中，多数胞外信号须先被细胞膜上的受体识别，然后通过信号转导系统引起细胞内的系列反应。磁性纳米颗粒主要与细胞膜表面受体特异性结合，在外加磁场作用下，可通过诱导细胞膜受体聚集，或是施加磁力对膜受体进行拉伸刺激，或是通过磁力刺激力敏感的离子通道蛋白等，激活跨膜信号转导通路，引起细胞内生化信号的改变，进而使细胞命运改变(图 8.7)。通过磁力调控细胞内信号转导影响细胞命运的方式，具有无创、远程、时空可控的优势，且可在单细胞水平进行控制，选择性更强。

1) 磁力调控膜表面受体

由于超顺磁性纳米颗粒可响应磁场，产生"开关效应"，因此在调控膜受体上显示出独特的优势。在磁场打开状态下，超顺磁性纳米颗粒可在膜表面聚集，介导相关受体通路激活；在磁场关闭状态下，超顺磁性纳米颗粒剩磁消失，对膜表面受体的作用减弱，从而信号通路会慢慢恢复至未激活状态。通过磁场的开关可实现对受体通路的可逆调节。在低频磁场作用下，靶向结合在结肠癌细胞膜表面的磁方块可形成拉力作用，促使膜表面受体 DR4 聚合，形成的三聚体可与胞质区的死亡结构域结合，从而招募死亡相关分子形成死亡信号复合物，激活 caspase-8 酶原，引起下游系列级联反应诱导细胞凋亡[54]。除了引起细胞凋亡外，当磁性纳米颗粒靶向于内皮细胞膜 Tie2 受体上时，可触发 3～5 个受体分子聚合，进而激活下游信号通路，进一步诱导血管生成和管腺增生[55]。目前，磁力诱导细胞膜受体聚集的作用多局限于跨膜信号转导途径，要实现对细胞内受体聚合过程的调控，

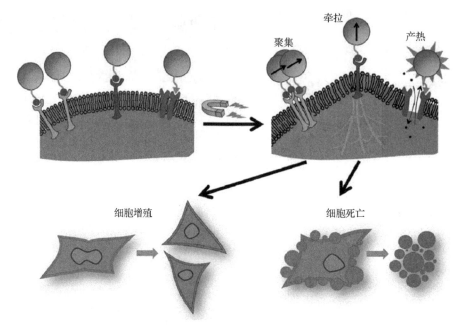

图 8.7　磁力激活细胞内信号转导影响细胞命运的主要途径[53]

还须进一步优化磁性纳米材料的磁靶向效率及磁场的聚焦效果。此外，要实现更精准的膜受体诱导聚集效果，探究合适的磁力调控时间窗也是关键环节。首先要提高磁颗粒与受体的结合率而减少其被细胞内吞的量，其次要进行恰当的磁场刺激(强度、时间)，确保施加的磁力可有效诱导受体聚集，并能有效激活对应的信号通路。

　　2) 磁力影响胞内第二信使

　　Ca^{2+}作为一种广泛存在的胞内第二信使，可将胞外刺激转化到胞内，从而激发和调节细胞内的众多生理生化活动，如维持细胞稳态，影响细胞增殖和分化、转录，调控细胞代谢和细胞死亡等。磁力引起 Ca^{2+} 信号的改变主要通过两个途径：①诱导膜表面受体聚集，激活 Ca^{2+} 内流；②磁颗粒靶向离子通道，介导 Ca^{2+} 内流。30nm 超顺磁性纳米颗粒在磁场存在的条件下，被磁化后粒子间产生的吸引力可诱导跨膜受体蛋白 FceRI 聚集，从而引起 Ca^{2+} 内流、内质网 Ca^{2+} 释放，使细胞质中 Ca^{2+} 水平上升[56]。可见，磁性纳米颗粒耦合磁场产生的磁力可有效诱导细胞膜表面受体聚集，并可实现磁力物理信号向 Ca^{2+} 生化信号的转化，即实现细胞内生化信号的远程无创调控。

　　靶向离子通道是磁力引起胞内 Ca^{2+} 浓度变化的主要作用途径。此类离子通道主要包括机械力敏感的 BK 通道(大电导 K^+通道)[57]、TREK-1 通道(一种双孔 K^+

通道)[58]、Piezo1 通道(一种机械门控阳离子通道)[59]、TRPV4 通道(一种瞬时受体电位通道)[60]及 N 型机械敏感 Ca^{2+}通道[61]等。通过磁力刺激在细胞膜表面产生扭矩，引起细胞膜的拉伸或变形，可激活 Piezo2 和 TRPV4 离子通道，引起 Ca^{2+}内流。慢性的磁力刺激则会减少 Piezo2 离子通道的表达[62]。另外，通过将磁性纳米颗粒结合至内耳毛细胞表面的糖蛋白，在磁场作用下产生 0.29pN 的磁力可打开离子通道，引起 Ca^{2+}内流，能够在 100μs 内快速激活内耳毛细胞[63]。

3) 磁力调控整合素蛋白

广泛表达于细胞膜上的整合素可通过跨膜黏附建立起细胞周围基质与细胞骨架的联系，从而构成细胞内的力学传导网络。在整合素的作用下，细胞骨架进行收缩进而以张力形式作用于细胞周围基质，使得胞外的力刺激信号转变为生化信号，激活细胞内一系列生物效应，包括细胞的迁移、增殖和分化等。磁性纳米颗粒可通过表面修饰的配体 RGD(精氨酸-甘氨酸-天冬氨酸)短肽与细胞膜上的整合素动态结合，激活细胞内经典的细胞通路，实现对细胞行为与分化的调节。例如，磁性纳米颗粒通过表面修饰 RGD 分子与干细胞表面的整合素结合，在磁场作用下，产生的磁力可限制 RGD 的移动，促进黏着斑的形成，改变干细胞的黏附行为[64]。不同的磁场振荡频率产生的效应也会有所差异。当磁场振荡频率为 0.1Hz时，可增强磁性纳米颗粒表面的 RGD 分子与细胞膜表面整合素受体的结合，促进干细胞的黏附及分化；当磁场振荡频率在 2Hz 以上时，磁性纳米颗粒表面的RGD 分子与细胞膜表面整合素受体的结合减弱，干细胞的黏附与分化受到抑制。另外，将 RGD 分子屏蔽于磁性纳米笼中，可通过磁场开关可逆控制 RGD 分子与整合素的结合，从而实时调控干细胞黏附与分化行为[65]。

8.3　磁力调控技术在肿瘤治疗及再生医学领域的应用

8.3.1　磁力与肿瘤治疗

磁力介导细胞死亡从而杀伤肿瘤，是国际上新兴的肿瘤物理治疗手段，通过外加磁场对磁性纳米颗粒的行为进行控制，可以破坏肿瘤细胞的生理功能(离子水平、膜通透性)，从而杀灭肿瘤细胞。磁力治疗通过调节外加磁场的各项参数可精确控制磁颗粒的行为，精确性高。相比于磁热过程中的热扩散，磁颗粒在磁力模式下的活动范围较小，可定位于肿瘤组织或细胞，避免对正常组织或细胞造成损伤，副作用小，可控性也更强。磁力疗法中采用的磁场工作频率更低(<100Hz)，作为一种较温和的治疗手段，便于普及与推广。

1) 脑胶质瘤

脑胶质瘤是原发于脑神经上皮组织内胶质细胞的恶性肿瘤，发病率高，但由于缺乏有效的治疗手段，往往患者预后差，死亡率也极高。如何有效消除脑胶质瘤仍然是目前的治疗及研究难点。结合磁场的局部作用及磁性纳米材料靶向功能的磁力治疗手段，可穿透脑部组织，实现对肿瘤部位的精准治疗。使用磁力进行体内体外治疗脑胶质瘤的研究比较广泛。2μm 的 CoFeB/Pt 微米磁盘在 1T 的旋转磁场作用 1min，产生的磁力可杀死 62% 的 U87 脑胶质瘤细胞[47]。$Ni_{80}Fe_{20}$ 的微米磁盘在旋转磁场(20Hz、1T、1h)下产生的强磁力对小鼠原位脑胶质瘤模型也表现出良好的肿瘤抑制效果[66]。另有研究证明，磁纳米方块在低频旋转磁场(40mT、15Hz)下进行旋转，产生的 102pN 磁力在体内能有效地导致 U87 细胞凋亡，显著抑制小鼠的肿瘤生长，并且治疗毒性低，小鼠体重并未受到明显影响[5, 67]。

2) 乳腺癌

Master 等[51]在体外应用尺寸为 7～8nm 的超顺磁性纳米颗粒，通过远程施加交变磁场(脉冲 50Hz、50kA/m、10min)，可将 MDA-MB-231(人三阴性乳腺癌细胞)，BT474(人乳腺导管癌细胞)和 MCF10A(人正常乳腺癌细胞)等细胞系的增殖活性降低至 20% 以下。另外，将磁力与抗肿瘤分子靶向药奥拉帕尼结合，通过磁力打击作用及药物的凋亡诱导作用，可使 MDA-MB-231 荷瘤裸鼠的肿瘤生长得到有效抑制，且对心、肝、脾、肺、肾等主要脏器无明显毒性[68]。

3) 其他肿瘤

纳米级磁性复合材料(尺寸 190nm，Janus 结构)在旋转磁场(50r/min，15min)下产生的机械力可使 77% 的前列腺癌细胞死亡[45]。100nm 的超顺磁性 Fe_3O_4 纳米颗粒在 20Hz 磁场(30mT、20min)下产生的磁力有效诱导 88% 的 INS-1 胰岛素瘤细胞凋亡[48]。具有纳米花结构的磁性纳米颗粒可在 400mT 交变磁场作用下使 MGC-803 胃癌荷瘤裸鼠的肿瘤生长抑制率达到 47.3%[49]。

尽管磁力在体内展现出良好的肿瘤治疗效果，但由于肿瘤的生长机制复杂，单一治疗模式难以实现最佳的治疗效果。为了进一步提高肿瘤治疗效果，将磁力协同其他治疗手段，开发多功能智能化的治疗系统具有十分重要的意义。

4) 磁力联合化学疗法

化疗是临床癌症治疗的重要手段之一，但长期化疗容易引起耐药性，导致治疗效果不佳。基于磁力响应的磁性纳米载药体系在增强肿瘤化疗中展现了较大的协同治疗优势。吴爱国研究员提出了一种无创、远程可控的机械化学治疗方法，由聚乳酸-乙醇酸壳与 $Zn_{0.2}Fe_{2.8}O_4$ 磁性纳米颗粒和阿霉素共载组成的复合纳米材料在低强度(45mT)的旋转磁场下，可利用机械运动可控释放阿霉素，另外通过施加在肿瘤细胞膜上的磁力可进一步促进肿瘤细胞的死亡[69]。另有研究利用载有阿霉素的磁性纳米链在外加旋转磁场作用下快速自旋，产生的磁力可改变细胞膜通透性或破坏细胞膜，使得进入溶酶体的磁性纳米链在酸性环境下释放阿霉素，并进一步通过磁力破坏溶酶体膜，使阿霉素加快释放至细胞质中，对 K562 白血病癌细胞进行有效杀伤，展现出了优异的协同治疗效果[70]。

5) 磁力增强免疫治疗

近年来，免疫治疗取得突破性进展，已成为癌症治疗的新兴手段之一。肿瘤微环境中除了肿瘤细胞外，免疫细胞如肿瘤相关巨噬细胞、CD8+ T 细胞、髓系来源的抑制细胞、调节性 T 细胞等，在肿瘤的发生发展过程中也扮演着重要角色[70]。巨噬细胞是机体内重要的天然免疫细胞，具有吞噬作用和快速释放效应因子和细胞因子的特点，在抗感染、抗肿瘤和免疫调节中发挥重要作用。研究表明，巨噬细胞在低频(0.1Hz)磁场刺激下倾向于向 M2 型状态极化，而高频(2Hz)磁场刺激则会抑制巨噬细胞的黏附，促进巨噬细胞向 M1 型状态极化[71-72]。在抗肿瘤免疫反应中，T 细胞是主要的效应细胞，具有特异性识别肿瘤抗原的能力，3μm 的磁性 Janus 颗粒在单细胞水平上可远程激活 T 细胞[73]，显示了磁力在远程调控免疫系统方面的应用潜力。

总的来说，磁力抗肿瘤治疗在多种癌症模型上展现出了较优的治疗效果，但是磁性纳米材料在耦合低频旋转磁场下产生的磁力对癌细胞的杀伤效果仍然受限于材料本身的磁性性能及外加磁场参数的复杂性，以及材料的特异靶向性和潜在副作用，磁力在体内对肿瘤的治疗效率仍旧没能达到令人满意的程度。如何优化磁力对癌细胞的精准打击效果，如何提高磁力对实体瘤的治疗效果，还需要更多的研究探索。

8.3.2　磁力与再生医学

在组织工程和再生医学中，磁力治疗主要用于促进干细胞分化和骨再生。干细胞表面受体可以感知细胞的物理环境或细胞外基质中的物理信号。磁场作为广泛存在的物理因子，已经被证明可影响干细胞的增殖，磁性纳米材料耦合磁场输出的磁力信号可对细胞表面受体实现局部化刺激，能够对干细胞的命运进行更为精准的调控。在磁力调控干细胞分化促进骨再生领域，已有研究进行了深入的研究及探索[74-79]。他们的研究报道，在间歇施加磁场(60mT、1Hz、30min/d)作用下，4.5μm 磁颗粒可促进人成骨细胞的增殖[75]。将磁颗粒结合于人骨髓基质细胞膜的力敏感受体 TREK-1 上时，磁力刺激可上调Ⅰ型和Ⅱ型胶原的表达，从而利于骨祖细胞向成骨细胞分化[76]。血小板衍生生长因子受体(PDGFRα 和 PDGFRβ)是调节细胞增殖分化和细胞生长发育的重要因子。当磁性纳米颗粒靶向间充质干细胞膜表面血小板衍生生长因子受体 α 时，在 60～120mT 磁场作用下，可促使间充质干细胞表达较高水平的成骨标志基因，诱导成骨分化[77]。将磁性纳米颗粒靶至间充质干细胞膜表面 Frizzled 受体时，产生的磁力可远程激活 Wnt/β-连环蛋白信号通路，进而调控干细胞的分化[79]。磁力作为一种及时和能量可控的刺激方式，可调控干细胞的黏附和分化，在组织工程和再生医学领域显示出较大的应用潜力，有望在未来应用于临床。目前，大多数研究仍局限于体外实验，并且磁力的产生介质——磁性纳米颗粒靶向和特异性调控干细胞的能力尚未达到令人满意的效果，体内磁力调节干细胞命运依然面临巨大挑战。因此，需要进一步阐明磁力调控干细胞命运的具体机制，相关磁力刺激的新型材料或装置等也亟待设计与研发。

　　基于磁场远程操控磁性纳米颗粒对细胞或机体产生的磁力刺激，可影响细胞功能与行为。近年来，虽然有关磁力在生物医学领域的研究不断深入，关于磁力作用于细胞引发的系列生物学效应及力学转导机制逐渐清晰，但这个领域中仍有许多未知的细节问题等待人们去探索，如磁力作用的力剂量与细胞死亡、干细胞分化的量效关系如何，磁力如何影响干细胞、癌细胞的生物学行为，磁力作用下细胞内的力信号转导和相关基因表达调控的具体机制等，尚不清楚，并且细胞内是否存在磁力感应的具体效应分子也尚未有定论。因此，还需要进一步深入研究磁力作用下与细胞内力学信号转导系统的关系，探究出一条磁力调控细胞命运的力学-生物学耦合规律，开发具有更精准磁力刺激的磁性纳米材料，这将有助于推进磁力在临床疾病治疗中的应用。

思　考　题

1. 要获得具有良好磁力响应能力的磁性纳米材料，需要从哪些方面进行控制？
2. 简述不同磁场类型产生的生物学效应。
3. 简述磁力治疗在生物医学领域的应用。

参 考 文 献

[1] WANG X, LAW J, LUO M, et al. Magnetic measurement and stimulation of cellular and intracellular structures[J]. ACS Nano, 2020, 14(4): 3805-3821.

[2] KIM J W, JEONG H K, SOUTHARD K M, et al. Magnetic nanotweezers for interrogating biological processes in space and time[J]. Accounts of Chemical Research, 2018, 51(4): 839-849.

[3] LING D, LEE N, HYEON T. Chemical synthesis and assembly of uniformly sized iron oxide nanoparticles for medical applications[J]. Accounts of Chemical Research, 2015, 48(5): 1276-1285.

[4] BOROUN S, LARACHI F. Tuning mass transport in magnetic nanoparticle-filled viscoelastic hydrogels using low-frequency rotating magnetic fields[J]. Soft Matter, 2017, 13(36): 6259-6269.

[5] SHEN Y, WU C, UYEDA T Q P, et al. Elongated nanoparticle aggregates in cancer cells for mechanical destruction with low frequency rotating magnetic field[J]. Theranostics, 2017, 7(6): 1735-1748.

[6] NIE Y Z, DU L L, MOU Y B, et al. Effect of low frequency magnetic fields on melanoma: tumor inhibition and immune modulation[J]. BMC Cancer, 2013, 13: 582.

[7] ZHANG X Y, XUE Y, ZHANG Y. Effects of 0.4T rotating magnetic field exposure on density, strength, calcium and metabolism of rat thigh bones[J]. Bioelectromagnetics, 2006, 27(1): 1-9.

[8] LEE J, SHMUELI K, FUKUNAGA M, et al. Sensitivity of MRI resonance frequency to the orientation of brain tissue microstructure[J]. Proceedings of the National Academy of Sciences, 2010, 107(11): 5130-5135.

[9] BRAS W, TORBET J, DIAKUN G P, et al. The diamagnetic susceptibility of the tubulin dimer[J]. Journal of Biophysics, 2014, (2): 985082.

[10] VASSILEV P M, DRONZINE R T, VASSILEVA M P, et al. Parallel arrays of microtubles formed in electric and magnetic fields[J]. Bioscience Reports, 1982, 2(12): 1025-1029.

[11] ALBUQUERQUE W W C, COSTA R M P B, FERNANDES T D S E, et al. Evidences of the static magnetic field influence on cellular systems[J]. Progress in Biophysics and Molecular Biology, 2016, 121(1): 16-28.

[12] REN J, DING L, XU Q, et al. LF-MF inhibits iron metabolism and suppresses lung cancer through activation of P53-miR-34a-E2F1/E2F3 pathway[J]. Scientific Reports, 2017, 7(1): 749.

[13] WANG T, NIE Y, ZHAO S, et al. Involvement of midkine expression in the inhibitory effects of low-frequency magnetic fields on cancer cells[J]. Bioelectromagnetics, 2011, 32(6): 443-452.

[14] FRAHM J, LANTOW M, LUPKE M, et al. Alteration in cellular functions in mouse macrophages after exposure to 50Hz magnetic fields[J]. Journal of Cellular Biochemistry, 2006, 99(1): 168-177.

[15] FRAHM J, MATTSSON M O, SIMKÓ M. Exposure to ELF magnetic fields modulate redox related protein expression in mouse macrophages[J]. Toxicology Letters, 2010, 192(3): 330-336.

[16] KIM S J, JANG Y W, HYUNG K E, et al. Extremely low-frequency electromagnetic field exposure enhances inflammatory response and inhibits effect of antioxidant in RAW264.7 cells[J]. Bioelectromagnetics, 2017, 38(5): 374-385.

[17] METZLER K D, GOOSMANN C, LUBOJEMSKA A, et al. A myeloperoxidase-containing complex regulates neutrophil elastase release and actin dynamics during NETosis[J]. Cell Reports, 2014, 8(3): 883-896.

[18] PARKER H, DRAGUNOW M, HAMPTON M B, et al. Requirements for NADPH oxidase and myeloperoxidase in neutrophil extracellular trap formation differ depending on the stimulus[J]. Journal of Leukocyte Biology, 2012, 92(4): 841-849.

[19] GOLBACH L A, SCHEER M H, CUPPEN J J M, et al. Low-frequency electromagnetic field exposure enhances extracellular trap formation by human neutrophils through the NADPH pathway[J]. Journal of Innate Immunity, 2015, 7(5): 459-465.

[20] 田小飞, 张欣. 稳态强磁场的细胞生物学效应[J]. 物理学报, 2018, 67(14): 148701.

[21] MURAYAMA M. Orientation of sickled erythrocytes in a magnetic field[J]. Nature, 1965, 206: 420-422.

[22] HIGASHI T, ASHIDA N, TAKEUCHI T. Orientation of blood cells in static magnetic field[J]. Physica B: Condensed Matter, 1997, 237-238: 616-620.

[23] TERUMASA H, AKIO Y, TETSUYA T, et al. Effects of static magnetic fields of erythrocyte rheology[J]. Bioelectrochemistry and Bioenergetics, 1995, 36(2): 101-108.

[24] HIGASHI T, SAGAWA S, ASHIDA N, et al. Orientation of glutaraldehyde-fixed erythrocytes in strong static magnetic fields[J]. Bioelectromagnetics, 1996, 17(4): 335-338.

[25] KOTANI H, IWASAKA M, UENO S, et al. Magnetic orientation of collagen and bone mixture[J]. Journal of Applied Physics, 2000, 87(9): 6191-6193.

[26] UMENO A, KOTANI H, IWASAKA M, et al. Quantification of adherent cell orientation and morphology under strong magnetic fields[J]. IEEE Transactions on Magnetics, 2001, 37(4): 2909-2911.

[27] EGUCHI Y, OGIUE-IKEDA M, UENO S. Control of orientation of rat Schwann cells using an 8T static magnetic field[J]. Neuroscience Letters, 2003, 351(2): 130-132.

[28] IWASAKA M, MIYAKOSHI J, UENO S. Magnetic field effects on assembly pattern of smooth muscle cells[J]. In Vitro Cellular & Developmental Biology: Animal, 2003, 39(3): 120-123.

[29] EMURA R, TAKEUCHI T, NAKAOKA Y, et al. Analysis of anisotropic diamagnetic susceptibility of a bull sperm[J]. Bioelectromagnetics, 2003, 24(5): 347-355.

[30] HIROSE H, NAKAHARA T, MIYAKOSHI J. Orientation of human glioblastoma cells embedded in type Ⅰ collagen, caused by exposure to a 10T static magnetic field[J]. Neuroscience Letters, 2003, 338(1): 88-90.

[31] PACINI S, VANNELLI G B, BARNI T, et al. Effect of 0.2T static magnetic field on human neurons: Remodeling and inhibition of signal transduction without genome instability[J]. Neuroscience Letters, 1999, 267(3): 185-188.

[32] PACINI S, GULISANO M, PERUZZI B, et al. Effects of 0.2T static magnetic field on human skin fibroblasts[J]. Cancer Detection and Prevention, 2003, 27(5): 327-332.

[33] IWASAKA M, YAMAMOTO K, ANDO J, et al. Verification of magnetic field gradient effects on medium convection and cell adhesion[J]. Journal of Applied Physics, 2003, 93(10): 6715-6717.

[34] MCLAUGHLIN S, POO M M. The role of electro-osmosis in the electric-field-induced movement of charged macromolecules on the surfaces of cells[J]. Biophysical Journal, 1981, 34(1): 85-93.

[35] YEH S R, YANG J W, LEE Y T, et al. Static magnetic field expose enhances neurotransmission in crayfish nervous system[J]. International Journal of Radiation Biology, 2008, 84(7): 561-567.

[36] 赵勇, 郭利芳, 盛占武. 静磁场对细胞内蛋白质影响研究进展[J]. 现代食品, 2018, (15): 1-5.

[37] 朱小燕, 方志财, 胡立江. 磁场对免疫细胞的生物学效应与作用机制[J]. 生命的化学, 2019, 39(5): 875-884.

[38] SHIN T H, CHEON J. Synergism of nanomaterials with physical stimuli for biology and medicine[J]. Accounts of Chemical Research, 2017, 50(3): 567-572.

[39] SEO D, SOUTHARD K M, KIM J W, et al. A mechanogenetic toolkit for interrogating cell signaling in space and time[J]. Cell, 2016, 165(6): 1507-1518.

[40] DOBSON J. Cancer therapy: A twist on tumour targeting[J]. Nature Materials, 2010, 9(2): 95-96.

[41] KIM D H, ROZHKOVA E A, ULASOV I V, et al. Biofunctionalized magnetic-vortex microdiscs for targeted cancer-cell destruction[J]. Nature Materials, 2010, 9(2): 165-171.

[42] TOMASINI M D, RINALDI C, TOMASSONE M S. Molecular dynamics simulations of rupture in lipid bilayers[J]. Experimental Biology and Medicine, 2010, 235(2): 181-188.

[43] 吴交交, 樊星, 高芮. 磁性纳米粒子介导的细胞生物学效应[J]. 生命的化学, 2019, 39(5): 885-896.

[44] HU S H, GAO X. Nanocomposites with spatially separated functionalities for combined imaging and magnetolytic therapy[J]. Journal of the American Chemical Society, 2010, 132(21): 7234-7237.

[45] ZHANG L, ZHAO Y, WANG X. Nanoparticle-mediated mechanical destruction of cell membranes: A coarse-grained molecular dynamics study[J]. ACS Applied Materials & Interfaces, 2017, 9(32): 26665-26673.

[46] MANSELL R, VEMULKAR T, PETIT D, et al. Magnetic particles with perpendicular anisotropy for mechanical cancer cell destruction[J]. Scientific Reports, 2017, 7(1): 4257.

[47] ZHANG E, KIRCHER M F, KOCH M, et al. Dynamic magnetic fields remote-control apoptosis via nanoparticle rotation[J]. ACS Nano, 2014, 8(4): 3192-3201.

[48] YIN T, WU H, ZHANG Q, et al. In vivo targeted therapy of gastric tumors via the mechanical rotation of a flower-like Fe_3O_4@Au nanoprobe under an alternating magnetic field[J]. NPG Asia Materials, 2017, 9(7): e408.

[49] CHEN M, WU J, NING P, et al. Remote control of mechanical forces via mitochondrial-targeted magnetic nanospinners for efficient cancer treatment[J]. Small, 2020, 16: e1905424.

[50] MASTER A M, WILLIAMS P N, POTHAYEE N, et al. Remote actuation of magnetic nanoparticles for cancer cell selective treatment through cytoskeletal disruption[J]. Scientific Reports, 2016, 6: 33560.

[51] BAO G. Magnetic forces enable control of biological processes *in vivo*[J]. Journal of Applied Mechanics, 2021, 88(3): 030801.

[52] QIU Y Z, TONG S, ZHANG L L, et al. Magnetic forces enable controlled drug delivery by disrupting endothelial cell-cell junctions[J]. Nature Communications, 2017, 8: 15594.

[53] YOO D, LEE J H, SHIN T H, et al. Theranostic magnetic nanoparticles[J]. Accounts of Chemical Research, 2011, 44(10): 863-874.

[54] CHO M H, KIM S, LEE J H, et al. Magnetic tandem apoptosis for overcoming multidrug-resistant cancer[J]. Nano Letters, 2016, 16(12): 7455-7460.

[55] LEE J H, KIM E S, CHO M H, et al. Artificial control of cell signaling and growth by magnetic nanoparticles[J]. Angewandte Chemie International Edition, 2010, 49: 5698-5702.

[56] MANNIX R J, KUMAR S, CASSIOLA F, et al. Nanomagnetic actuation of receptor-mediated signal transduction[J]. Nature Nanotechnology, 2008, 3(1): 36-40.

[57] KIRKHAM G R, ELLIOT K J, KERAMANE A, et al. Hyperpolarization of human mesenchymal stem cells in response to magnetic force[J]. IEEE Trans Nanobioscience, 2010, 9(1): 71-74.

[58] HUGHES S, MCBAIN S, DOBSON J, et al. Selective activation of mechanosensitive ion channels using magnetic particles[J]. Journal of The Royal Society Interface, 2008, 5(25): 855-863.

[59] WU J, GOYAL R, GRANDL J. Localized force application reveals mechanically sensitive domains of Piezo1[J]. Nature Communication, 2016, 7: 12939.

[60] GREGUREC D, SENKO A W, CHUVILIN A, et al. Magnetic vortex nanodiscs enable remote magnetomechanical neural stimulation[J]. ACS Nano, 2020, 14(7): 8036-8045.

[61] TAY A, DI CARLO D. Magnetic nanoparticle-based mechanical stimulation for restoration of mechano-sensitive ion channel equilibrium in neural networks[J]. Nano Letters, 2017, 17(2): 886-892.

[62] TAY A, SOHRABI A, POOLE K, et al. A 3D magnetic hyaluronic acid hydrogel for magnetomechanical neuromodulation of primary dorsal root ganglion neurons[J]. Advanced Materials, 2018, 30(29): e1800927.

[63] LEE J H, KIM J W, LEVY M, et al. Magnetic nanoparticles for ultrafast mechanical control of inner ear hair cells[J]. ACS Nano, 2014, 8(7): 6590-6598.

[64] KANG H, WONG D S H, YAN X, et al. Remote control of multimodal nanoscale ligand oscillations regulates stem cell adhesion and differentiation[J]. ACS Nano, 2017, 11(10): 9636-9649.

[65] KANG H, JUNG H J, WONG D S H, et al. Remote control of heterodimeric magnetic nanoswitch regulates the adhesion and differentiation of stem cells[J]. Journal of the American Chemical Society, 2018, 140(18): 5909-5913.

[66] CHENG Y, MUROSKI M E, PETIT D, et al. Rotating magnetic field induced oscillation of magnetic particles for *in vivo* mechanical destruction of malignant glioma[J]. Journal of Control Release, 2016, 223: 75-84.

[67] CHEN M, WU J, NING P, et al. Remote control of mechanical forces via mitochondrial-targeted magnetic nanospinners for efficient cancer treatment[J]. Small, 2020, 16(3): e1905424.

[68] ZHANG Y, HU H, TANG W, et al. A multifunctional magnetic nanosystem based on "two strikes" effect for synergistic anticancer therapy in triple-negative breast cancer[J]. Journal of Control Release, 2020, 322: 401-415.

[69] YAO C Y, FANG Y, LI S, et al. Magnetically switchable mechano-chemotherapy for enhancing the death of tumour cells by overcoming drug-resistance[J]. Nano Today, 2020, 35: 100967.

[70] 郑夏雯. 磁性药物载体用于磁力治疗肿瘤的研究[D]. 南京: 东南大学, 2018.

[71] 高春晓, 魏训东, 黄卫. 纳米药物对肿瘤免疫微环境的影响[J]. 中国药学杂志, 2021, 56(5): 1546-1550.

[72] KANG H, KIM S, WONG D S H, et al. Remote manipulation of ligand nano-oscillations regulates adhesion and polarization of macrophages *in vivo*[J]. Nano Letters, 2017, 17(10): 6415-6427.

[73] KANG H, JUNG H J, KIM S K, et al. Magnetic manipulation of reversible nanocaging controls *in vivo* adhesion and polarization of macrophages[J]. ACS Nano, 2018, 12(6): 5978-5994.

[74] LEE K, YI Y, YU Y. Remote control of T cell activation using magnetic Janus particles[J]. Angewandte Chemie International Edition, 2016, 55(26): 7384-7387.

[75] CARTMELL S H, DOBSON J, VERSCHUEREN S B, et al. Development of magnetic particle techniques for long-term culture of bone cells with intermittent mechanical activation[J]. IEEE Trans Nanobioscience, 2002, 1(2): 92-97.

[76] HUGHES S, DOBSON J, EL HAJ A J. Magnetic targeting of mechanosensors in bone cells for tissue engineering applications[J]. Journal of Biomechanics, 2007, 40: 96-104.

[77] KANCZLER J M, SURA H S, MAGNAY J, et al. Controlled differentiation of human bone marrow stromal cells using magnetic nanoparticle technology[J]. Tissue Engineering Part A, 2010, 16(10): 3241-3250.

[78] HU B, EL HAJ A J, DOBSON J. Receptor-targeted, magneto-mechanical stimulation of osteogenic differentiation of human bone marrow-derived mesenchymal stem cells[J]. International Journal of Molecular Sciences, 2013, 14(9): 19276-19293.

[79] ROTHERHAM M, EL HAJ A J. Remote activation of the Wnt/β-catenin signalling pathway using functionalised magnetic particles[J]. PLoS One, 2015, 10(3): e0121761.

第9章　肿瘤磁热疗与生物医用纳米磁热疗剂

9.1　肿瘤磁热疗概况

随着科学技术的发展，医学治疗水平不断提高，但恶性肿瘤的治疗仍然是世界难题之一。根据世界卫生组织国际癌症研究机构 2020 年发布的数据，我国新发癌症人数位居全球第一，占全球的 23.7%，患癌人数远超世界其他国家；同时，我国因癌症而死亡的人数位居全球第一，占癌症死亡总人数的 30%[1]。由于恶性肿瘤具有潜伏期长和易转移复发的特点，目前的传统治疗手段如化疗、放疗、手术和免疫治疗等，尽管取得了不错的效果，但每种治疗方式仍有一定的局限性。例如，手术治疗后创伤大，且容易复发转移；化疗的副作用大，容易产生耐药性；放疗抗性较大；免疫治疗肿瘤类型有限等。因此，探索有效的治疗癌症的方法一直是科研和临床领域共同关注的焦点。

9.1.1　肿瘤热疗

近年来，热疗这一抗肿瘤技术逐渐引起科研人员的广泛关注。热疗一词最早来源于希腊语，本意是高热或者是过热，是一种历史悠久的物理治疗手段。西方医学的始祖希波克拉底(公元前 460～公元前 370 年)提到了"药治不好的病，刀能治；刀不能医治的，用火医治；火治不了的疾病，是不可救药的"。我国早在数千年前就已经用熏蒸、火罐等方法治疗疾病，古人将热作为治疗疾病的一种手段，为肿瘤治疗提供了思路。1927 年，奥地利医生尤雷克(Jauregg)通过接种疟疾患者的血液，诱发高烧来治疗中枢神经系统的梅毒感染，获得了诺贝尔生理学或医学奖[2]。

随着科技的不断进步，现将肿瘤热疗定义为通过各种物理方法来改变肿瘤的局部或者全身的温度，利用肿瘤组织和正常组织对热的敏感度不同，达到治疗肿瘤又不损坏正常组织器官的目的。20 世纪 60 年代初，建立在现代科学基础上的肿瘤热疗取得了突破性的进展。随着肿瘤热疗发展迅速，美国食品药品监督管理局(FDA)于 1985 年将肿瘤热疗定义为继手术、放疗、化疗和免疫治疗之后的第五大疗法，能够有效地杀伤恶性肿瘤细胞，提高病人的生存质量，延长病人的生命，是一种新型有效的绿色治疗手段，在肿瘤的综合治疗中发挥越来越重要的作用。

大量体外实验和临床资料显示，肿瘤热疗不仅有望取代传统的手术、化疗或者放疗，成为一种独立的肿瘤治疗方法，同时可以与传统的肿瘤治疗手段联合作用来显著增强治疗效果[3]。

肿瘤热疗根据加热方式的不同，可分为射频、微波、氩氦刀、海扶刀、超声、体腔热灌注等。每种治疗方式都有其局限性，如射频场较发散，对肿瘤细胞的靶向能力较差；微波难以加热深部肿瘤；超声无法通过含空气的空腔；光热容易受到组织穿透深度的限制等。

9.1.2　肿瘤磁热疗

近年来，随着纳米技术的飞速发展，磁性纳米生物材料不仅可以作为药物递送的载体，还可以在交变磁场下升温产生热效应，这已引起了众多科研人员的广泛兴趣。基于磁性纳米生物材料的肿瘤磁热疗(MHT)是一种逐渐发展起来的新型热疗方法，具体是将磁性材料注入肿瘤病灶中，通过施加一个外部交变磁场，在交变磁场的作用下，磁性纳米颗粒通过磁滞损耗可将吸收的电磁能转换为热能，对癌变组织进行加热来杀死肿瘤细胞，是一种不破坏周围健康组织的新一代肿瘤治疗方法。升温到 43℃ 以上时，过高的温度导致癌细胞发生生理变化，包括变性、折叠和蛋白质聚集等，最终导致其凋亡和坏死[4-5]。

磁热疗从理论和实验上都已进行了广泛的研究，并达到有效的治疗效果，相比于其他传统的热疗方式，磁热疗在抗肿瘤治疗方面有许多优势，如生物安全性高、无组织穿透深度的限制、能够选择性杀伤肿瘤和远程调控等，已成为纳米医学领域的一个重要研究方向[6]。据大量研究报道，已经证明磁热疗在治疗脑瘤、前列腺癌和浸润性乳腺癌等多种癌症的有效性[7-8]。

为了增强磁性纳米生物材料介导的肿瘤磁热疗在临床上的应用潜力，需要在肿瘤部位传递足够的热量，同时不影响周围的正常组织。磁性纳米颗粒作为磁热疗中的产热介质，其热转换效率在最终治疗效果中扮演主要角色。肿瘤磁热疗的疗效取决于磁性纳米生物材料的热转换效率。磁性纳米生物材料在交变磁场下的产热通过比吸收率(SAR)或固有损耗功率(SLP)来衡量，指一定时间内一定质量或者一定体积的磁性纳米颗粒磁热转化的能力[9]，SAR 或 SLP 越高，磁感应热能力越强，单位为 W/g 或 W/cm^3[8]。通过提高外磁场的磁场强度(H)和频率(f)也能提高磁热疗温度，但在临床上为了保证人体安全性，规定 H 与 f 的乘积不得高于 $5×10^9 A·m^{-1}·s^{-1}$[10]。

当外加交变磁场(AMF)时，磁性纳米颗粒的感应热能力会受到许多因素的影响，如磁滞效应、弛豫效应、涡流、畴壁、自然共振等。磁性纳米生物材料产热的主要机制有两个。①对于铁磁性的材料，其热量来源于磁滞损耗，产热的多少与材料的矫顽力(H_c)和饱和磁化强度(M_S)有关，热量等于磁滞回线的闭合面积[11]。

当磁性材料暴露于交变磁场下，它的磁畴会随着磁场的变化而变化；当磁场强度变化到零时，磁化量并不会即刻变为零，此时的磁化值称作剩磁(M_r)。为了将磁化值降低为零，需要提供一个方向相反的磁场，此时所加的外加磁场的大小称作矫顽力。②对于超顺磁性纳米材料，其整体会自发磁化，在没有磁场时显示整体无磁性，外加磁场时磁化值会随着外加磁场改变，且当磁场强度为零时，磁化值也为零，无磁滞现象。单畴材料在磁场中热量来源于奈尔弛豫和布朗弛豫。奈尔弛豫是指在交变磁场下磁性材料的磁矩发生转动，它对产热的影响主要是源于材料的大小和各向异性常数；布朗弛豫是指在交变磁场下磁性材料本身发生转动，它对产热的影响主要是源于材料的尺寸和与体系溶液的摩擦。通常对于小尺寸的材料，奈尔弛豫产热占主导地位[12]。

磁性纳米氧化铁(Fe_3O_4)是最常使用的纳米磁热疗剂。近年来，樊海明课题组开发了一种新型涡旋磁氧化铁纳米环磁溶胶作为肿瘤磁热疗介质，其磁热转换性能较临床上常使用的超顺磁性纳米材料有很大提升。涡旋磁氧化铁纳米环具有独特磁畴结构-磁化闭合分布，并且剩磁和矫顽力都非常低，因此可以降低偶极-偶极相互作用并形成稳定磁溶胶[13-14]，在兼具了超顺磁性氧化铁纳米颗粒优点的同时，还具有更高的饱和磁化强度和更大的磁滞回线面积。在小鼠肿瘤磁热疗实验中，发现肿瘤完全消除且无复发，说明其在生物医学应用方面展示了良好的应用前景[15]。

9.1.3 肿瘤磁热疗的发展现状

磁热疗最早是在 1957 年由 Gilchrist 等提出，他们首次证明了注入淋巴结的磁性纳米颗粒在交变磁场下可以选择性地加热肿瘤组织，实现肿瘤局部热疗并有望向临床转化[16]。1979 年，Gordon 等首次制备了粒径为 6nm 的葡聚糖修饰的 Fe_3O_4 磁流体，并将其应用到鼠乳腺肿瘤治疗的研究中。研究发现，此磁流体可集中分布于肿瘤细胞内部[17-18]。1990 年，Kobayashi 等报道了磁热疗用于恶性脑胶质瘤治疗的首例临床试验。1992 年，Stea 等完成了利用热籽进行磁介导的热疗治疗恶性胶质瘤的 I 期临床试验[19]。2000 年，Hilger 等在肿瘤部位注射磁性纳米材料，外加磁场，在 2~5min 肿瘤部位就达到 58℃ 的高温，达到磁靶向热消融的效果。2003 年，德国洪堡大学与 MagForce 公司合作开发出应用于人体的大型交变磁场设备；同年，东南大学顾宁教授研究团队研发出交变磁场小型实验加热模拟装置。2007 年，Maier-Hauff 等评估了磁热疗对胶质母细胞瘤的可行性和耐受性，结果显示，磁性纳米颗粒的磁热疗法耐受性良好[20]。2008 年，Gazeau 等提出了纳米热疗法的概念[21]。2008~2010 年，清华大学唐劲天团队开发了临床磁热样机，随后完成了热籽介导的磁热疗临床试验，进一步为磁热疗临床研究奠定了基础[22]。

2010 年，磁热疗作为脑胶质瘤的治疗手段获得欧盟认证。2013 年，NanoTherm®
获得了欧洲药品管理局(European Medicines Agency，EMA)和德国联邦药物和医疗
设备研究所(Bundesinstitut für Arzneimittel und Medizinprodukte，BfArM)的批准，
开始用于治疗胶质母细胞瘤。2015 年，美国 FDA 批准了 MagForce 公司开发的以
Fe_3O_4 为热疗介质对脑胶质瘤术后患者进行磁热疗的治疗系统临床试验豁免权申
请，其后来在 2018 年又获得了美国 FDA 的研究性器械豁免(investigational device
exemption，IDE)批准，在美国启动了一项使用 NanoTherm®治疗前列腺癌患者的
临床试验。临床磁热疗的发展正在逐渐完善，磁热设备也在不断地改进。德国
MagForce 公司已获 FDA 批准在美国进行前列腺癌临床试验，并于 2019 年已完成
磁热治疗前列腺癌的临床 I 期试验招募和登记工作[23]。图 9.1 展示了磁热疗相关
研究进展的重要事件。

　　近年来，许多科研者开始关注磁性纳米生物材料介导磁热诱导产生的生物效
应。当外加交变磁场时，由于磁滞损耗，磁性纳米颗粒被不断地"加热"，磁诱导
热可广泛应用于触发许多重要的分子生物事件，如诱导产生有毒的 ROS、激活细
胞离子通道[24]、刺激神经元[25]、药物的可控递释[26]、酶活性的调控等。在临床上，
生物相容性良好的磁性纳米颗粒已被广泛用作药物载体、磁共振成像对比剂、热
疗剂和铁补充剂。近年来，肿瘤磁热疗还经常被用作一种联合治疗方法提高传
统癌症治疗方法(如化疗、放疗、免疫治疗、光热/光动力治疗和基因治疗)的敏
感性[27]。以往报道磁热杀死肿瘤细胞主要依赖热效应，即肿瘤部位的宏观温度
必须达到 43℃以上才能有杀死肿瘤细胞的作用，因此宏观热效应成为预测肿瘤
抑制效率和磁热抗肿瘤疗效的关键指标。Fan 课题组报道了纳米颗粒微观热效应
可能是决定其疗效的主要因素，纳米氧化铁介导的微观、纳米尺度热效应不仅
可以调节蛋白酶活性，还可以在肿瘤乏氧微环境中显著增强活性氧，从而实现对
实体肿瘤及转移瘤的高效抑制[14]。同时，Liu 等提出了一种新型的磁热动力疗法
(magnetothermodynamic therapy，MTD)，该疗法突破传统磁热疗的局限性，将纳
米氧化铁的磁感应热效应和其诱导 ROS 相关的免疫效应相结合，有效抑制肿瘤
生长。MTD 的提出有力地促进了传统磁热疗的发展，克服了其仅依赖于热效应的
不足，深化了对纳米氧化铁介导的磁热疗的理解。通过联合 ROS 介导的免疫效
应，不仅显著提高抗肿瘤疗效，还为将来精准、高效的纳米磁治疗提供了新的思
路[14, 27]。因此，继续深入了解磁热疗机制及其诱导的抗肿瘤免疫反应，以创造利
用免疫机制的有效纳米药物是至关重要的。

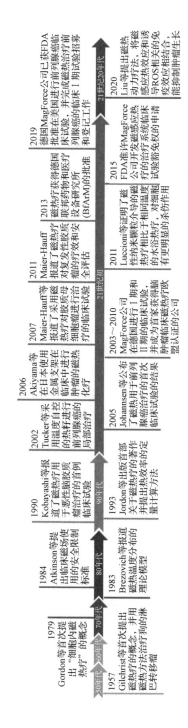

图 9.1　磁热疗相关研究进展的重要事件[28]

9.2　生物医用纳米磁热疗剂

目前，生物医用纳米磁热疗剂主要是超顺磁性氧化铁纳米颗粒，具有磁化强度高、尺寸小(<100nm)、生物相容良好的特点，但合成的氧化铁纳米颗粒比较容易聚集成簇，因此需要特殊的表面涂层或修饰来对其性能进行改善，如稳定性、生物相容性等。随着纳米技术的发展，2003～2005 年，德国进行了世界首次磁热疗临床试验用于多形性胶质细胞瘤患者的治疗。治疗过程中，在患者瘤内注射粒径为 15nm 氨基硅烷修饰的超顺磁性氧化铁纳米磁热疗剂。该纳米磁热疗剂注射至病灶部位，表面涂层使其在肿瘤组织内沉积稳定，确保在重复热疗时无须重复注入磁热疗剂。整个治疗过程持续 2h，瘤内温度约为 44.6℃，很少或无副作用的发生，延长了患者生存期。此后逐步开展了脑胶质瘤的Ⅱ期临床试验和前列腺癌相关的临床试验。随后，有研究证实了动脉灌注超顺磁性氧化铁给肝癌患者进行动脉栓塞热疗的临床可行性，临床试验结果证明了选择性动脉注射超顺磁性氧化铁的动脉栓塞化疗术可用于肝癌的肿瘤精确靶向治疗。

为了使磁热疗技术能够获得更大的进展并进一步实现其作为癌症治疗的替代选择疗法，必须提高磁热的肿瘤治疗效率。磁热疗过程中使用磁性纳米颗粒作为介质，提高磁性纳米颗粒的热转换效率是提高磁热疗效的基本策略和关键因素。

当外加交变磁场(AMF)时，磁性纳米颗粒的感应热效应会受到许多因素的影响，如磁滞效应、弛豫效应、涡流、畴壁、自然共振等[29]。由于生物医学的安全性限制，交变磁场的磁场强度和频率参数有一定的局限性，当其磁场强度和频率不足以引起明显的涡流时，磁性纳米颗粒的热转换效率与其固有的物理化学性质密切相关。

一般来说，SAR 或 SLP 与纳米颗粒的尺寸、形貌、组分、表面修饰及外加 f 和 H 有关，即与磁性纳米颗粒本身内在的磁学性质和外在磁场参数有直接关联。由于外在磁场的限制，研究者们通常从磁性纳米颗粒本身内在的磁学性质入手，提高其 SAR 或 SLP，有如下 3 种方法：①提高磁性纳米颗粒的饱和磁化强度 M_S；②提高磁性纳米颗粒的各向异性(anisotropy)K；③提高磁性纳米颗粒周围的热导率(thermal conductivity)λ[8]。

9.2.1　尺寸对纳米磁热疗剂磁热性能的影响

颗粒的尺寸直接影响其产热机制，并影响各个磁热性能参数，因此研究磁性纳米颗粒的尺寸显得尤为重要.磁性纳米颗粒的 M_S 随尺寸的减小而迅速减小，这是因为磁性颗粒表面磁各向异性 K 的降低和自旋无序，尺寸较大的磁性纳米颗粒通常比尺寸较小的磁性纳米颗粒具有更高的 M_S。此外，磁性纳米颗粒的 M_S 会随着磁性纳米颗粒尺寸增加而增加，直到达到某一阈值，超过该阈值后，磁化强度不再增加，接近于宏观磁性材料的磁化强度。M_S 对尺寸的依赖性通常表示为

$$M_S = M_B \left(\frac{r-d}{r} \right)^3 \tag{9.1}$$

式中，M_B 是块体(bulk)材料的饱和磁化强度；r 是磁性纳米颗粒的半径；d 是无序表面的厚度[30]。

　　由于 SLP 和 M_S 之间的相关性，磁性纳米颗粒的尺寸能够按比例增加 M_S，对增强磁热疗效果至关重要。Fortin 等[31]通过实验和理论证明，在 700kHz、25kA/m 的交变磁场下，当磁性纳米颗粒直径从 5nm 增加到 10nm 时，γ-Fe$_2$O$_3$ 纳米颗粒的 SLP 由 4W/g 逐渐增加到 275W/g。不同的研究得到了类似的结果。Lartigue 等[32]报道了 Fe$_3$O$_4$ 磁性颗粒尺寸依赖的磁热效应，在 170kHz、21kA/m 的交变磁场下，当颗粒直径从 10nm 增加到 16.2nm 时，SLP 从 30W/g 增加到 61W/g，并且直径为 6.7nm 磁性纳米颗粒的 SLP 为零，这表明用于有效加热的 Fe$_3$O$_4$ 最小尺寸至少应该大于 6.7nm。Jeun 等[33]的研究表明，Fe$_3$O$_4$ 磁性纳米颗粒的尺寸应大于 9.8nm 才能获得有效加热，在 11kA/m、110kHz 的交变磁场下，加热效应可以忽略不计 (SLP < 45W/g)。对于 16.5nm 的磁性纳米颗粒，在相同条件的交变磁场下，SLP 迅速增加一个数量级，最大值为 250W/g。

　　除了 M_S 外，磁性纳米颗粒的尺寸也会影响磁各向异性 K。例如，当 FeCo 磁性纳米颗粒的尺寸从 7nm 增加到 23nm 时，磁各向异性从 400kJ/m^3 降低到 5kJ/m^3。因此，磁性纳米颗粒的尺寸效应需要同时考虑 M_S 和磁各向异性 K。Hergt 等[34]假设，对于典型的氧化铁磁性纳米颗粒，一般在从超顺磁到铁/亚磁体系(约 20nm) 的尺寸转变范围内可以获得更高的 SLP。Lee 等[35]展示了 M_S、K 和磁性纳米颗粒尺寸 SLP 的三维图，当 K 为 $0.5 \times 10^4 \sim 4 \times 10^4$kJ/m^3 时，颗粒直径介于 10~30nm，$M_S$ 为 100emu/g 时，磁性纳米颗粒的 SLP 急剧增加。在这些条件下，铁氧体磁性纳米颗粒的 SLP 理论上可高达 4000W/g。表 9.1 中列出了磁性纳米颗粒尺寸对 SLP 的影响。这些关于尺寸的研究表明，为了满足生物尺寸效应且具有较高的 SLP，可将磁性纳米颗粒尺寸调控至 10~30nm[8]。

表 9.1 磁性纳米颗粒尺寸对磁热性能的影响

磁性纳米颗粒	尺寸/nm	H/(kA/m)	f/kHz	SLP 或 SAR/(W/g)	参考文献
γ-Fe_2O_3	5.3	24.8	700	4	[31]
	6.7	24.8	700	14	—
	8.0	24.8	700	37	—
	10.2	24.8	700	275	—
	13.5	24.8	700	1650	—
$CoFe_2O_4$	3.9	24.8	700	40	—
	9.1	24.8	700	360	—
Fe_3O_4	4.1	21	168	0	[32]
	6.7	21	168	3	—
	10	21	168	32	—
	16.2	21	168	61	—
	35.2	21	168	76	—
	4.2	11.2	110	45	[33]
	9.8	11.2	110	28	—
	11.8	11.2	110	150	—
	16.5	11.2	110	249	—
	22.5	11.2	110	322	—
$CoFe_2O_4$	9	37.3	500	148	[35]
$MnFe_2O_4$	15	37.3	500	369	—
$CoFe_2O_4@MnFe_2O_4$	15	37.3	500	1453	—

9.2.2 组分对纳米磁热疗剂磁热性能的影响

除了颗粒尺寸外，改变化学组分也能调节磁性纳米颗粒的磁学性质以提高其热疗效果。铁氧体磁性纳米颗粒的八面体和四面体位点的金属原子，对磁性纳米颗粒的磁学性能影响很大，通常采用金属掺杂的方法获得具有高 SLP 的磁性纳米颗粒[36]。八面体位点的磁自旋同向平行于磁场，四面体位点的磁自旋反向平行于磁场，同时八面体和四面体位点的三价金属离子的数目相同，磁矩相互抵消，净磁矩只取决于八面体位点的金属二价离子[8]。因此，在此基础上通过掺杂不同数量的二价过渡金属阳离子(如 Mn^{2+}、Fe^{2+}、Co^{2+}、Ni^{2+}或 Zn^{2+})，可以有效调节磁性纳米颗粒的磁矩和饱和磁化强度[37]。

　　Lee 等[36]对铁氧体磁性纳米颗粒组成的影响进行了研究，对比了相同尺寸 12nm 的 $MnFe_2O_4$、$FeFe_2O_4$、$CoFe_2O_4$ 和 $NiFe_2O_4$ 纳米颗粒的 M_S。其中，$MnFe_2O_4$ 纳米颗粒因具有五个未配对电子表现出最强的 M_S。Gabal 和 Bayoumy[38]通过改变阳离子的含量，系统地研究了 $Ni_{0.8-x}Zn_{0.2}Mg_xFe_2O_4(x\leqslant0.8)$ 和 $Ni_{1-x}Cu_xFe_2O_4(x\leqslant1)$ 颗粒，测试了颗粒的磁化强度变化，结果表明，当零磁矩的 Mg^{2+} 或 Cu^{2+} 被高磁矩 Ni^{2+} 取代时，M_S 增加。Jang 等[39]证明了在四面体位点适当掺杂锌，可调控纳米颗粒显示出最佳的磁学性质。当部分铁原子被锌原子取代时，Zn^{2+} 的非磁性特征使 Fe^{3+} 的磁自旋不会完全抵消，这样可增加纳米颗粒的净磁化率。15nm 的 $Zn_xMn_{1-x}Fe_2O_4$ 纳米颗粒(x=0.4)具有较大的 M_S，SLP 为 432W/g，比传统的氧化铁纳米颗粒 SLP(115W/g)提高大约 4 倍[8]。

　　除了 M_S 外，磁各向异性 K 也可以通过改变磁性纳米颗粒的组成来控制。磁各向异性是磁性纳米颗粒的固有特性，由化学成分和晶体结构决定。因此，通过用具有更高各向异性的过渡金属物种(如 Co^{2+} 或 Ni^{2+})取代 Fe^{2+}，可以很容易地增加 K。例如，在用 Co^{2+} 替代 Fe^{2+} 后，磁铁矿纳米颗粒的磁各向异性增加了约 20 倍[40]。此外，Chen 等[41]通过改变铁基磁性纳米颗粒(MFe_2O_4，M 为 Mn、Fe、Co)的化学成分，纳米颗粒的磁各向异性可以增加三个数量级，并且 SLP 达到 716W/g。在另一项研究中，Habib 等[42]从理论上证明了磁性纳米颗粒的 K、组成和尺寸之间的相关性，从而使 SLP 最大化。他们发现，最大 SLP 的最佳磁各向异性 K 取决于纳米颗粒的尺寸。因此，要使 K 在某一尺寸达到理想范围，控制磁性纳米颗粒的组成是至关重要的。评估了各种成分(Co、Fe、FePt、Fe_2O_3、Fe_3O_4 和 FeCo)磁性纳米颗粒的热转化速率，这些成分的磁各向异性 K 分别为 $5kJ/m^3$、$10kJ/m^3$、$20kJ/m^3$、$100kJ/m^3$、$200kJ/m^3$ 和 $400kJ/m^3$，并证明在尺寸分别为 5nm、7nm、9nm、12nm、15nm 和 20nm 时测得最高 SLP。

　　对于核-壳结构的磁性纳米颗粒，可通过改变核及壳的组成对 K 和 M_S 进行优化，以提高 SLP[8]。Jang 课题组[43]合成了高生物相容性浅掺杂镁 γ-Fe_2O_3 超顺磁纳米颗粒(Mg_x-γ-Fe_2O_3)，核心尺寸为 7nm。通过控制 Mg^{2+} 在 γ-Fe_2O_3 中的掺杂含量，增高合成的 $Mg_{0.13}$@γ-Fe_2O_3 磁化率，其能量损耗值(intrinsic loss power，ILP)为 $14nH\cdot m^2\cdot kg^{-1}$，较商业氧化铁(Feridex®，ILP=$0.15nH\cdot m^2\cdot kg^{-1}$)提高两个数量级。Lee 等[35]以 $CoFe_2O_4$(K=$2.0\times10^5J/m^3$)等硬磁材料为核，以 $MnFe_2O_4$(K=$3.0\times10^3J/m^3$)等软磁材料为壳，采用种子生长方法制备 15nm $CoFe_2O_4$@$MnFe_2O_4$ 硬磁-软磁核壳结构的磁性纳米颗粒。利用软磁和硬磁在界面处的交换耦合作用，将 K 调节至最优(K=$1.5\times10^4J/m^3$)，有效地提高了磁热转化效率[44]。研究表明，这些磁性纳米颗粒的产热效率提高非常显著，在相同交变磁场下(500kHz、37.3kA/m)，$CoFe_2O_4$@$MnFe_2O_4$ 核壳结构的磁性纳米颗粒较 9nm $CoFe_2O_4$ 磁性纳米颗粒和

15nm $MnFe_2O_4$ 磁性纳米颗粒，其 SLP 由 443W/g 和 411W/g 提高至 2280W/g。Phadatare 等[45]研究表明，$CoFe_2O_4@Ni_{0.5}Zn_{0.5}Fe_2O_4$ 核-壳型纳米颗粒的 SLP 比传统铁氧体纳米颗粒约高 5 倍，这是因为壳层中镍和锌原子的成分效应在软化硬磁 $CoFe_2O_4$ 中起着关键作用，使 K 落在最佳范围内。

9.2.3　形貌对纳米磁热疗剂磁热性能的影响

除了磁性纳米颗粒尺寸和组分，形貌也是实现高 SAR 的另一个优化因素[8]。形貌的改变直接决定了磁性纳米颗粒表面原子的排列，从而改变颗粒的表面各向异性(K)及磁畴结构，调控磁性纳米颗粒磁学性能，最终实现有效散热[46-49]。通常，表面由低能面组成的磁性纳米颗粒具有较高的 M_S，但其磁各向异性较低，从而使 SLP 增加[46]。因此，可以通过调控磁性纳米颗粒的形状来有效提高磁热效应。

磁性纳米颗粒具有较大的比表面积，其表面效应对颗粒磁学性质的影响不可忽视，因此与形状相关的表面各向异性十分重要[8]。在特定的实验条件下，研究者设计了具有独特形貌的磁性纳米颗粒来提高材料的 SAR，如立方形[46, 50-51]、环形[52]和纳米片形[13]等。Noh 等[46]报道了在材料尺寸和组分相同时，$Zn_{0.4}Fe_{2.6}O_4$ 纳米立方体的 SAR 明显高于球形，$Zn_{0.4}Fe_{2.6}O_4$ 纳米立方体颗粒的表面混乱度(surface disorder)为 4%，比球形纳米颗粒(8%)小，球形纳米颗粒表面弯曲形态具有较大的表面效应，引发了更大的表面混乱度，导致其 SAR 低于立方体(表 9.2)。同时，$Zn_{0.4}Fe_{2.6}O_4$ 立方体纳米颗粒饱和磁化强度(M_S=165emu/g)也比球形纳米颗粒(M_S=145emu/g)高。Martinez-Boubeta 等[53]验证了立方体纳米颗粒结构的高磁化性能，通过相关实验和蒙特卡罗模拟方法进一步验证了该结果的正确性，单畴立方体磁性氧化铁纳米颗粒比球形氧化铁纳米颗粒表现出更高的 SLP。小粒径的立方体结构表现出更好的磁热性能。Guardia[54]等通过一步法制备了 13～40nm 的立方体水溶性离子型氧化铁纳米晶，当其平均粒径为(19±3)nm 时，SAR 高达 2452W/g(520kHz、29kA/m)，并在人口腔表皮样癌细胞上进行了体外实验，19nm 的粒子具有较高的热疗性能，在处理 1h 后达到 43℃的平衡温度，细胞的死亡率为 50%。

除了常见的立方体、球形等形状，Fan 课题组在对纳米颗粒的尺寸和形貌的研究过程中发现，一种磁化闭合分布的独特磁结构——涡旋磁畴(vortex domain)[55-56]，即一种涡旋磁结构的磁性纳米颗粒，具有闭合的磁矩分布，能够有效削弱颗粒之间的磁相互作用，降低杂散场，避免颗粒团聚[33]，具备形成稳定磁溶胶的磁学条件，表现出更好的单分散性和更高的磁化率和饱和磁化强度[57]。该课题组[52]系统研究了氧化铁纳米环涡旋畴结构的基础上，通过 α-Fe_3O_4 纳米颗粒热相变制备了一种外径为 70nm 的涡旋磁氧化铁纳米环(ferrimagnetic vortex-domain nanoring,

FVIO)，并对比了超顺磁性氧化铁纳米颗粒(SPIO)和 FVIO 的磁滞回线，证实了FVIO 比 SPIO 具有更高的 M_S、更大的磁滞回线和更优越的磁热效应[58]。当 FVIO暴露在交变磁场时，FVIO 从涡旋态转变为洋葱态，这种转变使磁热转换能力显著增强，与商业磁性纳米颗粒(约 250W/g)相比，SAR 高达 3050W/g(400kHz、740Oe)。在体内荷瘤鼠抗肿瘤实验中，FVIO 的高 SAR 能够使其在极低剂量(0.3mg/cm^3)注射时对荷瘤裸鼠达到显著的抗肿瘤效果，这低于以往的研究报道(5～10mg/cm^3)，在肿瘤的磁热疗上具有显著的优势和应用价值。

在以上工作的基础上，Yang 等[13]通过两步法合成了尺寸均一的 Fe$_3$O$_4$纳米片，并系统地研究了磁各向异性纳米片和磁各向同性磁性球形颗粒的磁性热疗特性。结果表明，各向异性的纳米片比各向同性的 11.2nm 球形超顺磁性纳米颗粒和60nm 球形铁磁性纳米颗粒具有更高的 SAR。这是因为纳米片平行于交变磁场(500kHz、47.8kA/m)，这种平行排列可以使 SAR 到 5000W/g。在水悬浮液和琼脂糖凝胶(5%)中，磁性氧化铁纳米片的 SAR 分别为 4925W/g 和 2818W/g。表 9.2 总结了不同尺寸、形貌磁性纳米颗粒的磁热性能。

表 9.2 不同尺寸、形貌磁性纳米颗粒的磁热性能

组成	形状	尺寸/ nm	M_S/ (emu/g)	f/ kHz	H/ (kA/m)	SLP 或 SAR/ (W/g)	参考文献
Zn$_{0.4}$Fe$_{2.6}$O$_4$	立方体	18	165	500	37.4	1860	[35]
	球形	22	145	—	—	—	—
Fe$_3$O$_4$	纳米盘	125	435	488	47.8	5000	[13]
	纳米环	70	—	400	59.2	3050	[52]
	八面体	17～47	87	310	—	900	[59]
	纳米花	20～28	83-88	700	25	2000	[60]

9.2.4 表面修饰对磁性纳米颗粒磁热性能的影响

除去尺寸、组分和形貌对磁性纳米颗粒磁学性能的调控，材料表面修饰优化也可提高磁性纳米颗粒的生物相容性和磁热转化效率。磁性纳米颗粒作为磁热疗剂，是由磁核和外壳这两个关键组件组成的体系，除了控制磁核的尺寸、成分和形状外，合理的表面改性也会影响磁热性能。

目前，学者已经研究了不同的表面修饰材料来提高磁热性能和其稳定性，如聚合物、有机和无机稳定剂和靶向配体。在 141kHz 磁场下，Hayashi 等[61]研究了叶酸和聚乙二醇修饰的超顺磁性氧化铁纳米颗粒簇的磁热特性。通过将制备的磁

性材料分散于水中，然后将其暴露在 230kHz 下强度为 8kA/m 的交流磁场中，溶液温度在 10min 内升高了 20℃，具有较高的磁热转化性能。

　　尽管氧化铁纳米颗粒具有高磁化率，但它们在化学稳定性和生物相容性上存在着一些问题[62]，通过合适的表面修饰，可以优化其在体内的生物安全性。例如，Chalkidou 等[63]将生物相容性氧化镁涂在铁颗粒上，施加交变磁场时该材料产生大量热，与正常细胞相比，癌细胞的活力显著降低，而正常细胞保持不变。此外，Liu 等[9]成功地合成了不同分子量(2000～20000U)的磷酸化甲氧基聚乙二醇(mPEG)表面修饰的高单分散、粒径可控(9～31nm)的氧化铁纳米颗粒，并系统地研究了表面修饰对不同尺寸 Fe_3O_4 纳米颗粒 SAR 的影响。研究表明，减小表面修饰厚度，SAR 有所提高。随着表面修饰厚度的减小，布朗弛豫对热的贡献增加，同时提高了热导率和单分散性。进一步优化表面修饰和尺寸，可以在最小变化限度的饱和磁化(<5%)范围内实现 SAR 的显著增加(高达 74%)。特别是 19nm Fe_3O_4@mPEG-2000，SAR 高达 930W/g，增加了 2.5 倍。该研究为高性能热疗剂的表面修饰优化提供了一种新的通用策略，并且通过调控表面修饰种类和表面修饰厚度，提高磁性纳米颗粒的分散性和生物相容性[8]。

　　综上所述，随着纳米技术的快速发展，通过调控磁性纳米颗粒的尺寸、形貌、组分和表面修饰以提高磁热性能，具有理论可行性。在合成过程中，将磁性纳米颗粒调控至最佳尺寸和最佳厚度，制备高分散性的磁性纳米颗粒，通过改变磁性纳米颗粒的形貌，改变其磁畴结构，增加表面各向异性和饱和磁化强度[8]，还可以采用金属掺杂方法和核-壳结构的交换耦合作用提高磁热性能，获得具有高磁热转化效率的磁性纳米颗粒用于磁热疗研究。

9.3　以磁热疗为基础的协同治疗

　　磁热疗作为肿瘤局部热疗的一种方法已应用于临床治疗。在临床治疗中，除了利用肿瘤部位的磁性纳米生物材料升温直接杀死肿瘤细胞外，磁热疗的很大优势在于它对于放疗、化疗具有协同增效及免疫增强功能。因此，可以作为临床放疗、化疗的重要补充手段，对于减轻放疗、化疗的毒副作用，弥补其固有缺陷，改善患者预后，特别是在难治性肿瘤的治疗方面具有重要意义。

　　相比现有临床肿瘤治疗手段，磁热疗具有生物安全性高、无组织穿透深度限制、可靶向选择性杀伤肿瘤、对周围正常组织损伤较小等优点。因此，磁热疗与多种治疗方式的联合疗法已成为近年来纳米医学领域的一个重要方向(图 9.2)。

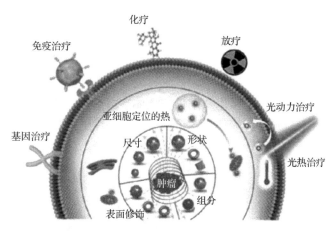

图 9.2　提高磁热抗肿瘤疗效的策略及多种联合治疗手段[27]

9.3.1　磁热疗增敏化疗

化疗是最常用的肿瘤治疗手段。随着疾病的进展，致密的肿瘤组织导致血管收缩，随用药次数的增加而逐步产生耐药性，不得不使用更高剂量的化疗药物来控制病情，这同时带来了副作用。因此，探寻一种和化疗相辅相成的治疗手段，成为肿瘤治疗方面一个重要的研究方向。

Monhamed 等[64]在一项研究中指出，高温(41.5℃、30min)环境下草酸铂、吉西他滨等化疗药物对小鼠纤维肉瘤具有更高的细胞毒性。磁热疗可改变肿瘤生理条件，进而降低用药剂量，缓解毒副作用。由此，磁热疗与化疗的结合开始进入研究者的视野，并逐渐探明其内在的作用机制。

大量研究表明，磁热疗时，肿瘤内部血管扩张，加速血液循环，有效促进细胞内药物的传递和释放，提高肿瘤组织内部化疗药的浓度。同时，磁热疗可增加癌细胞对化疗药的敏感性，通过干扰肿瘤 DNA 修复，抑制多药耐药性 P-糖蛋白(P-glycoprotein，PGP)的表达，从而减少或逆转肿瘤耐药，最终导致肿瘤细胞凋亡。

Alvarez-Berrios 等[65]利用细胞膜的流动性，发现磁热疗通过改变细胞膜的通透性来增加细胞内药物的摄取。Tabatabaei 等[66]利用热诱导细胞膜通透性变化这一特点，通过射频(RF)场将磁性纳米生物材料作为小型热源，将热完全转移到内皮细胞，实现更高的空间精度。血脑屏障(blood-brain barrier，BBB)在磁热疗过程中呈现可逆的实质性开放。因此，以磁性纳米颗粒作为化疗药物递送载体，通过磁场控制热的产生和药物的释放，可以显著增强化疗效果[67-69]。

Zhou 等[70]设计了一种核壳结构的 Fe$_2$O$_3$@PPy-DOX-PEG 纳米复合材料。肿瘤酸性环境和磁场作用促进纳米复合材料中阿霉素(DOX)的释放，从而产生显著的组合治疗效果。Kim 等[71]制备了由聚乙二醇-聚丙交酯(PEG-PLA)和氧化铁纳米颗粒组成的聚合物胶束，并在其中封装了 DOX。研究发现，78%的人肺腺癌细胞在磁热和阿霉素的双重作用下被杀死，作用远强于阿霉素单药。因此，磁热疗与化疗联合作用杀伤肿瘤会取得更有益的效果。Liu 等[72]建立了一种硅基多功能纳米载体，该载体封装了 Fe_3O_4 纳米颗粒、化疗药物和肺癌干细胞(CSC)的特异性靶向抗体。结果表明，在体外磁场作用下，抗体修饰的纳米颗粒靶向肺癌干细胞，增强体外细胞摄取，延长肿瘤积累。这种联合疗法显著抑制了带有肺癌干细胞异种移植小鼠的肿瘤生长和转移，且副作用和不良反应极小。Hu 等[73]通过一步乳化法，制备了水包油包水的氧化铁纳米胶囊，其内壳携带亲水的阿霉素(DOX)，外壳携带疏水的紫杉醇(PTX)，加上磁场后会引起局部发热。化疗和磁热疗都有助于细胞杀伤和肿瘤治疗，增加了 PTX 和 DOX 的协同效应，且副作用很小。Jia 等[74]设计了一种胶质瘤靶向的外泌体，该外泌体携带超顺磁性氧化铁纳米颗粒和姜黄素，能够顺利穿过血脑屏障，为超顺磁性氧化铁介导的磁热疗、姜黄素介导的化疗的强协同抗肿瘤作用，提供了有利的条件。此外，Xue 等[75]设计了由阿霉素(DOX)、锰铁氧体(MIONs)和海藻酸/壳聚糖微球(DM-ACMSs)组成的磁性水凝胶微球模型，为 AMF 在非热敏水凝胶体系中激发药物释放行为的潜在机制提供了理论依据。

9.3.2　磁热疗改善放疗效果

　　X 射线应用于肿瘤等疾病治疗以来，放射疗法(RT)一直作为癌症的标准治疗方式，但其治疗效果往往被正常组织面临的副作用和缺氧诱导的辐射阻力掩盖。放疗临床应用的一大限制在于肿瘤中心的乏氧、偏酸及处于 S 期的细胞表现出对放疗的抵抗作用。磁热疗可以杀伤对放疗不敏感的细胞，阻止细胞损伤后修复，还可导致肿瘤组织血管内皮细胞损伤，血管修复能力下降，抑制肿瘤血管生成，从而增强放疗效果[76]。已有研究表明，磁热疗与放疗结合，不仅能有效杀灭耐药细胞，还能减少对正常组织的毒性，有效降低辐射剂量[77-78]。Jiang 等[79]设计了一种高磁热转化效率的钆掺杂氧化铁纳米颗粒(GdIONP)，探索了其在联合治疗中的治疗效果，并证实 GdIONP 介导的磁热疗可通过两种途径增强放疗的疗效：一是通过减少乏氧细胞的比例，二是通过诱导肿瘤特异性的局部血管破坏和坏死。由于外加磁场难以使目标产生足够的热量，热放疗的作用仅限于浅表肿瘤[80]，但是依旧可作为转移性乳腺癌的辅助疗法。Wang 等[81]揭示了磁热放疗联合治疗中的三种协同机制：①通过 BAX 蛋白介导的细胞凋亡来提高放疗的抗肿瘤效率；②改善细胞免疫效应；③抑制基质金属蛋白酶-9(MMP-9)的表达。Hauser 等[82]报道了纳米颗粒通过产生 ROS 来增敏放疗，放疗促进线粒体超氧阴离子的生成，超氧阴离子进一步转化为过氧化氢，并被离子催化生成高活性的羟基自由基(·OH)，从而对非小细胞肺癌产生更强的细胞毒性作用。

9.3.3　磁热免疫治疗

免疫治疗作为最有希望治愈癌症的手段，近年来取得了长足的发展。以 CTLA-4、PD-1/PD-L1、IDO、CD47 为代表的免疫检查点阻断疗法，以 CAR-T 为代表的过继性细胞疗法及多种形式的肿瘤疫苗，在临床肿瘤治疗中取得了喜人的效果。受制于肿瘤免疫原性低与免疫抑制的微环境，免疫治疗还须进一步改进，以更好地改善患者预后。1998 年，Yanase 等[83]进行了一项实验，将大鼠胶质瘤模型移植到大鼠的两侧股骨中，仅对单侧肿瘤进行磁热治疗，远处的肿瘤生长也会受到明显抑制。同时，在大鼠两侧肿瘤组织中均检测出 $CD3^+$、$CD4^+$、$CD8^+T$ 细胞和 NK 细胞，从而获得长期的免疫记忆。随后发现，除了热杀伤癌细胞外，磁热疗还可以通过释放肿瘤抗原和内源性佐剂(如热休克蛋白和损伤相关分子模式)触发抗肿瘤免疫反应；并可促进细胞表面的 MHC-Ⅰ类分子的表达，加速树突状细胞(DCs)的成熟，增强 NK 细胞的活性，解除肿瘤表面免疫抑制分子的生成等，这都显示了磁热免疫效应的巨大应用潜力[84-86]。

近年来的研究表明，免疫治疗可以通过刺激和激活抗肿瘤免疫系统，特异性地攻击肿瘤细胞，来防止肿瘤的复发和转移。单一的免疫疗法产生的免疫效应无法长期存在，有报道表明磁热与免疫检查点阻断疗法联用时，可产生全身治疗反应，并使抗肿瘤免疫效应在体内长效存在。Wang 等[87]发现热疗不仅可以有效治愈原发肿瘤，而且可以与 CTLA-4 阻断剂联合有效抑制远处转移性肿瘤的生长。Pan 等[88]设计了一种 $CoFe_2O_4@MnFe_2O_4$ 的核壳结构纳米颗粒，研究发现，该颗粒介导的磁热疗可以产生肿瘤相关抗原，这些抗原可以被树突状细胞捕获识别；随后活化树突状细胞，从而触发全身性的抗肿瘤免疫反应。PD-L1 作为一种免疫检查点，在肿瘤细胞上高表达，抑制了树突状细胞的功能。α-PD-L1 联合磁热疗可有效减轻免疫抑制，促使 T 细胞浸润肿瘤。Liu 等[89]采用涡旋磁氧化铁纳米环介导的温和磁热疗联合 α-PD-L1 治疗小鼠原位乳腺癌肿瘤，抑制了远端肿瘤的生长。结果表明，磁热疗可促进远端肿瘤中 $CD8^+T$ 淋巴细胞浸润，有效地增敏 PD-L1 检查点阻断剂；同时，这种组合方法下调了骨髓源性抑制细胞(myeloid-derived suppressor cells，MDSC)的含量，减弱了免疫抑制细胞的影响。

9.3.4　磁光协同治疗

光动力治疗利用光化学方法促进肿瘤细胞凋亡，在临床上具有广泛的应用前景。由于药物递送和肿瘤缺氧的微环境限制，缺氧区域的恶性细胞往往对光动力治疗具有抗性。Huang 等[90]以骨髓来源的单核细胞作为载体,制备了可运输氧气、光敏剂(Ce6)的超顺磁性氧化铁纳米颗粒,在磁热作用和近红外激光的照射下,可以有效诱导肿瘤细胞凋亡,提高抗肿瘤疗效。Di Corato 等[91]设计了一种基于双负载混合脂质体的智能纳米平台,将高浓度的磁性纳米颗粒包裹在脂质体核心内,并将光敏剂(m-THPC)引入脂质体双分子层,制备了包含两种成分的脂质体。在激光的照射下产生单线态氧,在交变磁场刺激下产生热,耦合光动力治疗和磁热疗,实现肿瘤的完全去除。

　　综上所述,不同疗法之间的协同增强作用,促成了不同模式协同疗法的发展,产生显著的"1+1>2"效果,可以中和各手段,且弥补了单一手段疗效的不足。基于氧化铁的磁性纳米材料,凭借可耦合多种手段、融合多种疗法的优势,在临床研究中具有巨大的潜力(图 9.3)。

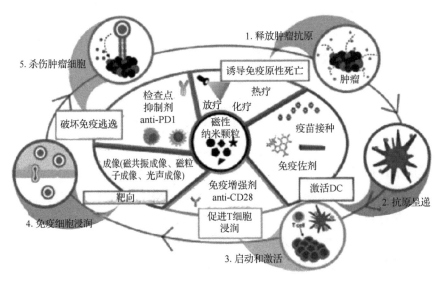

图 9.3　磁性纳米材料与免疫系统之间的相互作用[84]

思　考　题

　　1. 阐明纳米磁热疗与传统物理热疗(如热消融)的差异及纳米磁热疗在肿瘤治疗方面的优势。

　　2. 如何设计高性能纳米磁热疗剂?

　　3. 阐明纳米磁热疗的抗肿瘤免疫效应机制。

　　4. 肿瘤纳米磁热疗未来的挑战和目标是什么?

参 考 文 献

[1] SIEGEL R L, MILLER K D, JEMAL A. Cancer statistics, 2020[J]. CA: A Cancer Journal for Clinicians, 2020, 70(1): 7-30.

[2] RAJU T N. The Nobel chronicles[J]. The Lancet, 1998, 352(9141): 1714.

[3] 唐劲天, 郭静, 阳兵. 热疗的发展历程与展望[J]. 科技导报, 2014, 32(30): 15-18.

[4] ZHAO L Y, LIU J Y, OUYANG W W, et al. Magnetic-mediated hyperthermia for cancer treatment: Research progress and clinical trials[J]. Chinese Physics B, 2013, 22(10): 108104.

[5] HO D, SUN X L, SUN S H. Monodisperse magnetic nanoparticles for theranostic applications[J]. Accounts of Chemical Research, 2011, 44(10): 875-882.

[6] YANASE M, SHINKAI M, HONDA H. Intracellular hyperthermia for cancer using magnetite cationic liposomes: An *in vivo* study[J]. Cancer Science, 1998, 89(4): 463-469.

[7] HAJBA L, GUTTMAN A. The use of magnetic nanoparticles in cancer theranostics: Toward handheld diagnostic devices[J]. Biotechnology Advances, 2016, 34(4): 354-361.

[8] 江小莉, 王燕云, 王英泽. 调制磁性纳米颗粒提高磁热性能的研究[J]. 生物化学与生物物理进展, 2019, 46(3): 248-255.

[9] LIU X L, FAN H M, YI J B, et al. Optimization of surface coating on Fe_3O_4 nanoparticles for high performance magnetic hyperthermia agents[J]. Journal of Materials Chemistry, 2012, 22(17): 8235-8244.

[10] HERGT R, DUTZ S. Magnetic particle hyperthermia-biophysical limitations of a visionary tumour therapy[J]. Journal of Magnetism and Magnetic Materials, 2007, 311(1): 187-192.

[11] KUMAR C S, MOHAMMAD F. Magnetic nanomaterials for hyperthermia-based therapy and controlled drug delivery[J]. Advanced Drug Delivery Reviews, 2011, 63(9): 789-808.

[12] 唐倩倩, 吴荣谦, 樊海明. 基于磁性纳米材料的肿瘤靶向治疗研究进展[J]. 生物化学与生物物理进展, 2022, 49(12): 2266-2277.

[13] YANG Y, LIU X L, LV Y, et al. Orientation mediated enhancement on magnetic hyperthermia of Fe_3O_4 nanodisc[J]. Advanced Functional Materials, 2015, 25(5): 812-820.

[14] 陈小勇. 磁性纳米材料的生物医学应用[J]. 物理, 2020, 49(6): 381-389.

[15] 彭徐齐. 线粒体靶向四氧化三铁纳米颗粒的制备及其体外磁热疗效评估[D]. 西安: 西北大学, 2019.

[16] GILCHRIST R K, MEDAL R, SHOREY W D, et al. Selective inductive heating of lymph nodes[J]. Annals of Surgery, 1957, 146(4): 596-606.

[17] GONDON R T, HINES J R, GORDON D. Intracellular hyperthermia. A biophysical approach to cancer treatment via intracellular temperature and biophysical alteration [J]. Medical Hypotheses, 1979, 5(1): 83-102.

[18] 杨贵进, 李玲. 磁热法治疗肿瘤用纳米磁性材料的研究进展[J]. 材料导报, 2008, 22(专辑Ⅹ): 10-24.

[19] STEA B, KITTELSON J, CASSADY J R, et al. Treatment of malignant gliomas with interstitial irradiation and hyperthermia[J]. International Journal of Radiation Oncology, 1992, 24(4): 657-667.

[20] MAIER-HAUFF K, ROTHE R, SCHOLZ R, et al. Intracranial thermotherapy using magnetic nanoparticles combined with external beam radiotherapy: Results of a feasibility study on patients with glioblastoma multiforme[J]. Journal of Neuro-Oncology, 2007, 81(1): 53-60.

[21] GAZEAU F, LÉVY M, WILHELM C. Optimizing magnetic nanoparticle design for nanothermotherapy[J]. Nanomedicine, 2008, 3(6): 831-844.

[22] 王宇瀛, 赵凌云, 王晓文. 磁感应热疗治疗肿瘤研究进展和临床试验[J]. 科技导报, 2010, 28(20): 101-107.

[23] YANG Z, GAO D, ZHAO J, et al. Thermal immuno-nanomedicine in cancer[J]. Nature Reviews Clinical Oncology, 2023, 20(2): 116-134.

[24] MONTELL C. The TRP superfamily of cation channels[J]. Science's STKE, 2005, (272): re3.

[25] TAY A, DI CARLO D. Remote neural stimulation using magnetic nanoparticles[J]. Current Medicinal Chemistry, 2017, 24(5): 537-548.

[26] JUN Y W, SEO J W, CHEON J. Nanoscaling laws of magnetic nanoparticles and their applicabilities in biomedical sciences[J]. Accounts of Chemical Research, 2008, 41(2): 179-189.

[27] LIU X L, YAN B, LI Y, et al. Graphene oxide-grafted magnetic nanorings mediated magnetothermodynamic therapy favoring reactive oxygen species-related immune response for enhanced antitumor efficacy[J]. ACS Nano, 2020, 14(2): 1936-1950.

[28] 高飞. 磁场响应的功能性纳米复合材料的制备及其生物学效应评价[D]. 西安: 西北大学, 2019.

[29] BLANCO-ANDUJAR C, WALTER A, COTIN G, et al. Design of iron oxide-based nanoparticles for MRI and magnetic hyperthermia[J]. Nanomedicine, 2016, 11(14): 1889-1910.

[30] LEE N, YOO D, LING D, et al. Iron oxide based nanoparticles for multimodal imaging and magnetoresponsive therapy[J]. Chemical Reviews, 2015, 115(19): 10637-10689.

[31] FORTIN J P, WILHELM C, SERVAIS J, et al. Size-sorted anionic iron oxide nanomagnets as colloidal mediators for magnetic hyperthermia[J]. Journal of the American Chemical Society, 2007, 129(9): 2628-2635.

[32] LARTIGUE L, INNOCENTI C, KALAIVANI T, et al. Water-dispersible sugar-coated iron oxide nanoparticles. An evaluation of their relaxometric and magnetic hyperthermia properties[J]. Journal of the American Chemical Society, 2011, 133(27): 10459-10472.

[33] JEUN M, LEE S, KANG J K, et al. Physical limits of pure superparamagnetic Fe_3O_4 nanoparticles for a local hyperthermia agent in nanomedicine[J]. Applied Physics Letters, 2012, 100(9): 092406.

[34] HERGT R, DUTZ S, ZEISBERGER M. Validity limits of the Néel relaxation model of magnetic nanoparticles for hyperthermia[J]. Nanotechnology, 2010, 21(1): 015706.

[35] LEE J H, JANG J T, CHOI J S, et al. Exchange-coupled magnetic nanoparticles for efficient heat induction[J]. Nature Nanotechnology, 2011, 6(7): 418-422.

[36] LEE J H, HUH Y M, JUN Y W, et al. Artificially engineered magnetic nanoparticles for ultra-sensitive molecular imaging[J]. Nature Medicine, 2007, 13(1): 95-99.

[37] NOH S H, MOON S H, SHIN T H, et al. Recent advances of magneto-thermal capabilities of nanoparticles: From design principles to biomedical applications[J]. Nano Today, 2017, 13: 61-76.

[38] GABAL M A, BAYOUMY W A. Effect of composition on structural and magnetic properties of nanocrystalline $Ni_{0.8-x}Zn_{0.2}Mg_xFe_2O_4$ ferrite[J]. Polyhedron, 2010, 29(13): 2569-2573.

[39] JANG J T, NAH H, LEE J H, et al. Critical enhancements of MRI contrast and hyperthermic effects by dopant-controlled magnetic nanoparticles [J]. Angewandte Chemie International Edition, 2009, 48(7): 1234-1238.

[40] FANTECHI E, CAMPO G, CARTA D, et al. Exploring the effect of Co doping in fine maghemite nanoparticles[J]. The Journal of Physical Chemistry C, 2012, 116(14): 8261-8270.

[41] CHEN R, CHRISTIANSEN M G, ANIKEEVA P. Maximizing hysteretic losses in magnetic ferrite nanoparticles via model-driven synthesis and materials optimization[J]. ACS Nano, 2013, 7(10): 8990-9000.

[42] HABIB A H, ONDECK C L, CHAUDHARY P, et al. Evaluation of iron-cobalt/ferrite core-shell nanoparticles for cancer thermotherapy[J]. Journal of Applied Physics, 2008, 103(7): 07A307.

[43] JANG J T, LEE J, SEON J, et al. Giant magnetic heat induction of magnesium-doped γ-Fe_2O_3 superparamagnetic nanoparticles for completely killing tumors[J]. Advanced Materials, 2018, 30(6): 1704362.

[44] 唐倩倩, 雷虹, 吴荣谦. 基于磁性纳米材料的肿瘤磁热疗研究进展[J]. 科学通报, 2021, 66(26): 3462-3473.

[45] PHADATARE M R, MESHRAM J V, GURAV K V, et al. Enhancement of specific absorption rate by exchange coupling of the core-shell structure of magnetic nanoparticles for magnetic hyperthermia[J]. Journal of Physics D: Applied Physics, 2016, 49(9): 095004.

[46] NOH S H, NA W, JANG J T, et al. Nanoscale magnetism control via surface and exchange anisotropy for optimized ferrimagnetic hysteresis[J]. Nano Letters, 2012, 12(7): 3716-3721.

[47] LIANG C, HUANG S, ZHAO W, et al. Polyhedral Fe_3O_4 nanoparticles for lithium ion storage[J]. New Journal of Chemistry, 2015, 39(4): 2651-2656.

[48] GANDIA D, GANDARIAS L, RODRIGO I, et al. Unlocking the potential of magnetotactic bacteria as magnetic hyperthermia agents[J]. Small, 2019, 15(41): e1902626.

[49] MUELA A, MUÑOZ D, MARTÍN-RODRÍGUEZ R, et al. Optimal parameters for hyperthermia treatment using biomineralized magnetite nanoparticles: Theoretical and experimental approach[J]. The Journal of Physical Chemistry C, 2016, 120(42): 24437-24448.

[50] KAKWERE H, LEAL M P, MATERIA M E, et al. Functionalization of strongly interacting magnetic nanocubes with (thermo) responsive coating and their application in hyperthermia and heat-triggered drug delivery[J]. ACS Applied Materials & Interfaces, 2015, 7(19): 10132-10145.

[51] SONG Q, ZHANG Z J. Shape control and associated magnetic properties of spinel cobalt ferrite nanocrystals[J]. Journal of the American Chemical Society, 2004, 126(19): 6164-6168.

[52] LIU X L, YANG Y, NG C T, et al. Magnetic vortex nanorings: A new class of hyperthermia agent for highly efficient in vivo regression of tumors[J]. Advanced Materials, 2015, 27(11): 1939-1944.

[53] MARTINEZ-BOUBETA C, SIMEONIDIS K, MAKRIDIS A, et al. Learning from nature to improve the heat generation of iron-oxide nanoparticles for magnetic hyperthermia applications[J]. Scientific Reports, 2013, 3: 1652.

[54] GUARDIA P, DI CORATO R, LARTIGUE L, et al. Water-soluble iron oxide nanocubes with high values of specific absorption rate for cancer cell hyperthermia treatment[J]. ACS Nano, 2012, 6(4): 3080-3091.

[55] YANG Y, LIU X L, YI J B, et al. Stable vortex magnetite nanorings colloid: Micromagnetic simulation and experimental demonstration[J]. Journal of Applied Physics, 2012, 111(4): 044303.

[56] WACHOWIAK A, WIEBE J, BODE M, et al. Direct observation of internal spin structure of magnetic vortex cores[J]. Science, 2002, 298(5593): 577-580.

[57] WU J P, LIU X L, ZHANG H, et al. Magnetic vortex nanoparticles: an innovative magnetic nanoplatform for biomedical application[J]. Progress in Biochemistry and Biophysics, 2015, 42(7): 593-605.

[58] 高飞. 磁场响应的纳米材料与磁热效应生物医学应用[J]. 生命的化学, 2019, 39(5): 903-916.

[59] DAS R, ALONSO J, NEMATI PORSHOKOUH Z, et al. Tunable high aspect ratio iron oxide nanorods for enhanced hyperthermia[J]. The Journal of Physical Chemistry C, 2016, 120(18): 10086-10093.

[60] LARTIGUE L, HUGOUNENQ P, ALLOYEAU D, et al. Cooperative organization in iron oxide multi-core nanoparticles potentiates their efficiency as heating mediators and MRI contrast agents[J]. ACS Nano, 2012, 6(12): 10935-10949.

[61] HAYASHI K, NAKAMURA M, SAKAMOTO W, et al. Superparamagnetic nanoparticle clusters for cancer theranostics combining magnetic resonance imaging and hyperthermia treatment[J]. Theranostics, 2013, 3(6): 366-376.

[62] MARTINEZ-BOUBETA C, BALCELLS L, CRISTOFOL R, et al. Self-assembled multifunctional Fe/MgO nanospheres for magnetic resonance imaging and hyperthermia[J]. Nanomedicine, 2010, 6(2): 362-370.

[63] CHALKIDOU A, SIMEONIDIS K, ANGELAKERIS M, et al. In vitro application of Fe/MgO nanoparticles as magnetically mediated hyperthermia agents for cancer treatment[J]. Journal of Magnetism and Magnetic Materials, 2011, 323(6): 775-780.

[64] MOHAMED F, MARCHETTINI P, STUART O A, et al. Thermal enhancement of new chemotherapeutic agents at moderate hyperthermia[J]. Annals of Surgical Oncology, 2003, 10(4): 463-468.

[65] ALVAREZ-BERRIOS M P, CASTILLO A, MENDEZ J, et al. Hyperthermic potentiation of cisplatin by magnetic nanoparticle heaters is correlated with an increase in cell membrane fluidity[J]. International Journal of Nanomedicine, 2013, 8: 1003-1013.

[66] TABATABAEI S N, GIROUARD H, CARRET A S, et al. Remote control of the permeability of the blood-brain barrier by magnetic heating of nanoparticles: A proof of concept for brain drug delivery[J]. Journal of Controlled Release, 2015, 206: 49-57.

[67] HAYASHI K, SAKAMOTO W, YOGO T. Smart ferrofluid with quick gel transformation in tumors for MRI-guided local magnetic thermochemotherapy[J]. Advanced Functional Materials, 2016, 26(11): 1708-1718.

[68] LI J H, HU Y, HOU Y H, et al. Phase-change material filled hollow magnetic nanoparticles for cancer therapy and dual modal bioimaging[J]. Nanoscale, 2015, 7(19): 9004-9012.

[69] YAO X X, NIU X X, MA K X, et al. Graphene quantum dots-capped magnetic mesoporous silica nanoparticles as a multifunctional platform for controlled drug delivery, magnetic hyperthermia, and photothermal therapy[J]. Small, 2017, 13(2): 1602225.

[70] ZHOU J, LI J H, DING X W, et al. Multifunctional Fe_2O_3@PPy-PEG nanocomposite for combination cancer therapy with MR imaging[J]. Nanotechnology, 2015, 26(42): 425101.

[71] KIM H C, KIM E, JEONG S W, et al. Magnetic nanoparticle-conjugated polymeric micelles for combined hyperthermia and chemotherapy[J]. Nanoscale, 2015, 7(39): 16470-16480.

[72] LIU D D, HONG Y C, LI Y P, et al. Targeted destruction of cancer stem cells using multifunctional magnetic nanoparticles that enable combined hyperthermia and chemotherapy[J]. Theranostics, 2020, 10(3): 1181-1196.

[73] HU S H, LIAO B J, CHIANG C S, et al. Core-shell nanocapsules stabilized by single-component polymer and nanoparticles for magneto-chemotherapy/hyperthermia with multiple drugs[J]. Advanced Materials, 2012, 24(27): 3627-3632.

[74] JIA G, HAN Y, AN Y L, et al. NRP-1 targeted and cargo-loaded exosomes facilitate simultaneous imaging and therapy of glioma in vitro and in vivo[J]. Biomaterials, 2018, 178: 302-316.

[75] XUE W M, LIU X L, MA H P, et al. AMF responsive DOX-loaded magnetic microspheres: transmembrane drug release mechanism and multimodality postsurgical treatment of breast cancer[J]. Journal of Materials Chemistry B, 2018, 6(15): 2289-2303.

[76] 吴东川, 任庆伟, 孙莉. 热疗在肿瘤治疗中的作用[J]. 现代实用医学, 2007, 19(2): 162-163.

[77] RYBKA J D. Radiosensitizing properties of magnetic hyperthermia mediated by superparamagnetic iron oxide nanoparticles (SPIONs) on human cutaneous melanoma cell lines[J]. Reports of Practical Oncology and Radiotherapy, 2019, 24(2): 152-157.

[78] HOSSEINI V, MIRRAHIMI M, SHAKERI-ZADEH A, et al. Multimodal cancer cell therapy using Au@Fe_2O_3 core-shell nanoparticles in combination with photo-thermo-radiotherapy[J]. Photodiagnosis and Photodynamic Therapy, 2018, 24: 129-135.

[79] JIANG P S, TSAI H Y, DRAKE P, et al. Gadolinium-doped iron oxide nanoparticles induced magnetic field hyperthermia combined with radiotherapy increases tumour response by vascular disruption and improved oxygenation[J]. Advanced Composite Materials, 2017, 33(7): 770-778.

[80] MOROS E G, PENAGARICANO J, NOVAK P, et al. Present and future technology for simultaneous superficial thermoradiotherapy of breast cancer[J]. International Journal of Hyperthermia, 2010, 26(7): 699-709.

[81] WANG H, LI X, XI X, et al. Effects of magnetic induction hyperthermia and radiotherapy alone or combined on a murine 4T1 metastatic breast cancer model[J]. International Journal of Hyperthermia, 2011, 27(6): 563-572.

[82] HAUSER A K, MITOV M I, DALEY E F, et al. Targeted iron oxide nanoparticles for the enhancement of radiation therapy[J]. Biomaterials, 2016, 105: 127-135.

[83] YANASE M, SHINKAI M, HONDA H, et al. Antitumor immunity induction by intracellular hyperthermia using magnetite cationic liposomes[J]. Japanese Journal of Cancer Research: GANN, 1998, 89(7): 775-782.

[84] LIN F C, HSU C H, LIN Y Y. Nano-therapeutic cancer immunotherapy using hyperthermia-induced heat shock proteins: Insights from mathematical modeling[J]. International journal of nanomedicine, 2018, 13: 3529-3539.

[85] SATO A, TAMURA Y, SATO N, et al. Melanoma-targeted chemo-thermo-immuno(CTI)-therapy using N-propionyl-4-S-cysteaminylphenol-magnetite nanoparticles elicits CTL response via heat shock protein-peptide complex release[J]. Cancer Science, 2010, 101(9): 1939-1946.

[86] KOBAYASHI T, KAKIMI K, NAKAYAMA E, et al. Antitumor immunity by magnetic nanoparticle-mediated hyperthermia[J]. Nanomedicine, 2014, 9(11): 1715-1726.

[87] WANG Z, ZHANG F, SHAO D, et al. Janus nanobullets combine photodynamic therapy and magnetic hyperthermia to potentiate synergetic anti-metastatic immunotherapy[J]. Advanced Science, 2019, 6(22): 1901690.

[88] PAN J, HU P, GUO Y, et al. Combined magnetic hyperthermia and immune therapy for primary and metastatic tumor treatments[J]. ACS Nano, 2020, 14(1): 1033-1044.

[89] LIU X L, ZHENG J J, SUN W, et al. Ferrimagnetic vortex nanoring-mediated mild magnetic hyperthermia imparts potent immunological effect for treating cancer metastasis[J]. ACS Nano, 2019, 13(8): 8811-8825.

[90] HUANG W C, SHEN M Y, CHEN H H, et al. Monocytic delivery of therapeutic oxygen bubbles for dual-modality treatment of tumor hypoxia[J]. Photodiagnosis and Photodynamic Therapy, 2015, 220: 738-750.

[91] DI CORATO R, BEALLE G, KOLOSNJAJ-TABI J, et al. Combining magnetic hyperthermia and photodynamic therapy for tumor ablation with photoresponsive magnetic liposomes[J]. Acs Nano, 2015, 9(3): 2904-2916.

[92] CHENG H W, TSAO H Y, CHIANG C S, et al. Advances in magnetic nanoparticle-mediated cancer immune-theranostics[J]. Advanced Healthcare Materials, 2021, 10(1): 2001451.

第 10 章 神经磁刺激技术

　　神经调控技术利用外源性的光、磁、声、电等物理场或化学药物刺激中枢及周围神经，激活或者抑制神经活性，从而调节神经环路功能。磁刺激是极具潜力的神经物理调控技术。经颅磁刺激(transcranial magnetic stimulation，TMS)是将时变脉冲磁场作用于中枢神经系统，使之产生感应电流，改变神经细胞的动作电位，影响脑内递质代谢和神经电活动，从而引起一系列生理生化反应的神经调控技术[1]。1985 年，英国谢菲尔德大学的 Barker 等成功研制出能够手持的 TMS 样机，并将强脉冲磁场施加在受试者的大脑皮层上，观察到受试者的手部肌肉随着刺激节律而抽动的现象，这成为历史上第一个 TMS 实验[2]。1989 年，具有连续重复可调的重复经颅磁刺激(repetitive transcranial magnetic stimulation，rTMS)诞生，它可以模拟大脑神经抑制或兴奋的放电模式，进行长时间可重复的程序性刺激，使得对大脑皮质进行神经调控成为可能。由于 TMS 在抑郁症治疗中的疗效显著，2008 年被美国药品食品监督管理局批准为该疾病的常规治疗手段。

　　新兴的神经纳米磁刺激具有深部穿透、微创、无线操作等优势，不仅可促进对大脑神经环路的理解及认知、意识、行为的研究，还有助于探索包括精神疾病、运动行为干预与周围神经功能调控等众多疾病的新型治疗方法。

10.1　经颅磁刺激技术

10.1.1　经颅磁刺激技术作用原理

　　神经细胞有神经元和胶质细胞两类，这两类细胞组成了神经网络。其中，神经元能够利用其电化学特性完成神经冲动的产生、传递和神经递质的分泌，是接收、整合及传递神经生理信号的细胞。神经元的电生理特征，使神经元受到一定的电刺激时，膜电位会发生一定程度的改变。TMS 是基于电磁感应原理，利用磁刺激线圈中脉冲电流在空间中产生变化的感应磁场，在大脑内部产生二次感应电场，并在组织内感生出微弱的电流。该电流作用于神经元，改变其膜电位，从而改变脑神经的电活动，影响脑内递质代谢，实现对大脑皮层的神经调控(图 10.1)。TMS 作用于神经产生的影响取决于多种因素，如刺激电流强度、磁感应线圈形状和方向、刺激线圈相对于头皮的位置、靶区神经元的密度、靶区组织结构的电导率、神经元轴突和树突的方向等。由于生物组织的磁导率几乎相同，磁场通过空间耦合极易穿透皮肤与颅骨，同时头皮和颅骨的电阻率较大，因此将磁刺激施加在脑部时，头皮和颅骨等组织内的感应电流很小，受试者几乎没有不适感。

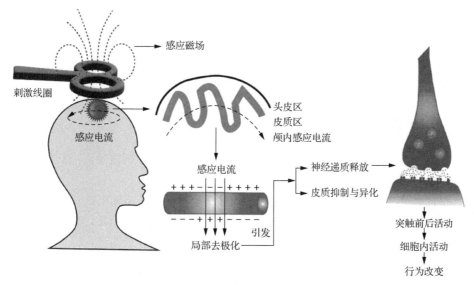

图 10.1　经颅磁刺激技术示意图

TMS 物理学原理是通电导体中电流随时间变化可产生变化的磁场，变化的磁场继而产生感应电场，感应电场内的闭合介质结构可产生感应电流。对于 TMS，时变磁场通过头皮、颅骨等结构达到大脑皮层时，可以产生相应的感应电场和感应电流，当超过一定阈值时，便可以对神经电活动产生一定的促进或抑制等干预作用。因此，TMS 的电磁物理特性遵循毕奥-萨伐尔(Biot-Savart)定律[3]。根据 Biot-Savart 定律可知，电流产生的感应磁场的空间分布主要由电流元的分布决定，电流元的分布受到电流走向和目标之间的距离约束[4]。因此，当一个线圈设计成型以后，其周围感应磁场的分布形态也就决定了。随后，根据法拉第(Faraday)电磁感应定律，即穿过闭合导体回路中的磁通量发生变化时，会产生感应电动势，感应电场的分布与感应磁场相似，由线圈的形态、尺寸、位置和角度决定[5]，强度则取决于电流随时间的变化规律。

人体组织具有一定的导电率，不同组织电导率不同，因此组织间存在电导率界面。当感应电场穿过组织界面时，由于电场法向分量的作用，界面上会出现积累电荷效应。导体-导体之间的电荷积累会产生一个标量电势，进而形成静电场。此外，在组织内产生作用的感应电流密度分布除受到总电场分布影响之外，还会受到组织自身电导率分布影响。在得到磁刺激下人体组织感应电场的分布以后，便可以通过计算表面焦距性、刺激深度、能量分布等参数，实现对线圈刺激效果的评价、使用方案的确定、优化设计等[6]。

TMS 生理学基础是短时程的皮层可塑性和长时程的脑内重组。在 TMS 下，如果感应电流造成膜内电位升高，则称为兴奋性刺激；若造成更大的膜内负电位，则称为抑制性刺激。通过改变磁刺激参数，可以观测到不同的生理和心理效应，能够对认知功能和行为表现产生促进或抑制作用。TMS 引发的一系列生理生化效应包括：①调节大脑皮质兴奋；②改变突触之间连接，修复未完全受损神经细胞；③影响脑血流和血氧水平；④促进脑内神经递质和因子的释放；⑤诱发神经网络震荡。

10.1.2　经颅磁刺激的刺激模式

经颅磁刺激器的刺激脉冲发放次序不同，决定了 TMS 刺激模式，包括单脉冲、成对脉冲、重复性脉冲等多种刺激模式。

(1) 单脉冲刺激模式：每次产生一个刺激脉冲，无节律输出，通常依赖于手动控制等，但脉冲间隔时间较长。可引起皮层去极化或者超极化，常用检测指标有运动诱发电位、中枢运动传导时间、运动阈值、皮层静息期等。

(2) 成对脉冲刺激模式：每次输出成对的两个脉冲，两个脉冲相隔 0~200ms。这两个脉冲可以输出到同一刺激线圈，相继刺激同一部位，也可以分别输出到两个刺激线圈，相继刺激不同部位。对于同一个部位而言，第一个脉冲刺激作用后，神经元对第二个刺激的反应阈值被提高或降低，常用于研究中枢神经系统中的抑制与易化现象。此外，成对脉冲刺激模式也常用于检测皮质神经的兴奋性与抑制性、皮质之间的传导与功能完整性，常用于检测短间隔经皮抑制、长间隔经皮质抑制、经皮质易化、半球间抑制。

(3) 配对关联刺激模式：以电脉冲刺激外周神经，磁刺激器刺激大脑皮质，采用 TMS 和周围神经传入刺激组成成对关联刺激。配对关联刺激模式的主要依据是突触活动时的时序依赖可塑性原理，诱导大脑皮质刺激部位产生长时程增强和长时程抑制，从而改变皮质水平的突触联系，影响皮质的可塑性，是研究运动皮质可塑性的重要方法。常用的检测指标有短潜伏期传入抑制、小脑大脑抑制等。连续、节律性成对关联刺激是一种新的重复刺激模式，成对刺激几十次即可双向快速调节神经功能，是一种省时高效的刺激调节模式。

(4) 重复经颅磁刺激(rTMS)模式：按照统一频率连续发放多个脉冲的刺激模式。通常应用于临床治疗和暂时性兴奋或抑制特定皮质功能区域。具体的刺激参数由治疗或研究目的决定。rTMS 对皮质兴奋性的影响具有频率依赖性，高频刺激可提高大脑皮质兴奋性，低频刺激可降低大脑兴奋性。

10.1.3　经颅磁刺激技术的临床应用进展

TMS 作为一种无创、安全的磁刺激技术，被越来越多地用于中枢和外周神经系统疾病诊断和治疗，以及神经系统疾病的临床前研究。大量的研究结果和临床实践显示，TMS 对脑卒中、帕金森病、阿尔茨海默病、癫痫、睡眠障碍等神经系统疾病均具有一定的治疗效果[7-9]。rTMS 是临床 TMS 治疗中最常用的手段，常用的刺激部位包括左/右前额叶背外侧皮层(DLPFC)、初级运动皮质(M1)、颞顶区(TPC)、额叶功能区、神经根等(表 10.1)[10-11]。适应症及治疗参数主要依据欧洲神经病学会联盟Ⅰ～Ⅳ四个级别的循证医学证据标准及安全序列推荐。rTMS 对神经兴奋性的调控是多种因素、多种机制共同作用下的结果，因此患者相关因素、治疗相关因素、刺激部位和线圈类型、安全性和不良反应管理等都有可能影响 rTMS 的治疗结果。欧洲的医学专家对经颅磁刺激在神经学和精神病学领域的治疗应用进行了总结，提出了在临床实践中推荐使用的经颅磁刺激方案(表 10.2)[12]。

表 10.1　rTMS 在常见精神疾病治疗中的作用、治疗参数与疗效

疾病	靶点	线圈类型	脉冲数	频率和强度	临床效果	级别
神经性疼痛	对侧 M1 手代表区	F8c(前后方向)	2000 次脉冲，10 次	20Hz, 80%	TMS 方案最后一次治疗后 2 周内，疼痛评分减少；80%～87%的反应者疼痛缓解>30%	Ⅱ
帕金森病	双侧 M1，偏向优势半球(腿代表区)	DCc	1000 次脉冲，5 次	10Hz, 90%	TMS 方案后一周，统一帕金森病综合评分量表的运动评分为 26%，步态冻结得到改善	Ⅱ
帕金森病	双侧 M1(手代表区)	F8c	2×300 次脉冲，10 次	5Hz, 90%	TMS 方案后一个月，统一帕金森病综合评分量表的运动评分改善(23%)	Ⅱ
运动性脑卒中后期	M1 手代表区	F8c	1800 次脉冲，24 次	1Hz, 90%	4 周的 rTMS 后，手运动功能得到改善	Ⅰ
运动性脑卒中后期	M1 股代表区	DCc	900 次脉冲，15次(随后 45min 的物理运动治疗)	1Hz, 120%	在为期 3 周的 rTMS 方案结束时，对行走能力(定时上升和行走测试)、平衡、运动功能和日常生活活动没有影响	Ⅱ
慢性运动性卒中	M1 手代表区	F8c	600 次脉冲，10 次	80%	在为期 2 周的 rTMS 方案结束时，手的运动功能得到改善，手瘫痪并有运动诱发电位的患者($n=21$)比没有的患者($n=34$)有更好的改善，特别是当手的握力为零时	Ⅱ
卒中后吞咽困难	M1 舌代表区	F8c	3000 次脉冲，10 次	5Hz, 90%	在任何时间点(TMS 后 2～12 月)对吞咽功能、视频透视评估、舌力或吞咽相关的生活质量没有影响	Ⅲ

续表

疾病	靶点	线圈	脉冲数	频率和强度	临床效果	级别
卒中后慢性非流利性失语症	右侧IFG(BA45)	F8c	600 次脉冲,10 次	1Hz, 90%	在为期 2 周的 rTMS 结束时, 语音、物体和动作命名的准确性和反应时间得到改善	II
半侧空间忽视	P5	F8c	4 次持续θ脉冲刺激(间隔15min)	30Hz 3 次,5Hz 重复40 秒, 80%	在为期 2 周的 rTMS 治疗结束时, 视觉空间忽视测试改善了 21%~37%, 在 4 周的随访后改善了 36%~47%	III
多发性硬化症	左或右侧 M1 手代表区	F8c	600 次脉冲,10 次	80%	在为期 2 周的 rTMS 方案结束时, 手的灵活性得到改善	II
重度抑郁症	左侧 DLPFC BA9/BA46	F8c	2100 次脉冲,15 次或 30 次	10Hz, 120%	在 3 周或 6 周 TMS 结束时, 真假 TMS 组的反应率或缓解率没有明显差异(真刺激组: 15/7.5%, 假刺激组: 4.9/2.4%)	I
重度抑郁症	左侧 DLPFC	H1 线圈	1980 次脉冲,20 次	18Hz, 120%	在为期 5 周的 rTMS 方案结束时, 抑郁症评分减少, 缓解率和反应率更高, 在 12 周的维持治疗后受益	I
精神分裂症	左侧 TPC(T3和 P3 之间一半)	F8c	1200 次脉冲,12 次(2 次/d)	1Hz, 90%	幻觉有减少的趋势	II
精神分裂症阴性症状	左侧 DLPFC	F8c	1000 次脉冲,15 次	10Hz, 110%	在为期 3 周的 TMS 结束时和 12 周后, 真刺激组和假刺激组在负分量表和总分上的改善相似	I
强迫症	右侧 DLPFC	F8c	2000 次脉冲,10 次	1Hz, 100%	2 周方案结束时, 评分下降(真刺激组: -45%, 假刺激组: -6%), 3 个月后, 评分下降(真刺激组: -41%, 假刺激组: -8%)	II
耳鸣	双侧初级听觉皮层	F8c (导航)	4000 次脉冲(左 2000, 右2000), 5 次	1Hz, 110%	非显著的耳鸣减少	I
创伤后应激障碍	右侧或左侧DLPFC	F8c	1600 次脉冲、10 次	20Hz, 80%	显著降低创伤后应激障碍检查表分数和分项分数; 右侧刺激效果比左侧刺激的效果好	III
幻听	左侧 TPC 或功能性磁共振成像定义的目标	F8c	1200 次脉冲,15 次	1Hz, 90%	阴性	II
贪婪/成瘾	右侧 DLPFC	F8c	1560 次脉冲,1 次	20Hz, 110%	对酒精的渴望没有变化	III

表 10.2　临床实践中推荐使用的 TMS 治疗方案与疗效

疾病	治疗方案建议
神经性疼痛	高频 TMS 对疼痛侧的 M1 有明确的镇痛效果(A 级)，而低频 TMS 可能是无效的(B 级)
CRPS I 型	疼痛侧对侧 M1 的高频 TMS 可能具有镇痛效果(C 级)
纤维肌痛	左侧 M1 的高频 rTMS 对改善纤维肌痛患者的生活质量可能有疗效(B 级)
纤维肌痛	左侧 DLPFC 的高频 rTMS 对纤维肌痛患者的可能镇痛效果(B 级)
帕金森病	双侧 M1 区域的高频 rTMS 对 PD 患者的运动症状可能有疗效(B 级)
帕金森病	左侧 DLPFC 的高频 rTMS 对 PD 患者可能有抗抑郁作用(B 级)
运动性中风	对侧 M1 的低频 rTMS 在急性期后的手部运动恢复中具有明确的疗效(A 级)
运动性中风	高频 TMS 同侧 M1 对急性期后手部运动恢复的可能疗效(B 级)
运动性中风	对侧 M1 的低频 TMS 对慢性阶段的手部运动恢复的可能疗效(C 级)
中风后失语症	低频 TMS 对慢性阶段非流利性失语症恢复的可能疗效(B 级)
半空间忽视	对侧左顶叶的持续 θ 脉冲刺激在脑卒中后急性期的视觉空间缺失恢复中的可能疗效(C 级)
多发性硬化症	最受影响的肢体(或两个 M1)对侧的 M1 的腿部区域的间歇性 θ 脉冲刺激对下肢痉挛的可能疗效(B 级)
癫痫	低频 rTMS 对癫痫病灶的可能抗癫痫疗效(C 级)
阿尔茨海默病	多点 TMS 对改善 AD 患者的认知功能、记忆和语言水平的可能疗效，特别是在疾病的轻度/早期阶段(C 级)
耳鸣	低频 TMS 左半球听觉皮层(或患耳对侧)对慢性耳鸣的可能疗效(C 级)
抑郁症	使用 8 字形线圈或 H1 线圈对重度抑郁症患者的左 DLPFC 进行高频 TMS 的明确抗抑郁疗效(A 级)
抑郁症	左侧 DLPFC 上的深层高频 TMS 对重度抑郁症有明确的抗抑郁疗效(A 级)
抑郁症	右侧 DLPFC 的低频 rTMS 对重度抑郁症的可能抗抑郁疗效(B 级)
抑郁症	双侧右侧低频 rTMS 和左侧高频 rTMS 对重度抑郁症的可能抗抑郁疗效(B 级)
抑郁症	双侧右侧持续 θ 脉冲刺激和左侧 DLPFC 间歇性 θ 脉冲刺激对重度单相抑郁症可能有抗抑郁作用(B 级)，而单侧右侧持续 θ 脉冲刺激可能无效(C 级)
抑郁症	右侧低频 rTMS 与左侧高频 rTMS，双侧与单侧 DLPFC 的 rTMS，以及单独进行的 rTMS 与抗抑郁药物相结合，可能没有不同的抗抑郁疗效(C 级)
创伤后应激障碍	右侧 DLPFC 的高频 rTMS 对 PTSD 的可能疗效(B 级)
精神衰弱	右侧 DLPFC 的低频 rTMS 对强迫症的可能疗效(C 级)
精神分裂症：幻听	左侧 TPC 的低频 rTMS 对精神分裂症患者的幻听的可能疗效(C 级)
精神分裂症：消极症状	左侧 DLPFC 的高频 rTMS 对精神分裂症消极症状的可能疗效(C 级)
成瘾和渴望	左侧 DLPFC 的高频 rTMS 对香烟渴望和消费的可能疗效(C 级)

1. TMS 用于神经病理性疼痛的临床治疗

神经病理学疼痛病包括从物理、化学损伤到代谢性复合性神经病变,涉及多种神经病理机制,如中枢或周围神经的可塑性改变、场并发自主神经功能紊乱。rTMS 治疗神经病理性疼痛的可能机制有:①rTMS 通过影响疼痛传递通路、改变大脑皮质的兴奋性起作用;②rTMS 改善局部血流和代谢;③rTMS 影响体内与疼痛相关的神经化学物质;④rTMS 改变神经系统可塑性,特别可能与长时程增强和长时程抑制相关;⑤其余可能因素。目前已有报道显示,神经病理性疼痛可能是在运动皮质 rTMS 中治疗获益最大的疾病。有研究对 20 例疼痛患者的不同区域进行 rTMS,结果显示,刺激患者 M1 区可以降低约 50% 的疼痛程度,而对其他的部位刺激则无效。高频的 rTMS 在刺激运动皮质时,能激活运动前区皮质、初级感觉皮质、辅助运动区或更深的部位(小脑区域),从而激活 γ-氨基丁酸(GABA)系统、阿片系统,达到治疗的效果。基于目前神经病理性疼痛低频 rTMS 治疗的效果,除了常用的 M1 区和 DLPFC 外,实际临床治疗表明,对多例三叉神经痛、坐骨神经痛等神经病理性患者应用单一的疼痛部位局部神经根低频(1Hz)rTMS,也可以起到显著的镇痛效果,表明外周机制在疼痛治疗中具有重要作用,但目前尚不明确局部神经根与 M1 区叠加是否有加强的治疗效果。尽管实际的临床治疗结果表明 rTMS 可以减轻疼痛,但是长期的效果和安全的、最佳的刺激时机并不明确,仍然需要进一步的研究优化。

2. TMS 用于帕金森病的临床治疗

以左旋多巴胺为代表的药物治疗和脑深部电刺激为当前治疗帕金森病(Parkinson disease,PD)的主要手段,但是二者均存在一定的限制。rTMS 目前被认为是治疗 PD 的新突破口。基于大量的研究和临床探索,rTMS 治疗 PD 的主要机制有:①rTMS 可以调脑源性神经营养因子(BDNF)水平,促进脑部多巴胺能神经元生长并对其进行修复;②rTMS 可以调控基底节-运动皮质环路的兴奋性。高频 rTMS 能激活相应皮质,改善患者运动迟缓;低频 rTMS 能降低皮质的应激性和抑制与运动神经元,缓解患者肌张力障碍。使用 25Hz 的 rTMS 对 55 例未经药物治疗的 PD 患者进行治疗,可以改善步态异常,但这种高强度 rTMS 具有诱发癫痫的风险(表 10.1)。针对辅助运动区(SMA)或 M1 区进行低频的 rTMS 刺激,也可以改善 PD 患者的运动、姿势和动机症状等,并可能促进左旋多巴胺疗效。因此,不同的临床表现可能需要在不同的靶区进行不同频率的刺激。

3. TMS 用于阿尔茨海默病的临床治疗

阿尔茨海默病(Alzheimer disease，AD)目前病因未明，尚无有效的治疗方法。近年来，研究者尝试使用 TMS 技术治疗 AD 患者的认知功能障碍。有研究对 AD 患者的左右侧 DLPFC 进行高频 rTMS 刺激，发现晚期 AD 患者的命名精确度提高，但是对行动命名效果不明显，表明 rTMS 可能引起大脑自动修复补偿某些受损功能。后续的研究显示，rTMS 可以改善患者对语句的理解能力，疗效大概可维持 8 周[10]。rTMS 改善认知功能的机制可能与如下因素有关：①海马突触可塑性包括长期增强和长期抑制；②多种离子通路的调节作用；③可能还有蛋白质组学、生物化学及基因组学因素。不同频率 rTMS 均可改善轻中度 AD 患者的记忆功能和语言功能，在临床上，高频刺激可能具有更好的效果。有研究发现，低频 rTMS 通过抑制皮质的过度激活而调整语言中枢的分布网络；高频 rTMS 通过促进双侧大脑皮质语言功能区重组，改善 AD 患者语言功能[10]。双侧前额叶背外侧是目前 rTMS 最主要的靶区，在临床应用中左侧 DLPFC 高频治疗是轻度认知障碍、AD 的首选方案。额颞叶痴呆、血管性痴呆早期、情绪较为焦虑的 AD 患者主要进行右侧 DLPFC 低频治疗。对于意识障碍患者，使用右侧 DLPFC 低频结合左侧 DLPFC 高频的治疗具有不错的治疗效果。值得注意的是，多位点治疗的部分患者记忆单项分数有所提高。

4. TMS 用于癫痫的临床治疗

大量的动物实验和临床研究显示，癫痫发作的电生理本质是大脑神经元过度同步放电，癫痫病灶往往存在抑制性突触功能减弱和兴奋性突触功能增强的病理生理改变，利用 TMS 的电生理特性有助于探索癫痫发病机制。有研究显示，rTMS 的抗癫痫效果可能与 GABA、神经肽表达水平和基因表达等因素有关。另外，一些研究推测 rTMS 可能是通过影响突触可塑性对皮质兴奋性起调节作用。低频 rTMS 能产生类似 LTD 的作用，同时这种作用具有累积效应，能在刺激结束后持续较长一段时间。因此，对癫痫病灶进行重复低频刺激，累积的 LTD 效应可能在一段时间内逆转癫痫病灶的高兴奋状态，从而抑制癫痫发作。目前临床中主要采用低频 rTMS(0.3～1Hz)作用于癫痫病灶，从而抑制皮质兴奋性进行治疗。对癫痫患者进行 TMS 治疗的最大风险是可能诱导癫痫发作。单侧和双侧 TMS 治疗诱导癫痫发作的最高发生率分别约为 2.8%和 3.6%，难治性癫痫和抗癫痫药物减量可能是发生率增加的原因。在所有病例中，TMS 治疗诱发的癫痫发作形式与患者本身典型发作相似且未发现长期的不良反应。在实际的临床应用中，基于安全性考量,常规选择 0.5～1Hz 频率刺激病灶区或颞叶,延长串间歇时间,控制脉冲总数(600 个),并严格遵循安全指南进行操作,疗效较好[12]。

TMS 是一种极具潜力的无创性神经调控技术,在神经科学研究、神经疾病和精神疾病临床治疗方面取得了快速发展。人们一直致力于 TMS 设备方面,完善线圈结构、改良聚焦性能和提高神经刺激选择性;优化刺激模式、重复频率、精确定位,抑制刺激过程产生的异常副作用,以便实现更有效的临床应用。尽管如此,TMS 的穿透深度与聚焦精度仍然制约其神经调控效果。近年来,新兴的神经纳米磁刺激技术具有高时空精度、无穿透深度限制、可远程无线操作等优势,有望快速发展成为新一代神经磁刺激技术。

10.2　神经纳米磁刺激技术

神经纳米磁刺激技术(也称为磁遗传学),是一种新兴的神经调控技术,使用基因工程方法使神经元表达特定效应场感受器蛋白,利用磁性纳米介质介导外磁场产生的微纳米尺度热、力、电等物理效应场,刺激效应感受器离子通道蛋白,引起神经元去极化,诱发动作电位,实现对复杂神经网络功能的精准调控[13-14]。与传统的经颅磁刺激相比,神经纳米磁刺激技术具有精度高、深层穿透、安全性好等优势,在脑神经环路研究和临床神经系统相关疾病治疗方面具有极大的潜力。

10.2.1　磁性纳米介质与电磁效应

磁性纳米介质是指三维尺寸中至少有一维在 1～100nm 的磁性材料。由于纳米尺寸效应,磁性纳米介质具有比表面积大、超顺磁特性、可形成磁性分散液、表面易功能化及多种拓扑磁结构等特点[15]。目前,四氧化三铁、锰铁氧体、锌铁氧体、铁蛋白等磁性纳米介质已被用于神经纳米磁刺激等生物医学研究与临床实践[16]。评价磁性纳米介质磁学性能的参数包括饱和磁化强度(M_S)、磁各向异性、矫顽力、剩磁等。其中,M_S 随磁性纳米介质的粒径成比例增大直至达到阈值,超过阈值后 M_S 趋于恒定并接近于块状材料的 M_S。磁性纳米介质形貌也可影响其M_S。例如,在相同体积和化学组成时,四氧化三铁立方体相比于球体具有更高的M_S;此外,一些特殊的微纳米尺度磁结构,如具有涡旋磁畴的环形磁性纳米介质,具有独特的磁化闭合分布及磁化反转特性,使其在具备高 M_S 的同时,极大减弱了颗粒间磁相互作用导致的团聚效应。

磁性纳米介质在梯度磁场、交变磁场、脉冲磁场作用下可以产生磁力效应、磁热效应、磁电效应等电磁效应(图 10.2),该效应与磁性纳米介质性能和使用的磁场参数密切相关[17]。此外，磁场应用有一定限制，国际一般认为人体安全的交变磁场应满足磁场强度与频率的乘积小于 $5×10^9A/(m·s)$。接下来逐一介绍磁性纳米介质的电磁效应。

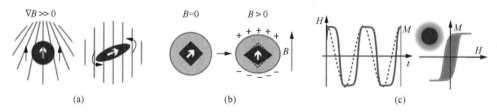

图 10.2　磁性纳米介质的电磁效应

(a) 磁力效应；(b) 磁电效应；(c) 磁热效应

　　磁(感应)热效应是指磁性纳米介质在交变磁场(100kHz～1MHz)中反复磁化反转，导致磁滞损耗而产热[18-19]。对于单畴的磁性纳米介质，其升温、产热机制主要来源于奈尔弛豫和布朗弛豫。奈尔弛豫即磁性纳米介质在高频交变磁场下，颗粒本身位置不变，其内部磁矩克服各向异性能而产热；布朗弛豫即在高频交变磁场下，磁矩固定在某一方向后，磁性纳米介质在溶液中转动时产生摩擦热。磁热转换效率通常用比吸收率(SAR)来表征[式(10.1)]。在各类磁性纳米介质中，超顺磁性纳米介质具有独特的磁学性质和优异的生物相容性，由于在交变磁场作用下具有磁感应产热特性，已被用于临床肿瘤磁热治疗、磁热控制药物释放等方面，是当前纳米医学和转化医学研究的前沿热点。超顺磁性氧化铁纳米颗粒的磁热性能不仅与自身的磁学性质、尺寸和磁各向异性等相关，还与交变磁场参数如磁场强度和频率密切关联。

$$SAR = \frac{f}{\rho_{MNP}} \mu_0 \oint M(H)dH \tag{10.1}$$

式中，f 为交变磁场的频率；ρ_{MNP} 为磁性材料的密度；$\mu_0 = 4\pi×10^{-7}T/(A·m^{-1})$，为真空磁导率；$M$ 为磁性材料的磁化强度；H 为磁场强度；M 和 H 单位均为 A/m。

　　磁力效应是指磁性纳米介质将磁场能量转化为机械能,在低频磁场下(<100Hz)可产生机械力，主要源于材料被磁化后存在偶极-偶极相互作用[20-21]。磁力大小和扭矩如式(10.2)、式(10.3)所示。磁力及扭矩的大小和方向依赖于磁性纳米介质本身的尺寸、饱和磁化强度，以及外加磁场的强度、梯度、方向等。因此，可以通过调节磁性纳米介质的物理参数(如尺寸、形貌及组成等)优化其磁学性能，进而定量输出力学信号(机械力)。

$$F_m = \frac{nVx_o}{\mu\mu_0}(B_0 \cdot \nabla)B_0 \tag{10.2}$$

$$\vec{\tau} = \vec{m} \times \vec{B} \tag{10.3}$$

式中，F_m 为磁力；V 为磁性纳米材料的体积；$\vec{m}$ 为磁性纳米材料的磁矩，其大小等于磁性纳米材料的体积或质量与响应单位饱和磁化强度的乘积；x_0 为初始磁化系数；$\vec{B}$ 为磁感应强度，其大小等于真空磁导率 μ_0 和外加磁场强度的乘积(忽略材料本身产生的磁场强度)；B_0 为初始磁感应强度。

磁电效应是指材料在外加磁场作用下产生电极化[正磁电效应见式(10.4)]，或者在外加电场下产生磁化的特性[逆磁电效应见式(10.5)][22]。多铁磁电材料同时具有铁电性和铁磁性，而且铁电性和铁磁性之间具有耦合作用而产生磁电效应。

$$P = \alpha E \tag{10.4}$$

$$M = \alpha E \tag{10.5}$$

式中，P 为极化强度；M 为磁化强度；α 为表征磁电材料性能的磁电系数，磁电系数越大，表明磁电转换效率越高，即磁有序和铁电有序之间的耦合越强；E 为感生的电场强度。

在磁电神经刺激研究中，最常用的磁电纳米介质由铁磁核和铁电壳组成，铁磁核的磁致伸缩效应产生振动机械力，铁电壳则将机械应力通过压电效应转换为电压，本质上通过应变与铁电壳体的压电效应是耦合的。核壳结构是磁电纳米材料最常用的一种结构，磁电纳米材料铁磁和铁电这种耦合使其在电场下磁化，在磁场下电极化。目前已报道用于神经刺激的磁电纳米材料由具有磁致伸缩性质的钴铁氧体($CoFe_2O_4$)和具有压电效应的钛酸钡($BaTiO_3$)复合而成，由于这类复合材料的磁电响应会受到材料特性的限制，因此选择具有强磁致伸缩和压电特性的材料是很重要的[23]。

10.2.2　神经纳米磁刺激原理

神经系统由神经元即神经细胞和神经胶质细胞等组成，神经元是神经系统的基本结构和功能单位，由胞体和突起构成，具有感受体内外刺激、传导冲动和整合信息的功能[24]。神经元数量通过突触彼此连接，形成复杂的神经网络和通路，把信号从一个神经元传给另一个神经元，或传给其他组织的细胞，调节其他各系统的活动。神经细胞膜上有各种神经递质受体和离子通道蛋白，如近期研究已经报道的多种热敏感、机械敏感、药物敏感和电压门控等离子通道 TRPV1、TRPA1-A、TRPV4、Piezo1 等(表 10.3)，它们可以在外界刺激满足阈值条件时，被激活打开诱发细胞外离子瞬时流入细胞内，使细胞去极化，进而调控神经细胞的兴奋和抑制状态。

表 10.3　神经纳米磁刺激技术中常用的效应感受器离子通道蛋白

离子通道	敏感性	激活阈值	功能性
TRPV1	温度	≥43℃	细胞热敏的钙离子通道，与神经源性炎症、癌症和免疫细胞的功能有关
TRPA1-A	温度	≥24.91℃	细胞损伤信号的热速率敏感离子通道，参与炎症和免疫反应，在刺激或疼痛的感觉中介导物理和物化刺激转换
TMEM16A	温度	≥39℃	钙激活氯离子通道，通过多级反应介导细胞的膜电位变化和液体分泌，可促进细胞增殖，调节平滑肌收缩
TRPV4	机械力	pN 级	调节钙信号、保护内皮细胞屏障完整性、应答血流剪切力、调节血管张力、机械信号传导、血管新生
Piezo1	机械力	≥1.6pN	可响应机械信号，调节细胞密度和干细胞分化，参与轴突生长、少突胶质细胞的髓鞘形成和祖细胞分化
N 型钙离子通道	机械力	≥3pN	参与疼痛介质的释放和调节，在疼痛传递和调控过程中具有重要作用

　　神经纳米磁刺激技术是指利用基因工程方法使神经元表达特定受体或离子通道蛋白，利用磁性纳米介质在磁场作用下产生的电磁效应(包括磁力效应、磁热效应、磁电效应等)，刺激并改变细胞膜离子通道蛋白构象，使神经元细胞外的离子流入细胞内，诱发动作电位进而激活神经元活性，最终通过调控神经活性与功能开展神经生物学基本原理与神经系统相关疾病治疗研究(图 10.3 和表 10.3)[25]。神经纳米磁刺激技术同时拥有光遗传学的精确性和经颅磁刺激的非入侵性，被认为是未来进行神经调控的强有力的工具[26]。

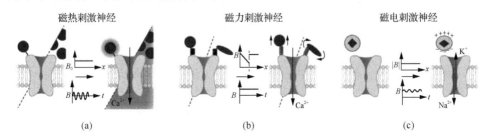

图 10.3　神经纳米磁刺激技术

(a) 磁热效应激活细胞的热敏感离子通道；(b) 磁力效应激活细胞的机械敏感离子通道；
(c) 磁电效应激活细胞的电压门控通道

10.3　神经纳米磁刺激技术的研究进展

10.3.1　磁热神经调控技术

　　生物体内细胞膜上天然存在多种热敏感离子通道蛋白，如瞬时受体电位

(transient receptor potential，TRP)，包括 TRPV1、TRPA1 等，为神经活性调控提供了重要基础。朱利叶斯(Julius)和帕塔普蒂安(Patapoutian)于 1998 年首次发现 TRPV1 阳离子蛋白通道，并且在 2021 年荣获诺贝尔生理学或医学奖。TRPV1 又称为辣椒素受体，是目前被研究最多的离子通道，与人体内诸多神经系统疾病、心血管疾病等有着极为密切的关系。当 TRPV1 通道周围温度高于 42℃时，可以打开 TRPV1 通道，并且在这一温度下，细胞不会受到重大损伤；除了能被辣椒素激活外，TRPV1 还能被 pH 等激活[27-28]。

　　磁性纳米介质可以靶向结合至神经元细胞膜表达的 TRPV1，从而利用磁热效应激活神经元活性。2010 年，Huang 等制备了表面修饰有 DyLight549 荧光分子温度计和可靶向高尔基体的绿色荧光蛋白(GFP)，将超顺磁性铁氧体纳米颗粒靶向至人胚胎肾细胞(HEK 293)和神经元表达的 TRPV1，通过施加射频磁场(RF)，磁热升温效应成功打开了 TRPV1 通道(表 10.4)；在细胞中观察到 Ca^{2+} 浓度由 100nmol/L 增加至 1.6mmol/L，表明了 Ca^{2+} 的成功流入触发了神经元的动作电位；最后他们将磁性纳米介质靶向至秀丽隐杆线虫的所有神经元中，成功远程调控了秀丽隐杆线虫的蠕动行为方向[29]。Stanley 等将表面修饰 anti-His 的磁性纳米介质靶向结合至神经细胞膜上 His 标记的 TRPV1，通过磁热触发诱发 Ca^{2+} 流入细胞内，激活人胰岛素基因上游的 Ca^{2+} 敏感启动子，促进胰岛素分泌进而降低了小鼠血糖[30]。此外，Stanley 等突变了 TRPV1 通道，使其在磁热刺激下允许氯离子通过 TRPV1 进入细胞，氯离子的流入可以抑制神经元活性，降低血糖水平，成功减少小鼠进食[31]。2017 年，Munshi 等制备了钴铁氧体为核、锰铁氧体为壳的核壳型磁性纳米介质，在高频交变磁场(37.0kA/m 和 412.5kHz)下磁热转换效率为(733.3±2.8)W/g，接近该尺寸颗粒的理论最大值；并利用神经元糖基化膜蛋白 A2B5 抗体修饰该纳米颗粒，使其靶向至神经元，减少了纳米颗粒使用数量，极大程度减小了细胞毒性、确保了磁热成功激活 TRPV1；首次实现对清醒、自由移动小鼠的运动行为调控[32]。2020 年，Rosenfeld 等报道了磁热激活肾上腺细胞的 TRPV1 通道，实现了对小鼠肾上腺激素和皮质酮的可控释放，为创伤后应激障碍和重度抑郁症等精神疾病治疗提供了新思路[33]。

表 10.4　神经纳米磁刺激研究进展

方法	材料	离子通道	磁场	应用
磁热刺激	$MnFe_2O_4$ 纳米颗粒 (6nm)	TRPV1	RF (40MHz, 8.4G)	磁热触发 HEK 293 细胞、海马神经元钙瞬变、线虫的热回避反应
磁热刺激	Fe_3O_4 纳米颗粒 (20nm)	TRPV1	RF (165kHz, 5mT)	磁热触发细胞的钙瞬变，实现远程控制钙离子介导的胰岛素合成与释放
磁热刺激	$CoFe_2O_4$ 纳米颗粒 (15nm)	TRPA1-A	AMF (49.9kHz, 19mT)	磁热神经刺激使基因改造果蝇在半秒内摆出展翅的姿势

续表

方法	材料	离子通道	磁场	应用
磁热刺激	Fe_3O_4 纳米颗粒 (16.3nm), $Co_{0.24}Fe_{2.76}O_4$ 纳米颗粒(18.6nm)	TRPV1	AMF (87.5kHz, 50mT)	磁热刺激小鼠运动皮层诱发运动行为,刺激纹状体引起体轴旋转,刺激纹状体腹侧和背侧引起步态冻结
磁热刺激	$MnFe_2O_4@CoFe_2O_4$ 纳米颗粒(13nm)	TMEM16A	AMF (412.5kHz, 36mT)	磁热激活热敏感的氯离子通道蛋白,实现磁热效应抑制神经元活性
磁热刺激	铁蛋白	TRPV1	RF (465kHz, 29mT)	形成铁蛋白与 TRPV1 的融合蛋白,实现铁蛋白磁热刺激启动胰岛素基因的转录表达,降低了小鼠的血糖水平
磁力刺激	Fe_3O_4 纳米颗粒 (500nm)	星形胶质细胞膜	MF (110mT)	磁力刺激触发星形胶质细胞的钙瞬变,释放三磷酸腺苷(ATP)信号分子,介导 ATP 信号传导
磁力刺激	m-Torquer (500nm) $(Zn_{0.4}Fe_{2.6}O_4, 25nm)$	Piezo1	RMF (0.5Hz, ≥20mT)	实现非接触、长时程的磁力神经刺激,调控自由活动小鼠的运动行为
磁力刺激	Fe_3O_4 纳米盘 (98~226nm)	TRPV4	MF (5Hz, ≤28mT)	涡旋磁纳米盘磁力刺激实现激活离子通道和远程调控 HEK293 细胞活性
磁电刺激	$BaTiO_3$-$CoFe_2O_4$ 纳米颗粒(30nm)	细胞膜	MF (5Hz, 10Hz, 20Hz, 937.5~1093.75mT)	通过刺激基底神经节电路连接区域,实现自由活动小鼠的行为调控

在化学遗传学神经调控中,人工设计的受体只被人工设计的药物激活或抑制,将磁性纳米介质磁热效应与热敏分子结合,远程触发神经细胞受体激活剂或抑制剂的局部可控释放,能够实现对神经元高时空分辨的磁控化学遗传调控。Guntnur 等设计了磁性纳米介质与化学药物相结合的复合纳米材料,利用热不稳定的腙键将二者连接;在交变磁场下纳米材料磁致产热,当温度高于 40℃时,释放 TRPV1 的兴奋剂即异硫氰酸烯丙酯,激活 TRPV1 通道而引起 Ca^{2+} 内流,触发神经元动作电位[34]。Rao 等将氧化铁纳米颗粒与化学药物(氯氮平-N-氧化物)封装在热敏脂质体中,通过磁热升温触发药物释放,激活小鼠腹侧被盖区(VTA)神经细胞受体(hM3D),实现了磁控药物调节神经活性与增强小鼠活动性、社交行为[35]。这项研究弥补了化学遗传学方法在时间分辨率方面的不足,极大提高了化学操控神经元的实用性。

10.3.2 磁力神经调控技术

目前已经发现了诸多机械力敏感的离子通道,如瞬时感受器电位离子通道香草素受体 TRPV4、机械敏感离子通道 Piezo1 和 N 型机械敏感性钙离子通道等[36]。TRPV4 是较早被人们发现且研究较多的一个机械敏感型离子通道。TRPV4 可被生物体内环境中的机械力、剪切力、渗透压等多种理化性质激活,诱导 Ca^{2+} 内流,引起神经动作电位,在生物体内许多组织和器官如心、肺、肠胃等均有表达。Piezo1

和 Piezo2 是在人体内广泛存在的机械敏感阳离子通道，可将机械力转化为生物信号，进而调节触觉、痛觉、听觉等，并作为一种潜在的药物靶点用于治疗与炎症，疼痛等有关疾病[37]。Piezo1 主要表达在非感觉组织中(如肾脏、红细胞)，将机械刺激转化为细胞内外 Ca^{2+} 的流入，从而驱动各种 Ca^{2+} 依赖的下游信号通路，控制细胞以及生理反应；而 Piezo2 主要表达在感觉组织中(如背根神经节)，Piezo2 的激活会使细胞去极化。TREK-1 是一种钾通道，受各种物理、化学因素和生物效应器的调节，如温度、张力等，在维持细胞膜静息电位、动作电位时程、神经递质的释放中发挥作用，也是许多疾病的潜在药物靶点。

　　磁力效应激活离子通道蛋白主要有两种途径[38-39]。①直接法，即磁性纳米介质直接靶向结合机械力敏感的离子通道，如瞬态电压感受器阳离子通道 TRPV4、双孔钾离子通道 TREK1；②间接法，即磁性纳米介质与离子通道蛋白附近的受体结合，通过细胞膜变形引起通道激活。研究表明，将磁性纳米介质结合至细胞表面的糖蛋白，在磁力诱导下打开钙离子通道，磁力大小为0.29pN，钙离子内流入胞即将机械力信号转化为电化学信号，实现听觉细胞的超快响应(100μs)。2016年，Barbic 等报道了顺磁性铁蛋白结合 TRPV4 的"Magneto2.0"介导磁场产生磁扭矩激活 TRPV4。基于现代物理学理论，研究人员认为仅有 5nm 铁核的铁蛋白尺寸过小，不足以在人体安全磁场范围内激活 TRPV4 通道[40]。为了提高磁力效应的脑神经调控效果与临床实用性，Lee 等设计了一套磁响应系统，它主要由一个磁场响应的磁力扭矩器 m-Torquer 及一个旋转磁场组成[41]。其中，m-Torquer 是尺寸为 20nm 的八面体 $Zn_{0.4}Fe_{2.6}O_4$，旋转磁场 CMA 由多个磁体组成，可以形成直径约为70cm、场强为 20mT 的圆形磁场，并且场梯度几乎为零。研究结果表明，m-Torquer 可以提供稳定且足够大的磁扭矩(产生 2pN 的磁力)，成功激活 TRPV4 并实现对包括人在内的大型生物脑部模型的非侵入性深部脑刺激，为磁力效应神经调控技术的临床应用提供了新机遇(表 10.4)。

10.3.3　磁电神经调控技术

　　神经回路可以认为是一个由无数个小电路(神经元)组成的庞大电路，神经元直接通过电场能量直接或间接地传递信息。研究显示神经回路对外部电场敏感，基于微电极的脑深部电刺激正是目前临床应用最广泛的神经电刺激技术。每个神经元均表达电压门控离子通道，这些通道是传播动作电位必需的。磁电纳米材料能够将外部磁场原位转换为目标脑区局部电场，并激活细胞膜上邻近的电压门控离子通道，实现对神经活性的无线调控作用。外部磁场(频率 0～20Hz，场强 10mT)能够驱动磁电纳米材料产生磁电效应，利用纳米颗粒极化产生的局部电流，能够实现神经刺激作用[42-43]。基于磁电纳米颗粒的电刺激仅在含有一定浓度纳米颗粒的部位作用,可以通过完全无创或微创方式,同时实现更快速和更精确的电刺激,是近年来提出的一种极具潜力的神经调控新方法。

2012 年,科学家提出使用磁电纳米颗粒进行脑部刺激这一概念,该刺激方式在理论上可以达到分子级的刺激精度,充当无线磁电神经调节的转换器。Yue 等构建了帕金森动物模型,采用尺寸 20nm 的磁电纳米颗粒(水溶液中的磁电转换系数为 $100V·cm^{-1}·Oe^{-1}$),通过仿真模拟证明在磁场(80Hz、300Oe)作用下,磁电纳米颗粒可以使帕金森病患者电场的脉冲序列达到与健康人相当的水平,这表明在理论上磁电纳米颗粒可以产生足够的能量刺激大脑,治疗帕金森病、阿尔茨海默病等神经系统疾病[44]。Kozielski 等设计了 $BaTiO_3$-$CoFe_2O_4$ 磁电纳米颗粒,利用磁电效应刺激下丘脑,成功引起皮质-基底神经节-丘脑皮质回路的神经调节,运动皮层和非运动丘脑中的 c-Fos 蛋白表达显著提高,在测试中可以明显观察到小鼠的行为参数变化(表 10.4)[45]。实验结果证明了磁电纳米颗粒可以作为外部磁场控制的"智能"纳米颗粒,进行无线神经电刺激刺激,支持了 Yue 等的模拟结果。顾宁院士团队利用超顺磁性氧化铁纳米颗粒(瑞存®),介导轻度磁脉冲序列产生磁感应电压,刺激抑郁症小鼠的左前额叶皮层,可快速改善小鼠抑郁症状[46]。

10.4　总结与展望

神经纳米磁刺激技术是一项结合遗传工程与磁控技术的跨学科变革性技术,涉及离子通道蛋白、磁性纳米介质与磁场、电磁效应、神经信号检测等方面,它利用电磁效应刺激热、力、电敏感性通道蛋白来控制神经活性及功能,已经成为有力的工具。神经磁刺激技术由于具有高时空分辨、远程无线、安全性好等优势,在神经科学与神经系统类疾病治疗研究中得到了快速发展,展示了极好的应用潜力。神经磁刺激技术目前仍然处于早期阶段,需要物理学家、化学家、工程师和神经生物学家之间的密切合作,才能进一步推动该领域的发展。

目前,我国在磁遗传神经调控领域的研究与国外相比还是有较大的差距。高效安全的神经调控技术是该领域长期关注的重要方向。由于磁性纳米介质需要通过微创性脑立体定位注射递送至特定脑区,不宜多次反复注射,因此材料在注射部位的稳定滞留与生物安全性对其临床转化具有重要的影响。进一步提高神经磁调控的有效性与安全性、推动其转化应用,应从以下方面展开深入研究[47]:①寻找新的热、力等刺激敏感的离子通道蛋白,通过病毒转导向细胞内输送编码基因或构建转基因动物,使目标神经细胞表达这些离子通道蛋白;②创新磁性纳米介质的表面修饰方法,以提高材料生物相容性、靶向性及稳定性等;③发展磁场参数自动化精准控制方法,对电磁效应如热、机械力的精确控制能力进行提升,以避免超过阈值造成组织或细胞损伤等；④突破脑立体定位注射方法较难实现临床转化应用的局限，发展磁性纳米介质在特定脑区的精准递送技术，如结合靶向可控递送、聚焦超声辅助穿越血脑屏障等方法；⑤对磁性纳米介质的生物安全性及神经电信号光纤记录装置手术植入与长期在体留存的安全性进行优化完善。

思 考 题

1. 经颅磁刺激技术的基本原理是什么？优势与局限分别是什么？
2. 影响磁性纳米材料的磁场响应性与生物相容性的主要因素有哪些？
3. 简述神经纳米磁刺激的基本原理、类型及优势。
4. 简述神经纳米磁刺激技术的主要应用与存在的局限性。

参 考 文 献

[1] TEMEL Y, JAHANSHAHI A. Treating brain disorders with neuromodulation[J]. Science, 2015, 347(6229): 1418-1419.

[2] BARKER A, JALINOUS R, FREESTON I. Non-invasive magnetic stimulation of human motor cortex[J]. Lancet, 1985, (1): 1106-1107.

[3] 赵琛. 基于真实颅脑结构建模的经颅磁刺激仿真分析[D]. 北京: 北京协和医学院, 2017.

[4] 夏思萍, 徐雅洁, 顾卫国. 经颅磁刺激铁芯线圈的优化设计研究[J]. 航天医学与医学工程, 2021, (4): 304-313.

[5] 李凌波, 尚振东, 赵瑞兄. 经颅磁刺激仪线圈位姿调整装置[J]. 生物医学工程研究, 2022, (1): 76-81.

[6] 刘畅. 经颅磁刺激系统优化理论及方法研究[D]. 武汉: 华中科技大学, 2021.

[7] 刘婷婷. 经颅磁刺激对帕金森病临床症状的缓解作用及其神经机制[D]. 合肥: 安徽医科大学, 2018.

[8] 郭毅. 神经系统疾病经颅磁刺激治疗[M]. 北京: 科学出版社, 2021.

[9] 张卫东. 经颅磁刺激技术的基本原理及应用现状[J]. 中国医疗设备, 2014, (1): 63-65.

[10] 陈思宇, 刘可智, 张辉. 经颅磁刺激治疗阿尔茨海默病的研究进展[J]. 四川精神卫生, 2017, 30(5): 458-488.

[11] LEFAUCHEUR P, ALEMAN A, BAEKEN C, et al. Evidence-based guidelines on the therapeutic use of repetitive transcranial magnetic stimulation (rTMS)[J]. Clinical Neurophysiology, 2014, 125(11): 2150-2206.

[12] ERIC M, WASSERMANN. Risk and safety of repetitive transcranial magnetic stimulation: Report and suggested guidelines from the International Workshop on the Safety of Repetitive Transcranial Magnetic Stimulation, June 5-7, 1996[J]. Electroencephalography and Clinical Neurophysiology/Evoked Potentials Section, 1998, 108(1): 1-16.

[13] TAY A, CARLO D. Remote neural stimulation using magnetic nanoparticles[J]. Current Medicinal Chemistry, 2017, 24: 537-548.

[14] STANLEY S, FRIEDMAN J. Electromagnetic regulation of cell activity[J]. Cold Spring Harbor Perspectives in Medicine, 2019, 9: a034322.

[15] WANG S, XU J, LI W, et al. Magnetic nanostructures: Rational design and fabrication strategies toward diverse applications[J]. Chemical Reivews, 2022, 122(6): 5411-5475.

[16] CHEN L, ZHANG X, CHENG Z, et al. Magnetic iron oxide nanomaterials: A key player in cancer nanomedicine[J]. VIEW, 2020, 1: 20200046.

[17] CHRISTIANSEN M, SENKO A, ANIKEEVA P. Magnetic strategies for nervous system control[J]. Annual Review of Neuroscience, 2019, 42: 271-293.

[18] GAVILAN H, AVUGADDA S, FERNANDEZ-CABABA T, et al. MNPs and clusters for magnetic hyperthermia: Optimizing their heat performance and developing combinatorial therapies to tackle cancer[J]. Chemical Society Reviews, 2021, 50: 11614-11667.

[19] LIU X, ZHANG Y, WANG Y, et al. Comprehensive understanding of magnetic hyperthermia for improving antitumor therapeutic efficacy[J]. Theranostics, 2020, 10: 3793-3815.

[20] TAY A, SOHRABI A, POOLE K, et al. A 3D Magnetic hyaluronic acid hydrogel for magnetomechanical neuromodulation of primary dorsal root ganglion neurons[J]. Advanced Materials, 2018, 30: 1800927.

[21] KILINC D, DENNIS C, LEE G. Bio-nano-magnetic materials for localized mechanochemical stimulation of cell growth and death[J]. Advanced Materials, 2016, 28: 5672-5680.

[22] FIOCCHI S, CHIARAMELLO E, MARRELLA A, et al. Modelling of magnetoelectric nanoparticles for non-invasive brain stimulation: A computational study[J]. Journal of Neural Engineering, 2022, 19: 056020.

[23] GUDURU R, LIANG R, HONG J, et al. Magnetoelectric 'spin' on stimulating the brain[J]. Nanomedicine, 2015, 10(13): 2051-2061.

[24] 〔美〕骆利群. 神经生物学原理[M]. 李沉简, 李芃芃, 董昕彤, 等, 译. 北京: 高等教育出版社, 2018.

[25] ROMERO G, PARK J, KOEHLER F, et al. Modulating cell signalling *in vivo* with magnetic nanotransducers[J]. Nature Reviews Methods Primers, 2022, 2(1): 1-21.

[26] AIRAN R. Neuromodulation with nanoparticles[J]. Science, 2017, 357(6350): 465.

[27] BRITO R, SHETH S, MUKHERJEA D, et al. TRPV1: A potential drug target for treating various diseases[J]. Cell, 2014, 3: 517-545.

[28] LUO L, WANG Y, LI B, et al. Molecular basis for heat desensitization of TRPV1 ion channels[J]. Nature Communications, 2019, 10 (1): 2134.

[29] HUANG H, DELIKANLI S, ZENG H, et al. Remote control of ion channels and neurons through magnetic-field heating of nanoparticles[J]. Nature Nanotechnology, 2010, 5: 602-606.

[30] STANLEY S, GAGNER J, DAMANPOUR S, et al. Radio-wave heating of iron oxide nanoparticles can regulate plasma glucose in mice[J]. Science, 2012, 336: 604-608.

[31] STANLEY S, SAUER J, KANE R, et al. Remote regulation of glucose homeostasis in mice using genetically encoded nanoparticles[J]. Nature Medicine, 2015, 21: 92-98.

[32] MUNSHI R, QADRI S, ZHANG Q, et al. Magnetothermal genetic deep brain stimulation of motor behaviors in awake, freely moving mice[J]. Elife, 2017, 6: e27069.

[33] ROSENFELD D, SENKO A, MOON J, et al. Transgene-free remote magnetothermal regulation of adrenal hormones[J]. Science Advance, 2020, 6: eaaz3734.

[34] GUNTNUR R, MUZZIO N, GOMEZ A, et al. On-demand chemomagnetic modulation of striatal neurons facilitated by hybrid MNPs[J]. Advanced Functional Materials, 2022, 32: 2204732.

[35] RAO S, CHEN R, LAROCCA A, et al. Remotely controlled chemomagnetic modulation of targeted neural circuits[J]. Nature Nanotechnology, 2019, 14: 967-973.

[36] KANEKO Y, SZALLASI A. Transient receptor potential (TRP) channels: A clinical perspective[J]. British Journal of Pharmacology, 2014, 171(10): 2474-2507.

[37] COSTE B, MATHUR J, SCHMIDT M, et al. Piezo1 and Piezo2 are essential components of distinct mechanically activated cation channels[J]. Science, 2010, 330(6000): 55-60.

[38] COLLIER C, MUZZIO N, THEVI GUNTNUR R, et al. Wireless force-inducing neuronal stimulation mediated by high magnetic moment microdiscs[J]. Advanced Healthcare Materials, 2022, 11(6): 2101826.

[39] CHO M, LEE E, SON M, et al. A magnetic switch for the control of cell death signalling in *in vitro* and *in vivo* systems[J]. Nature Materials, 2012, 11(12): 1038-1043.

[40] BARBIC M. Possible magneto-mechanical and magneto-thermal mechanisms of ion channel activation in magnetogenetics[J]. Elife, 2019, 8: e45807.

[41] LEE J, SHIN W, LIM Y, et al. Non-contact long-range magnetic stimulation of mechanosensitive ion channels in freely moving animals[J]. Nature Materials, 2021, 20: 1029-1036.

[42] WANG W, LI J, LIU H, et al. Advancing versatile ferroelectric materials toward biomedical applications[J]. Advanced Science, 2021, 8(1): 2003074.

[43] LIU Y, LIU J, CHEN S, et al. Soft and elastic hydrogel-based microelectronics for localized low-voltage neuromodulation[J]. Nature Biomedical Engineering, 2019, 3(1): 58-68.

[44] YUE K, GUDURU R, HONG J, et al. Magneto-electric nano-particles for non-invasive brain stimulation[J]. PloS One, 2012, 7(9): e44040.

[45] KOZIELSKI K, JAHANSHAHI A, GILBERT H, et al. Nonresonant powering of injectable nanoelectrodes enables wireless deep brain stimulation in freely moving mice[J]. Science Advances, 2021, 7: eabc4189.

[46] LU Q, SUN J, YANG Q, et al. Magnetic brain stimulation using iron oxide nanoparticle-mediated selective treatment of the left prelimbic cortex as a novel strategy to rapidly improve depressive-like symptoms in mice[J]. Zoological Research, 2020, 41(4): 381-394.

[47] ZHAO D, FENG P, LIU J, et al. Electromagnetized-nanoparticle-modulated neural plasticity and recovery of degenerative dopaminergic neurons in the mid-brain[J]. Advanced Materials, 2020, 32(43): 2007429.

第 11 章　磁驱微纳米机器人

近年来，随着机器人技术的不断进步，出现了形态功能各异的机器人，不仅能使人类具备超越生物限制的能力，也能代替人类在深海、深空等极端环境中执行各种任务。例如，达·芬奇手术机器人系统可以帮助医生完成高精度手术，深潜机器人可以代替人类进行深海科考。由于它们在人们生活生产中发挥着越来越重要的作用，目前已经成为推动社会进步和变革的一股重要力量。由于尺寸限制，传统机器人难以进入微纳尺度的狭小空间执行任务，如通过微血管完成药物递送、微手术、细胞操控等。在漫威的经典科幻电影《蚁人》中，穿着收缩服的人能够缩小到亚微观尺寸，从而进入包括"亚原子宇宙"在内的空间，完成正常尺寸的人类不可能完成的任务。虽然这部电影是虚构的，但它反映了人类对功能微纳米级机器人的强烈渴望。因此，发展可在微纳米尺度下执行任务的微纳米机器人已成为机器人领域发展的重要方向，它们的成功研制也将为生物医学领域应用提供变革性技术。

11.1　磁驱微纳米机器人概述

11.1.1　磁驱微纳米机器人的定义

随着微纳米技术、机器人技术和生物医学技术逐渐交叉融合，微纳米机器人应运而生。微纳米机器人是微纳米尺寸的人工机器，经过合理设计能够通过封装药物或表面修饰等手段实现功能化，随后自驱动或经由外场驱动的方式进入人体内部复杂而狭窄的区域(如脑血管和胆管的远端，这些区域有的是现有微创医疗设备和传统机器人无法触及的)完成指定的医疗任务，在微纳米技术和医学之间架起了一道新的桥梁。

对于任何人工机器来说，驱动方式都是至关重要的[1]。现有的微纳米机器人可以通过多种策略实现驱动，包括化学燃料[2]、外场(如磁场[3-4]、光[5-6]、声波[7]、电场[8-9])和运动细胞[10-11](如精子细胞)驱动。在外场驱动的微纳米机器人中，磁驱微纳米机器人可以克服其他驱动方式的局限性(如信号传播深度受限、易造成组织损伤等)，是目前最有应用前景的类别之一。首先，通过调节输入信号[12-13]可以轻松控制磁场的强度、频率和方向，因此磁驱微纳米机器人可以精准地进行无线操纵。其次，它们可以长期在复杂的液体介质中工作，包括各种生物流体、高离子强度或高黏度液体[14-15]，并且磁场对生物组织有很高的穿透深度，在低强度下的磁场被认为对生物体无害。最后，磁驱微纳米机器人还可以通过局部磁偶极矩和流体动力学等相互作用，进一步自组织形成具有复杂集体行为的集群，并表现出个体机器人所不具备的优势，如更强的驱动力、可重构性和鲁棒性。因此，磁驱微纳米机器人无论在体内还是体外应用都表现出无可比拟的优势，在靶向给药、微纳米手术和医学成像方面显示出巨大的潜力。

11.1.2　磁驱微纳米机器人的驱动机制

对于微纳米器件来说，运动行为是复杂且极其重要的。正如珀塞尔(Purcell)在 1977 年所证明的，在低雷诺数液体中驱动微纳米器件需要非往复运动，这意味着在周期性运动中，行程后半部分的构型变化不能是前半部分的逆向构型变化，这就需要复杂的环境条件和微纳米器件的精细结构设计[16]。

在运动行为中产生净位移需要对物体施加净推进力，在磁场中，磁性物体可以受到磁力 F 和磁力矩 τ 的作用。由于惯性在低雷诺数状态下可以忽略，微纳米尺度物体的连续运动需要一个净推进力贯穿整个运动过程。在均匀磁场下，磁性物体受到沿磁场方向排列磁偶极子的磁转矩，但这不能用来推动物体。在非均匀磁场(包括梯度磁场和交变磁场)作用下，磁性物体所受的连续梯度力或磁力矩可能引起净推进。梯度磁场直接拖动的磁性微纳米物体并不是磁驱动的微纳米机器人，因为其推进过程中不涉及能量转换，并不在本章节讨论范围之内。

磁驱微纳米机器人通常由交变磁场提供动力，周期性地改变其方向或强度，包括但不限于旋转和振荡磁场。在交变磁场中，磁场矢量周期性变化，微纳米机器人的磁分量通过沿瞬时磁场方向排列的磁偶极子来响应磁场矢量的变化。为了在交变磁场中有效推进，磁驱微纳米机器人需要以时间不可逆的方式响应磁场，从而使微纳米机器人摆脱"扇贝定理"的约束，最终产生净推进力。

在低雷诺数状态下，有多种方法可以打破磁性微纳米物体运动周期的时间可逆性，从而产生了不同的磁驱微纳米机器人设计策略。第一种设计策略是在结构中引入不对称性。已知在微纳米尺度上以周期性方式推动均匀的细长体是不可能的，最简单的解决方案是在细长体上不对称地联系上一个附件[图 11.1(a)]。受精子和带有鞭毛的微生物等生物体游动方式的启发，柔性材料(主要是柔性丝和纳米线)被用作制造柔性微纳米机器人的构建块。将附件系在柔性细长体上，磁驱机器人在振荡磁场和旋转磁场下的变形模式变得非互易，如图 11.1(a)所示，平面和三维弯曲波从头部传播到尾部，使磁驱机器人能够有效地向波传播的相反方向推进。图 11.1(b)展示了另一种引入非对称性以实现在低雷诺数环境下驱动微纳米结构的方法，即构建具有固有非对称性的螺旋状微纳米机器人。

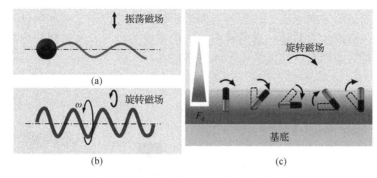

图 11.1　磁驱微纳米机器人的设计策略

(a)和(b)为将非对称性引入磁驱微纳米机器人结构的设计策略，其中(a)为基于非对称柔性鞭毛的磁驱微纳米机器人，(b)为基于螺旋状微纳米机器人(ω 为角速度)；(c)　将非对称性引入局部周围环境的设计策略：固-液边界附近行走的磁驱微纳米机器人(F_d 为黏性阻力)

还有一种设计策略是在周围环境中引入不对称性。利用固-液边界被认为是一种很好的方法。如图 11.1(c)所示，基板边界处的表观黏度增加，导致粒子不同部位的黏性阻力(F_d)不同。因此，靠近基底边界的粒子在交变磁场下旋转或振荡时，可获得净推进力。由于不需要特定的结构设计，该策略可用于实现结构简单的磁性微纳米物体(如磁性纳米棒或微纳米球)的磁推进。

11.1.3　磁驱微纳米机器人的分类

经过科学家的不懈努力，目前已经设计出多种可以在低雷诺数下运动的磁驱微纳米机器人。根据其结构特点和驱动机制的不同，磁驱微纳米机器人大致可以分为以下几种类型：①非对称柔性机器人；②螺旋状机器人；③表面行走型机器人。在外界磁场的作用下，这些机器人可以打破时间对称性，进行非往复运动。此外，不同的动态磁场可以诱导磁驱微纳米机器人的不同运动。例如，振荡磁场可用于激活某些磁驱微纳米机器人的波动运动，旋转磁场可以诱导旋转滚动运动等。

1. 非对称柔性磁驱微纳米机器人

最著名的柔性磁驱微纳米机器人之一是由 Dreyfus 等 2005 年研究实现的[17]。通过将红细胞连接到由双链 DNA 连接的胶体磁性颗粒线性链上，可以获得一种柔性的人工鞭毛[图 11.2(a)]。当受到大小类似的正交均匀静态场 B_x 和正弦场时，非磁性红细胞阻碍其所附末端的运动，施加在人工鞭毛上的磁力和黏性阻力的耦合产生时间不可逆的运动模式，这使得它能够在后面拖着红细胞的情况下产生净推力，其运动方向和速度可以通过调节外部磁场来控制。2016 年，Maier 等报道了一种类似构型的人工磁驱微米机器人，如图 11.2(b)所示[18]。通过将 DNA 鞭毛不对称地附着在生物相容的磁性微粒上，获得了蝌蚪状的微米机器人。在旋转磁场下，蝌蚪状柔性微米机器人以"头部"在前的构型推进，这与图 11.2(a)中微纳米机器人的运动方向相反，这种差异归因于磁性成分位于非对称微纳米机器人的不同部分。值得注意的是，这两种机器人的推进方向与行波传播方向相反，这是这些柔性磁驱微纳米机器人的一个固有特征。

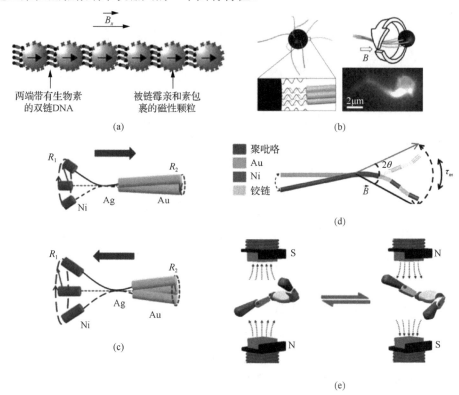

图 11.2　基于时间不可逆运动的柔性磁驱微纳米机器人

(a) 将磁性颗粒与 DNA 连接而成的人工鞭毛[17]；(b) 基于 DNA 鞭毛的非对称微纳米机器人示意图和荧
光显微镜图像[18]；(c) 三段式柔性 Au/Ag/Ni 微米机器人示意图，R_1 为 Ni 段的旋转幅度，
R_2 为 Au 段的旋转幅度，箭头表示机器人的运动方向[19]；(d) 磁性多链式纳米机器人的示意图[20]；
(e) 三段式微纳米机器人的驱动示意图[21]

除了蝌蚪状的机器人外，分段式和多链式的磁驱微纳米机器人也是柔性磁驱机器人的重要组成部分[19]。图 11.2(c)展示了一种三段式柔性机器人，它包含头部的金段和尾部的镍段，二者采用模板沉积法制作，以部分溶解的银桥相连接。通过施加旋转磁场，使其作用于磁性镍段，经由柔性银纳米线带动金段以不同的幅度旋转。这样可以打破系统对称性，形成时间不可逆的运动模式，从而产生净推进力。此外，调整外部磁场和每个区段的长度，可以控制其运动方向，并且向后运动的效率更高。

2015 年，Jang 等设计了一种由聚合物和镍纳米线通过铰链连接而成的磁性多链式纳米机器人，如图 11.2(d)所示[20]。连接聚合物和镍段的铰链允许纳米机器人柔性变形，这对于打破运动方式的时间可逆性至关重要。在平面振荡磁场下，三段式纳米机器人呈现 S 形结构，即有一股弯曲波从磁性头部传播到聚合物尾部，相较于一段式和两段式纳米机器人更有利于产生有效推进。图 11.2(c)和(d)展示的是柔性铰链机器人，柔性及铰链特性都有助于打破运动的时间可逆性。Li 等报道了在柔性可以忽略的情况下，由多孔银纳米线连接的三段式的镍-金-镍纳米线磁性机器人在平面振荡磁场下表现出自由式运动[图 11.2(e)]，这证明非平面推进可以由平面振荡磁场提供动力[21]。

综上所述，增加系统自由度的策略是非常有效的，它可以通过为系统引入柔性或用连接点连接两个或多个部分来实现。振荡或旋转磁场可以为具有两个或多个自由度的微纳米机器人提供动力，并且可以通过调节外部磁场精确地控制运动方向和速度。

2. 螺旋状磁驱微纳米机器人

某些微生物能够通过旋转鞭毛进行运动，受此启发，多种螺旋状微纳米机器人被设计制备出来。由于螺旋结构固有的手性，其旋转运动是时间不可逆的，从而可以实现螺旋状微纳米机器人的净位移。2009 年，Zhang 等使用一种复杂的"自卷曲"生长技术制造了第一个人工磁驱微纳米机器人[22]。这种受细菌启发制造的螺旋状微纳米机器人有一个软磁性"头部"和一个螺旋状半导体"尾部"[图 11.3(a)]。在旋转磁场下，软磁性头部可以将螺旋状尾部向前拉或向后推，使其沿垂直于旋转磁场平面的方向移动。2009 年，Ghosh 等用相对简单的方法制备了类似的头-尾纳米结构，将直径为 200~300nm 的硅珠倾斜地放置在基底上，采用掠射角沉积法使硅珠上生长出螺旋形结构，然后将螺旋从基底上分离出来，沉积形成铁磁钴层[23]。如图 11.3(c)所示，磁驱动螺旋纳米机器人在磁场控制下可以沿预先设计的路径移动。

除了完全人工的微纳米螺旋外，Gao 还开发了一种简单有效的方法来制造磁性螺旋结构[图 11.3(b)]。他们将植物叶片中的螺旋导管取出并放置在玻片上，依次沉积一层薄的钛和镍，以便其更好地附着和驱动，最后涂上一层光刻胶或指甲油，并切成所需的长度[24]。在三轴亥姆霍兹线圈产生的旋转磁场下，基于植物螺旋导管的磁驱微纳米机器人表现出高效、可控的运动。并且根据具体的应用要求，可以在微螺旋表面覆盖金或钛等生物相容层，以消除生物毒性的困扰，使其在生物医学领域的应用前景更加广阔。以植物螺旋导管为基础设计的磁驱微纳米机器人具有成本低、可大规模生产等优点，在生物医学领域具有巨大潜力。Medina-Sánchez 等开发了一种螺旋微米机器人，它可以主动捕获、运输和释放单个活精子细胞，在模拟生物环境下成功地将单个精子细胞输送到卵母细胞，将该机器人用于辅助受精[图 11.3(d)][25]。

除了通过固有的几何不对称打破时间可逆性外，用旋进磁场驱动对称结构也可以产生净推进。Tottori 团队于 2018 年报道了二维刚性铁磁微结构可以在旋进磁

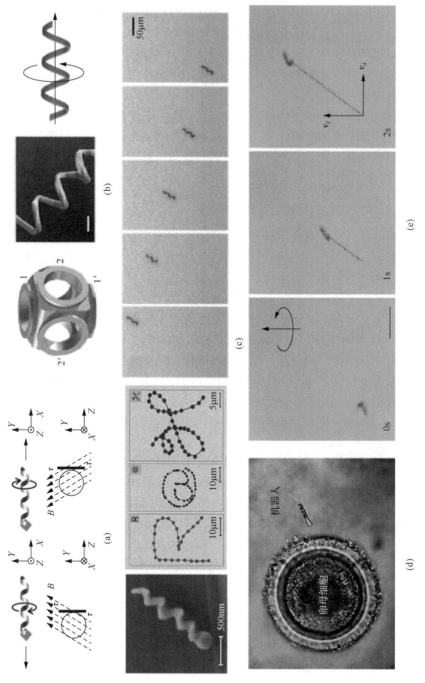

图 11.3　螺旋状磁驱微纳米机器人

(a) 具有软磁性头部和半导体尾部的螺微纳米机器人示意图[22]；(b) 基于植物纤维的螺旋微机器人的驱动原理图[24]；(c) SiO$_2$/Co 纳米螺桨机器人的 SEM 图像和运动轨迹[23]；(d) 通过旋转磁场驱动的螺旋微机器人实现辅助受精[25]；(e) 二维微游器在旋进磁场中运动的时序图像，v_f 为前进速度，v_d 为漂移速度[26]

场中有效推进[图 11.3(e)]。微结构通过旋进磁场产生的动态手性实现净推进，从而消除了对柔性结构时间不可逆形变或固有几何手性的需求[26]。实验结果表明，如果二维微纳米机器人没有手性，则无法控制其前进或后退方向，但如果其臂长不同，则微机器人总是朝向长臂运动，这意味着微机器人在旋进磁场作用下具有动态手性。通过永久磁化，动态手性可以被限制为右手性或左手性。该研究成果使得二维微纳米机器人成为柔性或螺旋状微纳米机器人的理想替代选择。

3. 表面行走型磁驱微纳米机器人

除了上述两种磁驱机器人外，还可以利用非均匀边界条件，推动磁性微纳米结构运动，基于此原理可以设计得到表面行走型磁驱机器人。如图 11.4(a)所示，Tierno 等报道了由 DNA 连接的两种不同直径颗粒组成的顺磁二聚体微球在基板附近的运动控制[27]。不对称顺磁二聚体微球悬停在基板上方，当受到绕 y 轴旋进磁场作用时，磁偶极子会沿 x 轴方向滚动前进。不对称微球表现出平移运动的原因可以归结为边界处与体相中的黏度差。在一个旋转周期中，较小的微球的位置在距基板最近处和最远处之间交替变化，且靠近基板时受到的黏性阻力更大，在一个旋转周期内黏性力的差异导致了净平动位移。利用这种非均匀边界条件推动磁性二聚体的运动为低雷诺数环境下获得微纳米机器人提供了一种新方法。2018 年，Vilfan 等报道了另一种有趣的表面辅助微纳米机器人[28]。图 11.4(b)体现了"投掷型"和"划桨型"两种机器人的推进机制。在周期性的排斥-吸引循环中，机器人两部分所受的黏性阻力差异有助于产生净推进。"投掷型"和"划桨型"机器人有助于研究多个微纳米机器人在相同外场作用下的集群动力学和运动控制。

其他几何形状的微纳米结构也可以利用固体衬底附近的非均匀边界条件实现推进，如自组装的胶体微纳米线。图 11.4(c)展示了在旋转磁场下自组装胶体机器人的几何形状及运动[29]。超顺磁微珠在外加磁场作用下组装成微链，当磁场开始旋转时，微链也会随之旋转。如果微链只在远离基板的溶液中旋转，它将不会产生平移，而要实现表面行走平移，微链与基板间的接触就显得至关重要。在一个旋转周期内，如图 11.4(c)时序图像所示，微链的一端与基板接触，起到支点的作用，而另一端是自由的，两端黏滞力和施加在支点末端上的摩擦力的差异可以破坏对称性，从而产生净推进。此外，在低频率下微链会在旋转过程中产生微小的形变，当频率超过某一临界值时，微链会在一个旋转周期内分解成几条较短的链并重新组装成原始状态。该研究结果为微流体器件的设计提供了一种简单而通用的方法。同样，刚性纳米线也可以利用非均匀边界条件实现推进。图 11.4(d)显示了镍纳米线在固体表面附近的平移运动[30]。没有固体表面时，磁性纳米线只随旋转磁场旋转，不产生位移；当固体表面存在时，虽然纳米线没有与面接触，但能观察到翻滚运动。位移的产生是由于物体接近边界时阻力系数增大，黏滞力的差异打破了旋转运动的时间可逆性，从而产生净推进。

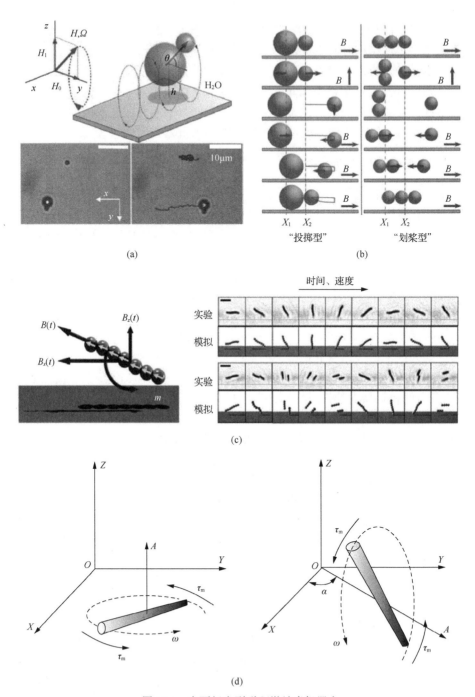

图 11.4　表面行走型磁驱微纳米机器人

(a) 在旋进磁场下二聚体在基板附近运动的示意图和显微镜图像[27]；(b) 两种结构磁驱微纳米机器人的推进机制
示意图[28]；(c) 自组装胶体机器人的几何模型、实验及模拟结果[29]；(d) 磁性镍纳米线水平/垂直旋转示意图[30]

在固-液界面实现微纳米机器人的驱动，为设计和制造磁驱微纳米机器人提供了一种不同的策略，这一策略可以扩展到其他外场，如电场等。这种推进策略既不需要对微机器人进行复杂的设计，也不需要复杂的制备方法，纳米线和各向同性微纳米粒子都可以实现驱动，因此有望在有边界的微流体环境中实现靶向货物递送。

由于先天就具备的优异的生物相容性和极低的毒性，天然非移动细胞(如花粉、藻类和孢子)或活动细胞(如细菌、精子)与磁性纳米材料相结合的生物混合磁驱机器人同样也是一种常见设计，类型多为螺旋状机器人和表面行走型机器人。如图 11.5(a)所示，Sun 等通过真空加载将磁性粒子和药物同时封装到花粉的中空气囊中，开发了基于花粉的磁驱微米机器人[31]。合成的机器人完美地继承了松树花粉的固有结构和功能，不仅能够在各种极端环境中保持稳定的形态以保护药物，使药物免受损失，而且能够在没有任何表面修饰的情况下进行体内荧光成像。Wang 等提出了一种利用螺旋藻作为生物模板的多功能磁驱微米机器人[图 11.5(b)]，通过光热转换剂、磁性粒子的沉积及抗癌药物的封装，该机器人能够同时实现对癌症的光热治疗与药物治疗[32]。Zhang 等通过对真菌孢子的简单预处理和磁性纳米颗粒的原位生长，制备了可控的生物混合机器人[33]。由于其具有多孔结构和高吸附组分，该机器人可以有效地吸附和去除重金属离子。与磁驱微纳米机器人技术相结合，与非运动的对应物相比，处于可控集体运动的磁性机器人具有对多种重金属离子的快速吸附能力且去除时间更短[图 11.5(c)]。

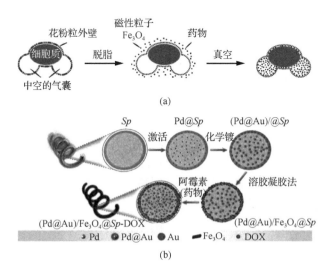

(a)

(b)

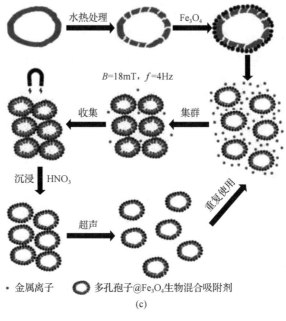

(c)

图 11.5　生物混合型磁驱机器人

(a) 花粉混合机器人制备过程中的脱脂和真空加载[31]；(b) 螺旋藻生物混合型磁驱机器人[32](Sp 为螺旋藻；
DOX 为阿霉素)；(c) 真菌孢子型机器人的制造及其在外磁场中通过运动去除重金属离子和再利用[33]

11.2　磁驱微纳米机器人集群

11.2.1　磁驱微纳米机器人的集群动力学

群居行为在自然界中无处不在，如鸟群和鱼群。在这些动物群体中，集体秩序与合作功能产生于个体之间的相互作用，包括远程吸引、短程排斥和速度取向。通过引入仿生局部交互作用，可以建立微纳米机器人集群，使其能完成单个微纳米机器人无法完成的复杂任务。对于磁驱微纳米机器人，由于单个机器人的磁诱导偶极子和表面电荷，通常会出现磁偶极子吸引/排斥和短程静电排斥相互作用[图 11.6(a)]。此外，当它们在介质中运动时，还可能出现其他相互作用，如流体力学的斥力和吸引力。例如，旋转的磁驱微纳米机器人可诱导局部流体流动，从而根据粒子间距离对其相邻个体产生流体动力吸引或排斥。对于成群的磁驱微纳米机器人，由于它们在周期磁场驱动下通常以相似的方向移动，单个机器人之间不存在明确的速度取向相互作用。通过上述相互作用，相邻的磁驱微纳米机器人将聚集并自组织成团、带、链等形状的集群[图 11.6(b)]。通过调节外加磁场的参数，磁驱微纳米机器人集群显示出可调的集体速度、方向和集群结构。

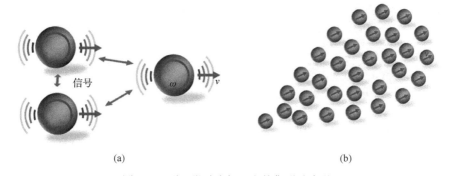

图 11.6　磁驱微纳米机器人的集群动力学

(a) 磁驱微纳米机器人之间的相互作用；(b) 相互作用的个体做集群运动

11.2.2　磁驱微纳米机器人的集群行为

多个微纳米机器人组成的机器人集群一直是一个有趣的研究方向。微纳米机器人集群具备单个个体没有的集体行为，如增强的驱动力、高鲁棒性和自适应重构能力。同时，集群运动还可以执行更加复杂的任务，如单个机器人无法完成的货物协作运输等。受生命系统中生物集群行为的启发，研究微纳米机器人集群的行为可能有助于研究人员更深入地了解生命系统的形成和对外部刺激的反应。磁驱微纳米机器人之间包括流体引力、磁偶极子力、黏性阻力、静电力在内的两种及以上力的耦合，使得微纳米机器人集群的产生成为可能。

2018 年，Kaiser 等报道了铁磁胶体粒子集群[图 11.7(a)]，将平均直径为 60μm 的非光滑铁磁性镍球置于略微凹陷的玻璃基底上，由于在垂直交变磁场下顺(逆)时针旋转的自发对称性被打破，它们可以实现自驱动[34]。随着磁场频率的增大，粒子由类气态的独立运动个体逐渐转变为集群。集群的出现归因于粒子之间的碰撞和磁相互作用，磁场频率的变化引起粒子间相互作用的变化，从而改变集群的构型和行为。对胶体集群系统进行研究，为探究生物系统的动态组装和集群行为提供了帮助。除了大尺寸的铁磁粒子外，直径为 500nm 的磁性粒子也能被外部交变磁场激发，形成可重构的集群。图 11.7(b)展示了顺磁性粒子在正交均匀磁场和正弦磁场组成的磁场下的集群行为[35]。在磁场中，粒子自组装成短链，作为集群的组成部分。当施加正弦磁场时，均匀分布的粒子聚集成动态结构，最终形成动态稳定的带状集群，并且可以通过调节正交均匀磁场和正弦磁场之间的振幅比来调整带状集群的结构。随着振幅比的变化，集群表现出可逆的伸长、合并和分裂行为，而且集群能够以受控的方式分裂成多个子集群。利用衬底附近的不均匀边界条件，引入俯仰角以使集群能够表现出可编程的平移运动。实验结果表明，当带状集群与不同边界接触时，具有良好的稳定性，这使得带状集群能够通过具有复杂边界条件的微通道，并作为末端执行器操纵微纳米尺度的货物。

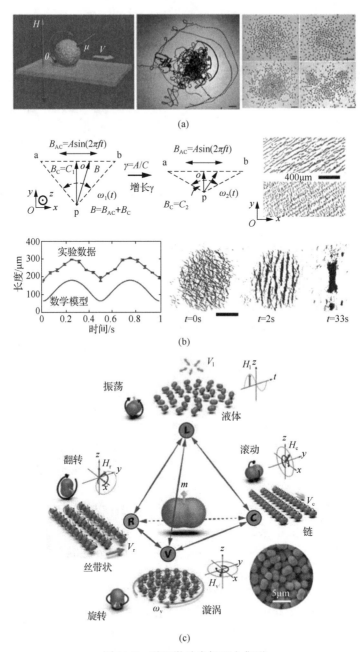

图 11.7　磁驱微纳米机器人集群

(a) 磁性微米粒子的磁驱的示意图和轨迹，以及絮状体集群四个阶段的粒子速度[34]；
(b) 施加的振荡磁场和在该磁场下集群结构变化的示意图，B_{AC} 为施加的正弦磁场强度，
B_C 为垂直方向施加的均匀磁场强度[35]；(c) 磁驱微纳米机器人集群的可编程重构能力示意图，
m 为机器人的磁矩，V_l、V_c、V_r 分别为液体、链、丝带状集群的运动速度，
H_l、H_c、H_r 为不同交变磁场的磁场矢量，ω_v 为漩涡集群的旋转角速度[36]

当改变外部磁场时，微纳米机器人的集群行为也随之改变。如图 11.7(c)所示，长轴长 3μm、短轴长 2μm 的花生状赤铁矿胶体颗粒在不同的外部磁场下表现出不同的行为[36]。施加垂直交变磁场使粒子振荡并形成均匀分布的液态。在旋转轴垂直于衬底的旋转磁场下，在 15Hz≤ f ≤75Hz 的最有效频率范围内，粒子呈自旋运动。自旋力和磁偶极子力引起的流体动力相互作用使粒子相互靠近，短程斥力阻止粒子聚集，相邻涡旋之间的长程引力导致涡旋融合。当旋转磁场重置为垂直旋转时，粒子开始滚动；当 f≤20Hz 时，由于黏性阻力、磁力和流体动力相互作用的耦合，粒子形成链状集群。在锥形磁场(垂直旋转和正交均匀磁场)中，粒子沿着衬底表面翻滚，流体动力和磁偶极子力将粒子聚集在一起并组装成丝带状。此外，通过改变外部磁场，粒子的集群行为可以在上述四种状态之间切换，并且通过对外部磁场的转向角和频率进行编程，其可以沿着预先设计的路径将小链、漩涡和带状集群引导到目标位置。

磁驱微纳米机器人集群的出现和研究为活性胶体系统的形成机制和操作策略提供了新的视角，有助于理解生命系统的集群行为；同时，为强驱动、易成像追踪、可短时大剂量递药和多功能生物医用微纳米机器人研制提供了新方向。

11.3　磁驱微纳米机器人的生物医学应用

11.3.1　靶向药物/基因递送

对于药物递送来说，如何精确、高效地将药物运送到靶向位置一直面临着严峻的挑战，特别是那些受限制和难以到达的部位。在过去十年中，使用外场驱动的微纳米机器人的主动智能药物递送系统发展迅速。磁驱微纳米机器人作为靶向货物运输的载体具有特别的优势，包括但不限于远程、精确和微创的机动性，以及残余给药载体的潜在可回收性，避免了传统给药方式对器官和组织产生严重副作用的弊端[37-38]。在大多数情况下，极低的场强(mT 级别)足以驱动机器人且不会对身体造成损害。

在货物(如分子、药物、基因)靶向递送之前，首先要进行货物装载或捕获。货物装载通常是将货物封装在磁驱微纳米机器人内或将货物附着在机器人表面。封装过程可以在磁驱微纳米机器人制造过程中直接进行，表面附着(或黏附)过程可以通过生物杂化或表面官能团修饰来实现。已经开发出各种有机或无机人工纳米材料(如 Au/Ni/Si 纳米棒[39]、水凝胶螺旋微纳米机器人[40]、SiO$_2$/Ni-Au 双面神粒子[41]等)和生物材料(如花粉粒[42]、精子细胞[43]、细菌[44]和微藻[45])作为功能或结构载体，用来封装或携带分子、药物、基因或细胞。例如，磁性生物微管在高频磁场下表现出旋进运动，运输喜树碱(一种抗癌模型药物)并穿透细胞膜，进而杀死目标 HeLa 细胞[46]。

考虑到人体环境的复杂性，研究磁驱微纳米机器人的推进机制及在胃液、血液等不同体液复杂生理条件下的货物运送和释放策略成为关键。2020年，研究人员开发了一种细胞大小的滚动微米机器人，它可以在模拟的血流环境中实现驱动，并通过表面修饰的抗体识别靶细胞，进而完成抗癌药物靶向递送[41][图11.8(a)]。此外，有研究结合精子细胞和磁性微纳米结构，研制了生物混合微纳米机器人，它能够实现在血流中递送抗凝剂(肝素)，在治疗循环系统疾病如血栓等方面有良好的应用前景[43][图11.8(b)]。除了药物外，研究人员利用螺旋微纳米机器人在低强度旋转磁场的驱动和导航下，将基因(如质粒DNA)定向运输到单个细胞并进行后续转染[图11.8(c)][47]。

微纳米机器人将有效载荷运送到特定位置后，可根据实际应用需要，通过扩散或在特定刺激下(如pH[48]、温度[49]、光照[50]或疾病部位的化学变化)完成药物释放。例如，由于肿瘤部位的基质金属蛋白酶-2(MMP-2酶)的浓度高于正常生理条件下的浓度，基于水凝胶的螺旋磁驱微纳米机器人可以快速响应MMP-2酶的浓度，从而促进货物的释放(抗体标记的Fe_3O_4纳米颗粒)，并进一步用于靶向肿瘤细胞的主动标记[图11.8(d)][40]。

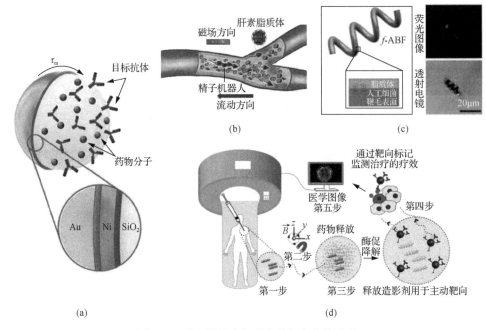

图11.8 磁驱微纳米机器人的靶向货物递送

(a) SiO₂/Ni-Au 双面神滚动微球机器人的靶向抗体修饰和药物装载示意图[41]；
(b) 基于精子的磁驱微纳米机器人能够通过流动的血液运送肝素脂质体[43]；
(c) 装载质粒DNA的螺旋型微机器人[47]；(d) 水凝胶基微纳米机器人的药物递送与主动标记[40]

11.3.2　细胞操作

随着蛋白质组学和基因组学的快速发展，开发复杂的单细胞操作工具，特别是大规模的单细胞并行操作具有重要意义[51-55]。细胞操纵是操纵细胞的物理位置，将它们从其他细胞环境中分离出来(基于细胞的筛选)，引导它们进入特定的目标位置或在体外进行有序排列。

磁驱微纳米机器人能够在不改变细胞固有特性的情况下，在微纳米尺度的复杂生理环境下，对单个细胞实现简易、高精确度操作。例如，Villa 等利用磁驱微纳米机器人表面的甲苯磺酰基与癌细胞膜蛋白氨基之间的瞬时强结合捕获乳腺癌细胞，随后通过磁场引导实现细胞定向运输[56]。Lin 等在阵列衬底的帮助下，使用磁驱花生状微米机器人对单细胞进行拾取、递送，进而将细胞排列成预定的图案[57]。

磁驱微纳米机器人可以操控生殖细胞，完成辅助生殖任务。Magdanz 等设计了带有圆柱形腔和螺旋体的磁驱微米机器人，可以辅助运动功能有缺陷的精子细胞完成受精任务[58]。Dai 等提出了一种基于巨噬细胞模板的磁驱机器人[51]。该机器人主要是利用巨噬细胞的吞噬能力负载纳米磁颗粒构建的，可以单独控制或以链状集群控制。机器人表现出较高的位置控制精度，并且能通过自建流场来运输精子，或形成链状集群来运输大型物体[图 11.9(a)]。磁驱微纳米机器人为通过子宫和输卵管转移受精卵提供了一种非侵入性方式[图 11.9(b)]，螺线型的磁驱机器人在不同生理环境中捕获和转移受精卵的可操作性强、精度高[52]。

磁驱微纳米机器人还可以引导细胞分化与移植。Chen 等利用压电聚合物作为刺激响应性细胞电刺激平台，通过声波刺激诱导 PC12 细胞后续神经元分化[图 11.9(c)][53]。此外，Kim 等精确地操纵一个负载神经元的磁驱机器人将两个神经簇之间的缝隙连接起来，从而连接了断裂的神经网络[59]。Jeon 等利用体外、离体和体内实验模型，成功地对目标部位(如肝肿瘤微器官、小鼠脑室等)进行了磁驱机器人的试验，证明了采用磁驱微纳米机器人进行靶向干细胞运输和移植的可行性[图 11.9(d)][54]。

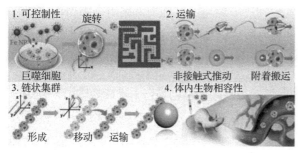

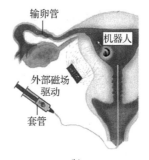

(a)　　　　　　　　　　　　　　　　(b)

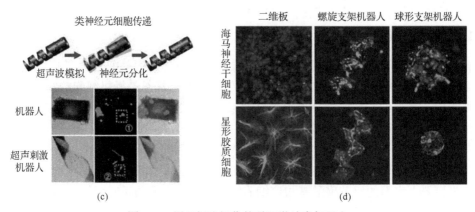

图 11.9 用于细胞操作的磁驱微纳米机器人

(a) 巨噬细胞机器人的制备及在复杂环境下的精确控制[51]；(b) 磁驱微螺旋输送小鼠受精卵[52]；(c) 神经
细胞的磁驱动运输和超声诱导的神经元分化[53]；(d) 磁驱微纳米机器人作为可移动 3D 支架用于干细胞运输[54]

11.3.3 微手术

在手术操作方面，微纳米机器人也具有得天独厚的优势，它们能够精确地打开特定的细胞膜，杀死异常细胞，甚至实现各种药物(包括 DNA)的跨膜传递，是非侵入性手术的理想选择之一[60-61]。同时，微纳米机器人还可以利用尖锐的头部和螺旋运动能力，在旋转磁场下进行钻孔，实现高精度的组织穿透，为无束缚显微手术提供可能[62]。如图 11.10(a)所示，Yang 等设计构建了一种用于鼻泪管再通的磁驱钻头机器人，作为常规治疗的微创替代方案[63]。钻头机器人由 3D 打印的螺旋尖端和永磁体组成，为了使钻头机器人在鼻泪管内安全行驶，微型钻头集成了导丝和驱动系统来控制其运动。此外，还在导丝的近端安装力传感器，报告力信号，通过力信号检测微钻头的状态，确定控制输入。该机器人可以在鼻泪管内驱动并自动清除堵塞，通过引入磁性操作的控制方法，为鼻泪管再通提供了一种微纳米机器人辅助的腔内解决方案，提高了安全性。Hou 等同样制备了钻头状磁驱机器人，该机器人通过优化表面孔隙来减小阻力，并在复合磁场中交替旋转和振荡[64]。其灵感来自高尔夫球表面的"酒窝"，通过流体转换来有效地减少运动阻力。针对高黏度作业，在视觉识别局部环境的基础上，采用动态切换旋转和振荡复合磁场的控制策略，实现微钻头的灵活运动[图 11.10(b)]。为了打开细胞膜，Vyskocil 等开发了在横向旋转磁场下行走运动的 Au/Ag/Ni 微丝。这种轻微弯曲的机器人具有微型手术刀的功能，可以穿透癌细胞并捕获小块细胞质，随后在不破坏细胞质膜的情况下离开细胞，因此显示出极好的微创显微手术能力[图 11.10(c)][65]。

真实的生物体内环境本质上是复杂的，微纳米机器人在体液环境如血流[67]、精液、黏液[68]、玻璃体[69]、脑血管[70]、脊柱或脑内脑脊液、尿液[71]、胃肠道液[72]等中的显微推进与在体外牛顿流体中不同。物理、化学和组织学屏障(如细胞膜[60]、血脑屏障[73]、肠黏膜屏障)与边界的相互作用，拥挤的生物环境，复杂的流变学(如黏弹性)及其他因素影响了微纳米机器人在生物环境中的运动行为和任务执行能力，人们已经尝试发展在复杂生物流体中驱动的磁驱微纳米机器人。例如，为了克服黏液屏障，Walker 等受幽门螺杆菌的启发，开发了一种表面脲酶功能化的螺旋微钻[74]。这种微钻可以在尿素存在的酸性环境中穿透黏弹性黏蛋白凝胶，并在旋转磁场下自由游动。此外，Wu 等研制了一种磁性微螺旋机器人，能够穿透玻璃体的生物聚合物网络，并在旋转磁场和临床光学相干断层扫描成像引导下，在玻璃体内部游动超过 1cm 的距离[66][图 11.10(d)]。微螺旋桨在密集的生物聚合物网络中平稳推进的关键在于微螺旋桨表面光滑的液体层，最大限度地减小了周围环境黏滞力的影响。

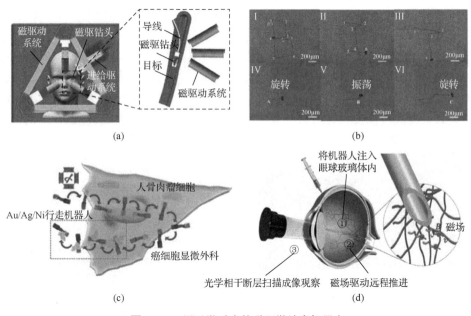

图 11.10　用于微手术的磁驱微纳米机器人

(a) 磁驱钻头机器人插入鼻泪管的原理图[63]；(b) 基于视觉反馈的微钻头的灵活运动[64]；
(c) Au/Ag/Ni 表面行走机器人在横向旋转场下的运动和穿透细胞并去除细胞碎片示意图[65]；
(d) 在眼球玻璃体中驱动的磁驱纳米机器人[66]

11.3.4　活组织检查

磁驱微纳米机器人已被证明是一种无线活检工具，可以捕获单个细胞或是从健康/患病器官收集的组织样本，包括乳腺、肺、肝脏、皮肤、前列腺等，对更深层次的疾病诊断具有高度的特异性和选择性。这些功能化机器人通常处于微米尺度，被称作微夹钳。为了能够像人手一样拿起和放下物体，迄今为止研究的大多数磁驱微夹钳是柔性的。Ongaro 等开发了一种能够于非结构化环境中在动物组织上自动拾取和放置生物材料的机器人，该夹钳还具有识别和分类生物微观尺度物体的能力[图 11.11(a)][75]。热响应柔性磁驱微纳米机器人已被广泛用于抓取。如图 11.11(b)所示，Jin 等开发了一种热响应磁驱微纳米机器人，其尖端的间距在开启状态时为 70μm，折叠状态时为 15μm，能够进行单细胞活检。微夹钳的热响应层由石蜡制成，其相变温度接近生物温度。在导航到成纤维细胞簇的位置后，松开的微夹钳会随着环境温度的升高从开启状态转变为闭合状态，抓住一个或几个细胞。通过调节磁场方向，可以很容易地实现机器人的细胞分离[76]。Yim 研究团队利用数百个热敏微夹钳，在厘米级磁驱动胶囊内窥镜(MASCE)的腔室中预先封装，用以随机抓取胃内组织，以便进一步分析[77]。Gultepe 等使用热诱导自折叠微夹钳对猪胆道进行了活体组织切除[图 11.11(c)][78]。在内镜摄像机的帮助下，通过标准导管将 1000 多个微夹钳送到目标位置(胆道口)。热敏磁性微机器人最初处于开放状态，暴露于体温(37℃)10min 后自发转化为闭合状态，以便切除组织样本，最后使用含有磁性尖端的导管进行回收。这种多尺度机器人系统可以为胃肠道包膜活检乃至复杂生理结构和环境下的其他活检任务提供一种新的多智能体协作策略。除了夹钳型机器人，Yang 等开发了一种流线型微米机器人，基于螺旋滚动策略，该机器人可以在血管内完成多项生物医学任务，如体内药物输送、组织和液体活检及兔动脉内细胞运输[79]。

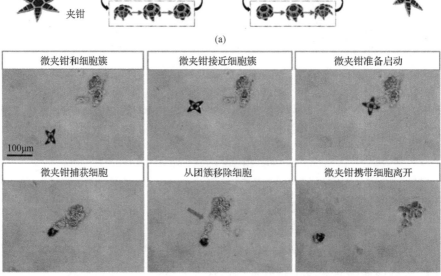

(a)

(b)

| 4℃ | 37℃-3min | 37℃-7min | 37℃-10min |

(c)

图 11.11　用于活检的磁驱微纳米机器人

(a) 热响应微夹钳的自动拾取和放置目标示意图[75]；(b) 使用磁驱热响应微夹钳
从细胞簇中捕获并切除细胞的过程[76]；(c) 进行活体组织切除的热敏微夹钳机器人[78]

11.3.5　生物膜清除

与浮游(自由游动)的细菌细胞不同，细胞团(微生物群落)间的相互作用会产生一种被称作胞外聚合物(EPS)的基质。在研究对象表面，构成生物膜的嵌入细胞和黏弹性基质是很难消除的。细菌生物膜对抗菌药物的耐药性使其成为一些顽固性感染的来源。磁驱微纳米机器人尺寸较小且磁驱动机械力大，具有穿透基质、破坏生物膜形成或消除已形成生物膜的能力。例如，研究人员由茶叶芽设计了一种名为 T-Budbots 的磁驱微米机器人，它能够精确地切割和去除细菌生物膜。一旦生物膜被破坏，脱落的细菌细胞就会暴露在药物下，最终被杀死[80]。Dong 等设计了由多孔 Fe_3O_4 粒子组成的磁性微集群，该集群由简单的旋转磁场激发和驱动，并表现出远程驱动、高载货能力和引发强局域对流的能力[图 11.12(a)][81]。同时，化学和物理过程的协同作用，除了高效地消除生物膜、产生杀菌羟基自由基(·OH)杀死细菌细胞外，还可以物理上破坏生物膜，并通过集群运动促进·OH 深入生物膜。该集群可以在 2D 表面上沿几何路线清除生物膜，并在 U 形管中清除生物膜堵塞。这种设计在医疗上微小曲折的腔内有着巨大的应用潜力。使用磁驱微纳米机器人执行生物膜消除任务最突出的一个优点是，它们可以被引导到一个封闭或难以触及的位置。Sun 等制备了海胆状磁驱微米机器人(MUCR@MLMD)，利用内窥镜导管可以将它们快速部署到胆管，借助磁驱机械力和固有的天然微刺和锋利边缘，可以主动破坏密集的生物基质和多种嵌入的细菌，最终实现协同生物膜根除[图 11.12(b)][82]。此外，磁催化氧化铁纳米机器人(CARs)能够基于催化诱导生成的活性抗生物膜分子和磁驱产生的外部剪切力的共同作用，降解和去除人类牙齿峡部、导管表面和种植体等传统方法难以触及部位表面的生物膜[图 11.12(c)][83]。

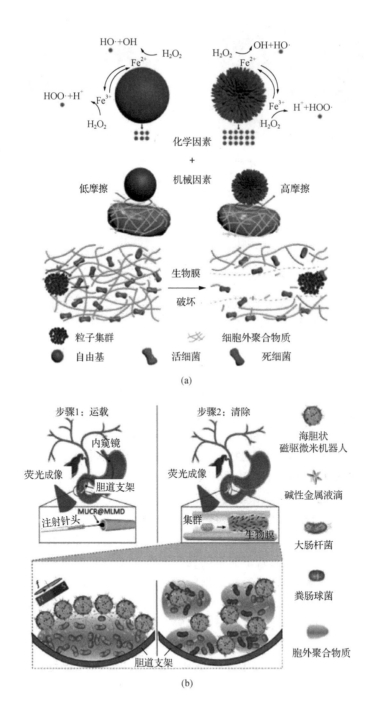

(a)

(b)

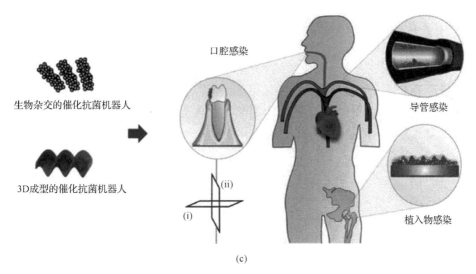

图 11.12　用于生物膜清除的磁驱微纳米机器人

(a) Fe_3O_4 粒子集群的化学和机械协同生物膜破坏与杀菌示意图[81]；(b) 海胆状磁驱微米机器人清除生物膜示意图[82]；(c) 在磁场驱动下，利用两种催化抗菌机器人(CARs)在人体牙齿峡部、导管表面、种植体表面等受限或难以触及部位去除生物膜的应用示意图[83]

在过去的数年中，研究人员在磁驱微纳米机器人及其医学应用方面取得了相当大的成就和突破，包括不同的制备方法、可重构和可编程导航技术、先进的理论模型、新颖的概念及面向诊疗的应用实验等，可以说微纳米机器人已经越来越接近人们曾经设想的状态。作为一种理想中的生物医学器件，目前微纳米机器人还有一些困难需要研究者们去克服。尽管已经有了各式各样的磁驱机器人，但是其中大多数报道还处在验证阶段，只能在体外模拟环境下进行简单演示。在磁驱微纳米机器人真正应用于复杂的体内环境前，材料的生物相容性、生物安全性、智能性、生产成本等方面仍须进一步优化。同时，磁驱微纳米机器人在生物体内是否能够顺利驱动，以及如何克服体内复杂的体液环境仍是要解决问题的重中之重。此外，还要考虑一些有关经济效益和社会影响的因素，如市场监管、伦理道德、公共卫生等方面。尽管将微小的磁驱机器人从实验室转化到手术台还有很长的路要走，但技术的不断进步正在使人们曾经的幻想一步步接近现实。

思　考　题

1. 微纳米机器人的定义是什么？微纳米机器人有哪些驱动方式？

2. 相比其他驱动方式的微纳米机器人，磁驱微纳米机器人的优势有哪些？目前有哪些种类的磁驱微纳米机器人？请举例说明。

3．磁驱微纳米机器人集群是怎样形成的？相比于个体机器人，机器人集群有哪些新的特点？

4．在生物医学方面，磁驱微纳米机器人有哪些应用？当用作靶向载药时，相比传统给药方式，微纳米机器人的优势是什么？

5．现阶段磁驱微纳米机器人需要攻克的挑战都有哪些？未来磁驱微纳米机器人的发展方向可能是怎样的？

参 考 文 献

[1] 李梦月, 杨佳, 焦念东. 微纳米机器人的最新研究进展综述[J]. 机器人, 2022, 44(6): 732-749.

[2] XIONG K, XU L, LIN J, et al. Mg-based micromotors with motion responsive to dual stimuli[J]. Research, 2020, (1): 966-977.

[3] FU Q, FAN C, WANG X, et al. A compensation method for magnetic localization on capsule robot in medical application[J]. IEEE Sensors Journal, 2021, 21(23): 26690-26698.

[4] XU Y, YAN D, ZHANG K, et al. Soft robot based on hyperelastic buckling controlled by discontinuous magnetic field[J]. Journal of Mechanisms and Robotics-Transactions of the Asme, 2022, 14(1): 011008.

[5] ZHANG J, MOU F, TANG S, et al. Photochemical micromotor of eccentric core in isotropic hollow shell exhibiting multimodal motion behavior[J]. Applied Materials Today, 2022, 26: 101371.

[6] GUO X, WANG Y, MOU F, et al. Phototactic micromotor assemblies in dynamic line formations for wide-range micromanipulations[J]. Journal of Materials Chemistry C, 2022, 10(13): 5079-5087.

[7] LIU J, LI Z, DING Y, et al. Twisting linear to orbital angular momentum in an ultrasonic motor[J]. Advanced Materials, 2022, 34(28): 2201575.

[8] ZHOU R, HONG D, GAO S, et al. Electric field induced electrorotation of 2D perovskite microplates[J]. Micromachines, 2021, 12(10): 1228.

[9] ZHUANG R, ZHOU D, CHANG X, et al. Alternating current electric field driven topologically defective micro/nanomotors[J]. Applied Materials Today, 2022, 26: 101314.

[10] LU D, TANG S, LI Y, et al. Magnetic-propelled Janus yeast cell robots functionalized with metal-organic frameworks for mycotoxin decontamination[J]. Micromachines, 2021, 12(7): 797.

[11] CHEN Q, TANG S, LI Y, et al. Multifunctional metal-organic framework exoskeletons protect biohybrid sperm microrobots for active drug delivery from the surrounding threats[J]. ACS Applied Materials & Interfaces, 2021, 13(49): 58382-58392.

[12] JU Y, HU R, XIE Y, et al. Reconfigurable magnetic soft robots with multimodal locomotion[J]. Nano Energy, 2021, 87: 106169.

[13] KIM Y, CHAE J K, LEE J H, et al. Free manipulation system for nanorobot cluster based on complicated multi-coil electromagnetic actuator[J]. Scientific Reports, 2021, 11(1): 19756.

[14] WANG C, PURANAM V R, MISRA S, et al. A snake-inspired multi-segmented magnetic soft robot towards medical applications[J]. IEEE Robotics and Automation Letters, 2022, 7(2): 5795-5802.

[15] MANAMANCHAIYAPORN L, TANG X, ZHENG Y, et al. Molecular transport of a magnetic nanoparticle swarm towards thrombolytic therapy[J]. IEEE Robotics and Automation Letters, 2021, 6(3): 5605-5612.

[16] TEBOUL V, RAJONSON G. Breakdown of the scallop theorem for an asymmetrical folding molecular motor in soft matter[J]. Journal of Chemical Physics, 2019, 150(14): 144502.

[17] DREYFUS R, BAUDRY J, ROPER M L, et al. Microscopic artificial swimmers[J]. Nature, 2005, 437(7060): 862-865.

[18] MAIER A M, WEIG C, OSWALD P, et al. Magnetic propulsion of microswimmers with DNA-based flagellar bundles[J]. Nano Letters, 2016, 16(2): 906-910.

[19] GAO W, SATTAYASAMITSATHIT R, MANESH R M, et al. Magnetically powered flexible metal nanowire motors[J]. Journal of the American Chemical Society, 2010, 132(41): 14403-14405.

[20] JANG B, GUTMAN E, STUCKI N, et al. Undulatory locomotion of magnetic multilink nanoswimmers[J]. Nano Letters, 2015, 15(7): 4829-4833.

[21] LI T, LI J, MOROZOV K, et al. Highly efficient freestyle magnetic nanoswimmer[J]. Nano Letters, 2017, 17(8): 5092-5098.

[22] ZHANG L, ABBOTT J J, DONG L, et al. Artificial bacterial flagella: Fabrication and magnetic control[J]. Applied Physics Letters, 2009, 94(6): 064107.

[23] GHOSH A, FISCHER P. Controlled propulsion of artificial magnetic nanostructured propellers[J]. Nano Letters, 2009, 9(6): 2243-2245.

[24] GAO W, FENG X M, PEI A, et al. Bioinspired helical microswimmers based on vascular plants[J]. Nano Letters, 2014, 14(1): 305-310.

[25] MEDINA-SÁNCHEZ M, SCHWARZ L, MEYER A K, et al. Cellular cargo delivery: Toward assisted fertilization by sperm-carrying micromotors[J]. Nano Letters, 2015, 16(1): 555-561.

[26] TOTTORI S, NELSON B J. Controlled propulsion of two-dimensional microswimmers in a precessing magnetic field[J]. Small, 2018, 14(24): 1800722.

[27] TIERNO P, GOLESTANIAN R, PAGONABARRAGA I, et al. Controlled swimming in confined fluids of magnetically actuated colloidal rotors[J]. Physical Review Letters, 2008, 101(21): 218304.

[28] VILFAN M, OSTERMAN N, VILFAN A. Magnetically driven omnidirectional artificial microswimmers[J]. Soft Matter, 2018, 14(17): 3415-3422.

[29] SING C E, SCHMID L, SCHNEIDER M F, et al. Controlled surface-induced flows from the motion of self-assembled colloidal walkers[J]. Proceedings of the National Academy of Sciences, 2010, 107(2): 535-540.

[30] ZHANG L, PETIT T, LU Y, et al. Controlled propulsion and cargo transport of rotating nickel nanowires near a patterned solid surface[J]. ACS Nano, 2010, 4(10): 6228-6234.

[31] SUN M, FAN X, MENG X, et al. Magnetic biohybrid micromotors with high maneuverability for efficient drug loading and targeted drug delivery[J]. Nanoscale, 2019, 11(39): 18382-18392.

[32] WANG X, CAI J, SUN L, et al. Facile fabrication of magnetic microrobots based on spirulina templates for targeted delivery and synergistic chemo-photothermal therapy [J]. ACS Applied Materials & Interfaces, 2019, 11(5): 4745-4756.

[33] ZHANG Y, YAN K, JI F, et al. Enhanced removal of toxic heavy metals using swarming biohybrid adsorbents[J]. Advanced Functional Materials, 2018, 28(52): 1806340.

[34] KAISER A, SNEZHKO A, ARANSON I S. Flocking ferromagnetic colloids[J]. Science Advances, 2017, 3(2): e1601469.

[35] YU J, WANG B, DU X, et al. Ultra-extensible ribbon-like magnetic microswarm[J]. Nature Communications, 2018, 9(1): 3260.

[36] XIE H, SUN M, FAN X, et al. Reconfigurable magnetic microrobot swarm: Multimode transformation, locomotion, and manipulation[J]. Science Robotics, 2019, 4(28): eaav8006.

[37] 吴宏亮, 施雪涛. 微/纳米机器人在生物医学中的应用进展[J]. 集成技术, 2021, 10(3): 78-92.

[38] 孙猛猛, 谢晖. 面向靶向医疗的微纳米机器人[J]. 自然杂志, 2020, 42(3): 187-200.

[39] XU X, HOU S, WATTANATORN N, et al. Precision-guided nanospears for targeted and high-throughput intracellular gene gelivery[J]. ACS Nano, 2018, 12(5): 4503-4511.

[40] CEYLAN H, YASA I C, YASA O, et al. 3D-Printed biodegradable microswimmer for theranostic cargo delivery and release[J]. ACS Nano, 2019, 13(3): 3353-3362.

[41] ALAPAN Y, BOZUYUK U, ERKOC P, et al. Multifunctional surface microrollers for targeted cargo delivery in physiological blood flow[J]. Science Robotics, 2020, 5(42): eaba5726.

[42] YANG Q, TANG S, LU D, et al. Pollen typhae-based magnetic-powered microrobots toward acute gastric bleeding treatment[J]. ACS applied bio materials, 2022, 5(9): 4425-4434.

[43] XU H, MEDINA-SÁNCHEZ M, MAITZ M F, et al. Sperm-micromotors for cargo-delivery through flowing blood[J]. ACS Nano, 2020, 14(3): 2982-2993.

[44] CHATURVEDI R, KANG Y, EOM Y, et al. Functionalization of biotinylated polyethylene glycol on live magnetotactic bacteria carriers for improved stealth properties[J]. Biology-Basel, 2021, 10(10): 993.

[45] ZHANG F, LI Z, DUAN Y, et al. Gastrointestinal tract drug delivery using algae motors embedded in a degradable capsule[J]. Science robotics, 2022, 7(70): eabo4160.

[46] SRIVASTAVA S K, MEDINA-SÁNCHEZ M, KOCH B, et al. Medibots: Dual-action biogenic microdaggers for single-cell surgery and drug release[J]. Advanced Materials, 2016, 28(5): 832-837.

[47] QIU F, FUJITA S, MHANNA R, et al. Magnetic helical microswimmers functionalized with lipoplexes for targeted gene delivery[J]. Advanced Functional Materials, 2015, 25(11): 1666-1671.

[48] DEMIRBUKEN S E, KARACA G Y, KAYA H K, et al. Paclitaxel-conjugated phenylboronic acid-enriched catalytic robots as smart drug delivery systems[J]. Materials Today Chemistry, 2022, 26: 101172.

[49] LIU X, CHEN W, ZHAO D, et al. Enzyme-powered hollow nanorobots for active microsampling enabled by thermoresponsive polymer gating[J]. ACS Nano, 2022, 16(7): 10354-10363.

[50] HAO F, WANG L, CHEN B, et al. Bifunctional smart hydrogel dressing with strain sensitivity and NIR-responsive performance[J]. ACS Applied Materials & Interfaces, 2021, 13(39): 46938-46950.

[51] DAI Y, JIA L, WANG L, et al. Magnetically actuated cell-robot system: Precise control, manipulation, and multimode conversion[J]. Small, 2022, 18(15): 2105414.

[52] SCHWARZ L, KARNAUSHENKO D D, HEBENSTREIT F, et al. A rotating spiral micromotor for noninvasive zygote transfer[J]. Advanced Science, 2020, 7(18): 2000843.

[53] CHEN X Z, LIU J H, DONG M, et al. Magnetically driven piezoelectric soft microswimmers for neuron-like cell delivery and neuronal differentiation[J]. Materials Horizons, 2019, 6(7): 1512-1516.

[54] JEON S, KIM S, HA S, et al. Magnetically actuated microrobots as a platform for stem cell transplantation[J]. Science Robotics, 2019, 4(30): eaav4317.

[55] 邹卫娟, 吴建荣, 郑元义. 磁调控微/纳米机器人的理化性质及其医学应用现状和进展[J]. 重庆医科大学学报, 2021, 46(9): 1039-1045.

[56] VILLA K, KREJCOVA L, NOVOTNY F, et al. Cooperative multifunctional self propelled paramagnetic microrobots with chemical handles for cell manipulation and drug delivery[J]. Advanced Functional Materials, 2018, 28(43): 1804343.

[57] LIN Z, FAN X, SUN M, et al. Magnetically actuated peanut colloid motors for cell manipulation and patterning[J]. ACS Nano, 2018, 12(3): 2539-2545.

[58] MAGDANZ V, MEDINA-SÁNCHEZ M, SCHWARZ L, et al. Spermatozoa as functional components of robotic microswimmers[J]. Advanced Materials, 2017, 29(24): 1606301.

[59] KIM E, JEON S, AN H K, et al. A magnetically actuated microrobot for targeted neural cell delivery and selective connection of neural networks[J]. Science Advances, 2020, 6(39): eabb5696.

[60] WANG W, WU Z, HE Q. Swimming nanorobots for opening a cell membrane mechanically[J]. View, 2020, 1(3): 1-12.

[61] VENUGOPALAN P L, VILA E, PAL M, et al. Fantastic voyage of nanomotors into the cell[J]. ACS Nano, 2020, 14(8): 9423-9439.

[62] XI W, SOLOVEV A A, ANANTH A N, et al. Rolled-up magnetic microdrillers: Towards remotely controlled minimally invasive surgery[J]. Nanoscale, 2013, 5(4): 1294-1297.

[63] YANG H, YANG Z, JIN D, et al. Magnetic micro-driller system for nasolacrimal duct recanalization[J]. IEEE Robotics and Automation Letters, 2022, 7(3): 7367-7374.

[64] HOU Y Z, WANG H P, SHI Q, et al. Design and control of a porous helical microdrill with a magnetic field for motions[C]. Harbin: the 15th International Conference on Intelligent Robotics and Applications(ICIRA)-Smart Robotics for Society, 2022.

[65] VYSKOCIL J, MAYORGA-MARTINEZ C C, JABLONSKA E, et al. Cancer cells microsurgery via asymmetric bent surface Au/Ag/Ni microrobotic scalpels through a transversal rotating magnetic field[J]. ACS Nano, 2020, 14(7): 8247-8256.

[66] WU Z G, TROLL J, JEONG H H, et al. A swarm of slippery micropropellers penetrates the vitreous body of the eye[J]. Science Advances, 2018, 4(11): eaat4388.

[67] WAVHALE R D, DHOBALE K D, RAHANE C S, et al. Water-powered self-propelled magnetic nanobot for rapid and highly efficient capture of circulating tumor cells[J]. Communications Chemistry, 2021, 4(1): 159.

[68] XU P, YU Y, LI T, et al. Near-infrared-driven fluorescent nanomotors for detection of circulating tumor cells in whole blood[J]. Analytica Chimica Acta, 2020, 1129: 60-68.

[69] SCHNICHELS S, GOYAL R, HURST J, et al. Evaluation of nanorobots for targeted delivery into the retina[J]. Investigative Ophthalmology & Visual Science, 2020, 61(7): 1355.

[70] ZHANG H, LI Z, GAO C, et al. Dual-responsive biohybrid neutrobots for active target delivery[J]. Science Robotics, 2021, 6(52): eaaz9519.

[71] LI D, DONG D, LAM W, et al. Automated in vivo navigation of magnetic-driven microrobots using OCT imaging feedback[J]. IEEE Transactions on Biomedical Engineering, 2020, 67(8): 2349-2358.

[72] CHEN W, WEN Y, FAN X, et al. Magnetically actuated intelligent hydrogel-based child-parent microrobots for targeted drug delivery[J]. Journal of Materials Chemistry B, 2021, 9(4): 1030-1039.

[73] CHEN J, WANG Y. Personalized dynamic transport of magnetic nanorobots inside the brain vasculature[J]. Nanotechnology, 2020, 31(49): 495706.

[74] WALKER D, KASDORF B T, JEONG H H, et al. Enzymatically active biomimetic micropropellers for the penetration of mucin gels[J]. Science Advances, 2015, 1(11): e1500501.

[75] ONGARO F, SCHEGGI S, YOON C, et al. Autonomous planning and control of soft untethered grippers in unstructured environments [J]. Journal of Micro-Bio Robotics, 2017, 12(1): 45-52.

[76] JIN Q, YANG Y, JACKSON J A, et al. Untethered single cell grippers for active biopsy[J]. Nano Lett, 2020, 20(7): 5383-5390.

[77] YIM S, GULTEPE E, GRACIAS D H, et al. Biopsy using a magnetic capsule endoscope carrying, releasing, and retrieving untethered microgrippers[J]. IEEE Transactions on Bio-Medical Engineering, 2014, 61(2): 513-521.

[78] GULTEPE E, RANDHAWA J S, KADAM S, et al. Biopsy with thermally-responsive untethered microtools[J]. Advanced Materials, 2013, 25(4): 514-519.

[79] YANG L, ZHANG T, TAN R, et al. Functionalized Spiral-Rolling millirobot for upstream swimming in blood vessel[J]. Advanced Science, 2022, 9(16): 2200342.

[80] BHUYAN T, SIMON A T, MAITY S, et al. Magnetotactic T-budbots to kill-n-clean biofilms[J]. ACS Applied Materials & Interfaces, 2020, 12(39): 43352-43364.

[81] DONG Y, WANG L, YUAN K, et al. Magnetic microswarm composed of porous nanocatalysts for targeted elimination of biofilm occlusion[J]. ACS Nano, 2021, 15(3): 5056-5067.

[82] SUN M, CHAN K F, ZHANG Z, et al. Magnetic microswarm and fluoroscopy-guided platform for biofilm eradication in biliary stents[J]. Advanced Materials, 2022, 35(23): 2201888.

[83] HWANG G, PAULA A J, HUNTER E E, et al. Catalytic antimicrobial robots for biofilm eradication[J]. Science Robotics, 2019, 4(29): eaaw2388.